HANDBUCH

über

Triebwagen für Eisenbahnen

Im Auftrage

des

Vereins Deutscher Maschinen-Ingenieure

verfaßt von

C. Guillery

Kgl. Baurat in München.

———

Mit 93 Textabbildungen.

München und **Berlin**

Druck und Verlag von R. Oldenbourg

1908.

Vorwort.

Das ›Handbuch über Triebwagen‹ verdankt sein Entstehen einem Auftrage des Vereins Deutscher Maschinen-Ingenieure, der auch die Mittel zu Studienreisen nach Österreich-Ungarn, Belgien, England, Frankreich, der Schweiz und Italien zur Verfügung gestellt hat. Die Reise hat Gelegenheit gegeben, den Ursachen der vielen Meinungsverschiedenheiten über den Wert von Triebwagen für Eisenbahnen nachzugehen.

Bei der Besprechung der neueren Eisenbahntriebwagen war vor allem das Bestreben maßgebend, die leitenden Gedanken für die Bauart der Wagen, den Betrieb und den Verkehr darzulegen, unter Vermeidung unwesentlicher Einzelheiten. Außer einigen ganz neuen Triebwagen, für deren künftige Bewährung die beste Bürgschaft in der Berücksichtigung der anderweitigen Erfahrungen beim Entwurf liegt, sind nur solche aufgenommen, die sich im Betrieb schon bewährt haben. Ferner erschien es nützlich, eine vollständige Darstellung der schon etwas sagenhaft gewordenen Vorgeschichte der heutigen Eisenbahntriebwagen zu bringen, weil diese Vorgeschichte für die Beurteilung der Triebwagenfrage, wenigstens vom eisenbahntechnischen Standpunkt, sehr wertvoll ist. Nach neueren Veröffentlichungen in angesehenen englischen Zeitschriften zu schließen, ist aber selbst in England niemand mehr gegenwärtig, was ältere englische Zeitschriften und Bücher über den Gegenstand berichten.

Dem Verein Deutscher Maschinen-Ingenieure, der die äußerst anregende Reise ermöglicht hat, sowie allen denjenigen, die durch liebenswürdiges Entgegenkommen die Erreichung des Reisezwecks gefördert haben, sei an dieser Stelle der verbindlichste Dank ausgesprochen.

München-Pasing, im Oktober 1908.

C. Guillery.

Inhaltsübersicht.

I. Allgemeines.

1. Bestimmung des Begriffs „Triebwagen".

Unter einem Eisenbahntriebwagen im Sinne der Eisenbahn-Bau- und -Betriebsordnung, oder einem Eisenbahnmotorwagen nach dem heute noch allgemeineren, wenn auch vielleicht weniger richtigen Sprachgebrauch, versteht man einen auf Schienen laufenden, zur Aufnahme von Personen oder Gütern eingerichteten Wagen, der selbstbeweglich ist, indem er die zu seiner Fortbewegung dienende Kraftquelle in sich trägt. Ein Eisenbahntriebwagen vereinigt also in sich eine Lokomotive und einen Wagen. Elektrische Triebwagen mit Stromzuführung von einer äußeren Leitung gehören nicht hierher. In der Regel dienen die Eisenbahntriebwagen lediglich zur Beförderung von Personen, Reisegepäck und Postsachen, in selteneren Fällen auch zur Güterbeförderung.

2. Bauart der Triebwagen.

Die Eisenbahntriebwagen sind einzuteilen:

1. nach ihrer Größe, unter Berücksichtigung der Tragfähigkeit des Oberbaus und der Krümmungsverhältnisse der Strecke, in zwei-, drei-, vier- und mehrachsige. Mehr als vier, und zwar sowohl fünf als sechs Achsen sind nur in vereinzelten Fällen angewendet worden;

2. nach der Kraftleistung und wieder mit Rücksicht auf die Tragfähigkeit des Oberbaus in Wagen mit freier Treibachse und in zwei- oder vierfach, in einem Falle sogar sechsfach gekuppelte Wagen;

3. nach der Anzahl und der Aufstellung der Zylinder. Bei Dampfwagen werden in der Regel zwei, zuweilen auch vier,

bei Verbrennungsmaschinen vier oder sechs Zylinder angeordnet, und zwar bei letzteren stehend, liegend oder geneigt, bald längs, bald quer zur Wagenlängsachse;

4. nach der **Fahrgeschwindigkeit** in langsam und schnell fahrende;

5. nach dem **Kraftmittel** in Wagen mit Dampfbetrieb oder mit Verbrennungsmaschinen, bei denen die zur Fortbewegung des Wagens dienende Kraft fortlaufend auf dem Wagen selbst erzeugt wird, und in solche mit elektrischen Speicherbatterien, bei denen, ebenso wie bei den auf Straßenbahnen noch verwendeten Wagen mit Antrieb durch Druckluft und bei feuerlosen Dampfwagen, die Kraft aufgespeichert mitgeführt wird;

6. bei Dampfwagen nach der Bauart des **Kessels** in solche mit Röhrenkesseln und verwandte Anordnungen mit besonders kleinem Wasserraum und hohen Dampfspannungen, in solche mit stehenden Röhrenkesseln in Anlehnung an sonst gebräuchliche Ausführungsformen und in solche mit Lokomotiv- oder Schiffskesseln und daraus abgeleiteten Bauarten;

7. im Zusammenhang damit, nach der Art der Ausführung und des Einbaus der **Maschine**, in zwei- oder dreiachsige Wagen mit schnellaufenden Kleinmaschinen, die in den Rahmen des Wagens eingebaut sind, in drei- oder vierachsige Wagen mit Drehgestellen, welche die Maschine und den Kessel tragen, und in solche, bei denen das Maschinendrehgestell zu einer vollständigen kleinen Lokomotive ausgebaut ist, auf die sich das eine Ende des Wagenkastens stützt;

8. nach der Art der Übertragung des **Antriebs** in solche mit unmittelbarer Kraftübertragung auf die Treibachsen, in solche mit Kraftübertragung durch mechanische Zwischengetriebe und in solche mit elektrischer Kraftübertragung von einer im Wagen aufgestellten Dynamomaschine aus auf die Treibachsen.

3. Verwendungsbereich.

Die Erfahrung hat gelehrt, daß Eisenbahntriebwagen sowohl auf **verkehrschwachen Neben- und Kleinbahnen** als auch zur Ausfüllung von Lücken des Fahrplans im **Nahverkehr auf Hauptbahnen** mit Vorteil zu verwenden sind, solange die von ihnen verlangten Leistungen innerhalb gewisser Grenzen bleiben. Triebwagen mit einer Maschinenleistung von 35 PS, einer größten Fahrgeschwindigkeit von 25 bis 30 km/Std. und Plätzen für etwa 30 Reisende haben sich auf Lokalbahnen bewährt. Für solche Zwecke kommt den Triebwagen zustatten, daß sie infolge ihres niedrigeren Raddrucks geringere Ansprüche an die Tragfähigkeit des Oberbaus stellen als Lokomotiven. Die Ersparnis an Gewicht ist für solche kleine Triebwagen sehr erheblich, die Zugförderungskosten und die Beschaffungskosten sind niedriger und die Bedienung der Maschine und des Kessels durch nur einen Mann ist eher möglich. Dem steht gegenüber der etwas höhere Preis für den durchweg, wo erhältlich, verwendeten Koks, der mit Rücksicht auf die Schonung der Kessel, die Unmöglichkeit der Entwicklung der Flamme in dem engen Raume bei Kohlenfeuerung und auf die Vermeidung von Rauchbildung erforderlich ist. Ferner sind die Angaben der Unterhaltungskosten der kleinen Kessel und Maschinen bisher etwas höher gewesen als bei kleinen Lokomotiven, weil die Kosten für erforderlich gewordene Abänderungen mit einbegriffen worden sind. Dies wird in Zukunft besser werden und die Unterhaltungskosten werden sich voraussichtlich verringern. Vorteilhaft sind auf verkehrschwachen Neben- und Kleinbahnen Wagen mit Verbrennungsmaschinen zu verwenden, wenn die betreffenden Brennstoffe, wie in Ungarn und in den Ölbezirken der Vereinigten Staaten von Nordamerika, hinreichend wohlfeil sind. In neuerer Zeit ist neben Benzin, Gasolin und Spiritus auch Benzol mit Erfolg in den Automobilbau eingeführt und hierdurch mit Rücksicht auf den zurzeit billigen Preis dieses Brennstoffes den Verbrennungsmaschinen für Eisenbahntriebwagen eine neue gute Aussicht eröffnet worden.

Im Zwischenverkehr auf Hauptbahnen genügen solche kleinen Triebwagen selten. Es sind hier vielmehr größere Wagen mit einem oder zwei Anhängwagen für im ganzen bis zu 120 oder 150 Personen zu verwenden. Die Fahrgeschwindigkeit muß ferner größer genommen werden als auf Neben- und Kleinbahnen, und zwar zu 50 bis 60 km/Std. und darüber, mit Rücksicht auf die Gewöhnung der Reisenden an höhere Fahrgeschwindigkeiten auf den betreffenden Strecken im Fernverkehr und auf die Vermeidung der Störung der sonst verkehrenden Personen- und Schnellzüge. Die erforderliche Maschinenleistung wächst dadurch auf 80 bis 100 PS und darüber.

Triebwagen eignen sich infolge ihres ruhigen Laufes und der Schonung des Oberbaus besonders für hohe Fahrgeschwindig-

1*

keiten. Namentlich Wagen mit Verbrennungsmaschinen und elektrischer Kraftübertragung, sowie Wagen mit Antrieb durch elektrische Speicherbatterien sind hierzu geeignet, sofern ihr Gewicht und damit die Maschinenleistung nicht zu hoch wird. Der vierachsige Akkumulatorenwagen der Belgischen Staatsbahn erreicht mit zwei Anhängwagen auf der Wagerechten eine Fahrgeschwindigkeit von 80 km/Std. bei ruhigem Lauf. Die Grenze der überhaupt erreichbaren Fahrgeschwindigkeit, die für einen Lokomotivzug auf wagerechter Strecke etwa bei 150 km/Std. liegt, ist für Triebwagen erheblich höher infolge des im Verhältnis zur Leistung der Maschine geringeren zu befördernden Gesamtgewichts.

Bei Maschinenleistungen von 80 bis 100 PS wird die Unterbringung eines Kessels auf einem Triebwagen schon schwierig. Das die Maschine und den Kessel tragende Drehgestell vierachsiger Dampfwagen wächst sich dann zu einer kleinen, ähnlich wie ein Drehgestell mit dem Wagenkasten verbundenen Lokomotive aus, die schließlich, bei weiter wachsender Maschinenleistung, ganz von dem Wagen getrennt ausgeführt wird, aber stets mit ihm verkuppelt bleibt und bei Rückwärtsfahrt von dem Ende des Anhängwagens oder eines aus mehreren Anhängwagen gebildeten Wagenzugs aus gesteuert werden kann. Die kleine Lokomotive bildet dann mit den zwei bis vier von ihr beförderten Wagen vom betriebstechnischen Standpunkt aus eine Einheit, die dem Dampfwagen, aus dem sie hervorgegangen ist, näher verwandt ist als einem gewöhnlichen Lokomotivzuge. Die kleine Lokomotive wird in England in die Mitte von zwei oder auch vier Wagen gestellt und fährt so hin und her. Solche Züge werden dann, ebenso wie dies in England bei längeren Lokomotivzügen im Vorortverkehr üblich ist, kurz gekuppelt.

Die Zweckmäßigkeit der Verwendung von Triebwagen mit Maschinenleistungen von 100 bis 200 PS und mehr ist heute noch sehr fraglich. Der Vorteil der Gewichtsersparnis bei Triebwagen verschwindet mehr und mehr mit dem wachsenden Gesamtgewicht des Zuges bei der Möglichkeit, eine in ihrer Leistung dem Bedürfnis angepaßte Lokomotive ohne zu großes totes Gewicht zu beschaffen. Höhere Unterhaltungskosten der Triebwagen können dann den geringen bezüglich des Gewichts zugunsten der Triebwagen noch verbleibenden Vorteil schließlich ganz aufwiegen, die Unterbringung der Kessel und Maschinen wird zu schwierig und die Unbequemlichkeit, eigenartige, besondere Aufmerksamkeit und Pflege und besonders geschultes Personal, sowie besondere Ersatzteile und besondere Werkzeuge und Einrichtungen für die Unterhaltung, beanspruchende Betriebsmittel neben den Lokomotiven und Wagen normaler Bauart zu besitzen, gibt schließlich den Ausschlag zuungunsten der Triebwagen.

Auch die Inanspruchnahme der Beamten bis zur Betriebsleitung hinauf durch die Beobachtung und Verbesserung der Einrichtungen, wie die Beaufsichtigung und Anlernung des Personals, ist zu berücksichtigen. »Man muß sich dahinterhalten«, heißt es in den deutschsprachigen Ländern, »elles (les automotrices) doivent être suivies de près«, heißt es in Frankreich und in England hat die Great Western-Bahn einen besonderen »Inspektor« für ihren im Sommer 1907 im ganzen 85 Stück zählenden Triebwagenpark angestellt.

Bei Anwendung von Verbrennungsmaschinen zu Triebwagen geht man auch bisher meist nicht über Maschinenleistungen von 80 bis 100 PS hinaus, jedoch kommen in neuester Zeit Eisenbahntriebwagen mit Verbrennungsmaschinen bis zu 200 PS Maschinenleistung und darüber vor.

Die Länge der Fahrstrecke ist für Triebwagen beschränkt infolge der geringen Menge der mitzuführenden Vorräte und der Kürze der Lokalbahnstrecken sowohl als der Zwischenstrecken auf Hauptbahnen. Fahrstrecken von 10 bis 20 km Länge sind häufig, solche von mehr als 100 km Länge dagegen schon selten. Den Verbrennungsmaschinen kommt den Dampfwagen mit Kohlenfeuerung gegenüber zugute, daß sie mit gleichem Gewicht an Brennstoffvorrat eine Fahrstrecke von drei- bis vierfacher Länge zurücklegen können. Der gleiche Vorteil kommt den Dampfwagen mit Feuerung durch Rohpetroleum in den Ölbezirken der Vereinigten Staaten zugute. Dagegen sind die Wagen mit Betrieb durch elektrische Speicherbatterien in der Verwendung behindert durch den Umstand, daß sie schon nach kurzer Fahrzeit wieder geladen werden müssen und daß die Ladung erhebliche Zeit in Anspruch nimmt. Bei den Wagen der Pfälzer Eisenbahnen beträgt die ohne neues Aufladen der Speicherbatterien zurückzulegende Fahrstrecke nur 40 bis 50 km und die für das Aufladen der Batterien beanspruchte Zeit annähernd soviel wie die Fahrzeit. Bei den neuen Wagen der Preußischen Staatseisenbahn ist die zwischen zwei Aufladungen zurückzulegende Fahrstrecke gleich 60 km bei einer Fahrgeschwindigkeit von 45 km/Std. Bei den früher seitens der Italienischen Südbahn verwendeten Wagen mit elektrischen Speicherbatterien reichte dagegen eine Ladung für eine Fahrstrecke von 100 km und bei der Belgischen Staatsbahn für

110 km. In beiden Fällen sind sehr leichte Streckenverhältnisse vorhanden, im letzteren Falle beträgt die Grundgeschwindigkeit 55 km/Std.

Am besten ist es, wenn Triebwagen und Lokomotiven voneinander getrennt verwendet werden können. Dies läßt sich häufig auf einer Lokalbahn durchführen, indem der Personenverkehr ganz oder zum größten Teil durch Triebwagen besorgt wird. Auch gibt es einzelne Fälle, in denen der ganze Verkehr von Lokalbahnen, einschließlich Güterverkehr, durch Triebwagen erledigt wird und Lokomotiven überhaupt nicht verwendet werden. Wenigstens sollte, wenn irgend möglich, der Betrieb und die Unterhaltung von Motorwagen einer besonderen Gruppe von Beamten und Arbeitern anvertraut werden. Das letztere gilt auch für den Zwischenverkehr auf einer Hauptbahn.

4. Kraftbedarf.

Der Kraftbedarf oder der Bewegungswiderstand eines Triebwagens berechnet sich nach ähnlichen Formeln wie der einer Lokomotive, nur sind die Beiwerte andere. Der Bewegungswiderstand eines Triebwagens wird in der Regel kleiner sein als der einer Lokomotive von gleichem Gewicht, aber größer als der einer Lokomotive von gleicher Maschinenleistung. Bei sehr kleinen Ausführungen von Triebwagen mit sehr kleinen Maschinen kann indessen das letztere ins Gegenteil verkehrt sein, weil Lokomotiven, und zwar vor allem normalspurige Lokomotiven von sehr kleiner Maschinenleistung, ein im Verhältnis zu dieser Leistung sehr hohes Gewicht erhalten.

Die Fahrgeschwindigkeit von Triebwagen liegt bei Nebenbahnen etwa zwischen 25 und 50 km/Std., bei Hauptbahnen zwischen 40 und 75 km/Std. In einzelnen Fällen werden noch höhere Fahrgeschwindigkeiten bis zu etwa 100 km/Std. als möglich angegeben.

Der Bewegungswiderstand zweiachsiger Wagen ist nach den auf Grund von Ablaufversuchen bei Hannover gewonnenen Formeln von Leitzmann zu berechnen.[1])

Es bezeichne:

V die Fahrgeschwindigkeit in km/Std.,

G das Eigengewicht des Triebwagens einschließlich Fahrgäste,

---

[1]) Verhandl. d. Ver. z. Beförd. d. Gewerbfleiß. Sept. 1905.

G_1 das Eigengewicht der Anhängwagen einschließlich Fahrgäste,

w den Eigenwiderstand des Triebwagens für 1 t Gewicht,

w_1 den Eigenwiderstand der Anhängwagen für 1 t Gewicht,

Z die indizierte Zugkraft der Maschine,

S die Steigung in m auf 1 km.

Dann ist der Widerstand auf 1 t Zuggewicht

1. bei zweiachsigen Wagen, nach Leitzmann:

$$w = 2,8 + \frac{V^2}{470} + S,$$

$$w_1 = 1,3 + \frac{V^2}{603} + S,$$

2. bei vierachsigen Wagen, nach den Formeln von v. Borries und Frank[1]):

$$w = 4 + 0,027\ V + 0,0007\ V^2 + S,$$
$$w_1 = 1,5 + 0,012\ V + 0,0003\ V^2 + S.$$

Die erforderliche indizierte Zugkraft der Maschine findet sich dann zu: $Z = w \cdot G + w_1 \cdot G_1$

und die erforderliche Maschinenleistung wird:

$$N = \frac{Z \cdot V}{270}$$

in indizierten Pferdestärken[2]).

5. Bedienungsmannschaft.

Eine vielumstrittene Frage ist die nach der Größe der für Eisenbahntriebwagen erforderlichen Bedienungsmannschaft. Auf der einen Seite wird ganz allgemein behauptet, daß bei Triebwagen ein zweiter Mann auf dem Führerstand stets entbehrlich sei, sowohl zur Bedienung des Kessels der Dampfmaschinen, als auch lediglich zur Erhöhung der Sicherheit für den Fall des Versagens des Führers bei Antrieb durch Verbrennungsmaschinen oder elektrische Speicherbatterien. Auf der anderen Seite wird dagegen ebenso bestimmt behauptet, dies gelte auch für geeignet eingerichtete kleine Lokomotiven. In Wirklichkeit gibt es nun sowohl Triebwagen, bei denen außer dem sich im Wagen aufhaltenden Schaffner stets zwei

---

[1]) Zeitschr. d. Ver. Deutsch. Ing. 1904. S. 811/12.

[2]) Handb. d. Eisenbahnmaschinenw. Berlin 1908. Bd. I. Abschn. Motorwagen.

Mann auf dem Führerstand sind, als es kleine Lokomotiven gibt,
bei denen ein einziger Mann Führer- und Heizerdienst zusammen
verrichtet und bei denen außer dem im Innern des Wagens befindlichen Schaffner kein Begleiter mehr vorhanden ist. In England
und in den Vereinigten Staaten von Nordamerika ist die Anwesen-
heit eines besonderen Heizers auf Dampfwagen Vorschrift der Aufsichtsbehörde. Bei der Rückwärtsfahrt stellt sich der Führer in
der Fahrrichtung vorn hin, während der Heizer beim Kessel bleibt,
sich aber mit dem Führer unterwegs verständigen kann. Bei langsam fahrenden benzinelektrischen Wagen und bei Wagen mit Betrieb durch elektrische Speicherbatterien genügt bei uns der
Maschinenführer allein neben dem Zugführer oder Schaffner, der
bei elektrischem Betrieb den Wagen leicht im Notfalle von seinem
gewöhnlichen Platze aus anhalten kann. Auch bei sonstigem Antrieb lassen sich solche Einrichtungen treffen. Bei einfachen Betriebsverhältnissen genügt es, wenn der Schaffner sich in der Nähe
des gut zugänglich gemachten Führerstandes aufhält, um im Falle
des Versagens des Führers den Wagen stillsetzen zu können. In
den Vereinigten Staaten von Nordamerika ist dagegen die Begleitung auch einzeln fahrender Triebwagen mit Dampf- oder Verbrennungsmaschinen durch mindestens drei Mann: Führer, Maschi-
nist und Schaffner gesetzlich vorgeschrieben.

Die Versuche, zur Bedienung von Triebwagen niedriger ge-
lohntes Personal zu verwenden, sind überall gescheitert. Die Bedienung erfordert auch mindestens soviel Umsicht wie die einer
Lokomotive, wenn auch die Anstrengung geringer ist.

Der Unterschied zwischen einem leichten Lokomotivzug und
einem Triebwagen verwischt sich fast, wenn, wie bei der Französischen Nordbahn, bei der Belgischen Staatsbahn und mehrfach in
England, eine an sich selbständige zweiachsige kleine Lokomotive
mit einem oder mehreren Wagen dauernd zu einer Betriebseinheit
verbunden bleibt, bis einer dieser Teile aus Gründen der Unterhaltung die Werkstätte aufsuchen muß.

Die vorstehenden allgemeinen Sätze sollen nun zunächst an
der noch nie vollständig und im Zusammenhang wiedergegebenen
Geschichte der Triebwagen erläutert werden, zu der sich namentlich
in England längst vergessenes Material vorfand. Eingehender wird
dann die neuere starke Entwicklung des Baus der Triebwagen und
ihrer Verwendung im Eisenbahnbetriebe behandelt werden.

II. Vorgeschichte der neueren Eisenbahntriebwagen.

1. Dampfwagen von Samuel und Adams.

Die ersten Eisenbahntriebwagen, von denen verbürgte Nachrichten auf uns gekommen sind, waren dem damaligen Standpunkte des Maschinenbaus entsprechend lediglich Dampfwagen.

Zunächst ist zu erwähnen die kleine, von dem Oberingenieur der Englischen Ostbahn, S a m u e l, im Jahre 1847 entworfene ›Expreßmaschine‹ (Fig. 1)[1], ein leichter, offener Wagen mit stehendem Röhrenkessel und in das Untergestell eingebauter Maschine, der ursprünglich zur Beförderung von Aufsichtsbeamten und deren Begleitern bestimmt war, aber später auch in den Zugdienst eingestellt wurde. Die Expreßmaschine ist aus dem Versuche hervorgegangen, eine anscheinend auch zuerst von Samuel gebaute Dräsine mit Bewegung von Hand, die sechsfüßige Räder hatte und eine Fahrgeschwindigkeit von 12 Meilen (19 km)/Std. entwickelte, durch Einrichtung mechanischen Antriebs hinsichtlich der Fahrgeschwindigkeit und der Betriebskosten zu verbessern. Die Samuelsche Expreßmaschine hatte eine Länge von 12′6″ (3,8 m), der Raddurchmesser betrug 3′4″ (1 m), der Durchmesser der beiden Dampfzylinder $3^1/_2''$, der Hub 6″. Der stehende Kessel mit Feuerbüchse und 35 Rohren von je 3′3″ Länge bei $1^1/_2''$ Durchmesser hatte $5^1/_2$ Quadratfuß Heizfläche in der Feuerbüchse und 38 Quadratfuß in den Rohren, zusammen also eine Heizfläche von $43^1/_2$ Quadratfuß, gleich rund 4 qm. Der Koksverbrauch betrug durchschnittlich $2^1/_2$ Pfd. auf die englische Meile oder 0,7 kg auf 1 km, nach anderer Angabe bei einer Gesamtleistung von 15 000 Meilen (24 000 km): 3 Pfd. auf die Meile oder 0,84 kg auf 1 km.

Am 30. Oktober 1847 ist mit der Expreßmaschine eine Probefahrt von London nach Cambridge mit der angeblich bei Lokomotivzügen früher nie erreichten Fahrgeschwindigkeit von 40 Meilen

---

[1] Organ Fortschr. d. Eisenbahnw. 1849, nach Tredgolds damals neuer Ausgabe von ›On the Steam Engine‹; vgl. wegen der Beschreibung und der sonstigen Angaben: The Practical Mechanic's Journal, Bd. I. 1848/49. S. 116. Bibl. d. Patentamts London C 40/848.

(64 km)/Std. vorgenommen worden.[1]) Die höchste mit der Expreßmaschine überhaupt erreichte Fahrgeschwindigkeit betrug 51 Meilen
(82 km)/Std., konnte aber nicht dauernd beibehalten werden. Die
gewöhnliche Fahrgeschwindigkeit für eine längere Reise war 30 Meilen
= 48 km/Std.

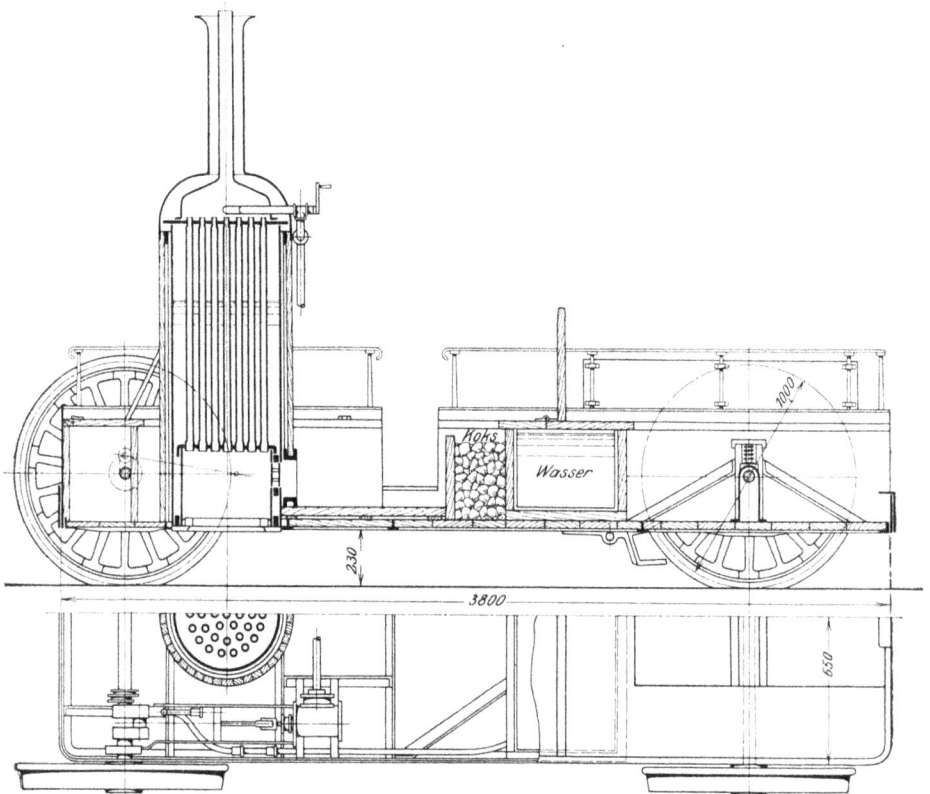

Fig. 1. Expreßmaschine von Samuel.

Die ganze Expreßmaschine wog einschließlich der Vorräte an
Wasser und Koks nur 22 Zentner, so daß bei einer Nutzlast von
7 Personen, gleich $10\frac{1}{2}$ Zentner Gewicht, das tote Gewicht zur Nutzlast im Verhältnis 2 : 1 stand. Für einen entsprechenden Lokomotivzug aus dieser Zeit zur Beförderung von 7 Personen wird ein totes
Gewicht von 30 t angegeben und für einen größeren Zug von 70 t
Gewicht, bestehend aus einer Lokomotive und 9 Wagen I. und II. Klasse
mit einer Besetzung von 192 Reisenden, das Verhältnis der toten

---

[1]) The Mechanic's Magazine vom 6. November 1847. S. 455/56.

Last zur Nutzlast gleich 5 : 1. Für die Nebenlinien wird das Durchschnittsgewicht eines Lokomotivzuges zu 56 t, die Zahl der Reisenden auf vielen Nebenlinien nicht höher als 35 bis 40 für einen Zug angegeben und das Verhältnis der toten Last zur Nutzlast gleich 19 : 1. Von dem Bau ähnlicher Dampfwagen wie die Expreßmaschine, nur größer und mit geschlossenem Wagenkasten, erwartete Samuel großen Vorteil für die Ausdehnung des Eisenbahnnetzes und für die Entwicklung des Verkehrs, durch die Möglichkeit der Herab-

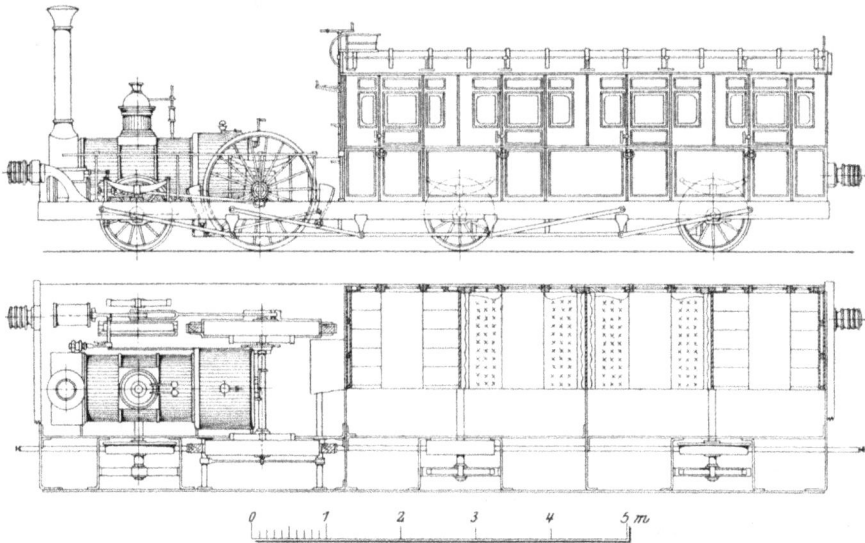

Fig. 2. Dampfwagen Enfield von Adams.

setzung der Tarife, der Verwendung leichteren Oberbaus und der Erreichung einer höheren Fahrgeschwindigkeit.

Die Expreßmaschine war nach Samuels Entwurf auf den Fairfield-Werken erbaut unter der Leitung des dort beschäftigten Ingenieurs Adams. Der letztere entwarf nun im Auftrage von Samuel im folgenden Jahre einen neuen größeren, aus einer Lokomotive und einem Wagen zusammengesetzten Dampfwagen (Fig. 2)[1]. Der Enfield benannte Wagen wurde ebenfalls auf den Fairfield-Werken gebaut und 1849 auf der Englischen Ostbahn in Betrieb gesetzt. Das Gesamtgewicht des Enfield betrug fast 15½ t einschließlich der Vorräte an Koks und Wasser. Davon kamen 4,6 t auf die Laufräder, 6,1 t auf die Treibräder und 4¾ t auf die Wagenräder.

---

[1] Aus The Practical Mechanic's Journal, Bd. I. 1848/49; wiedergegeben in The Engineer vom 8. Mai 1903 und vom 26. Oktober 1906.

Der Enfield hatte 84 Plätze und konnte noch einen Anhängwagen
mit 116 Plätzen schleppen. Die größte Fahrgeschwindigkeit betrug
40 Meilen (64 km)/Std.

Der Durchmesser der innerhalb der äußeren Seitenrahmen
liegenden Zylinder war gleich 7″, der Hub 12″, der Durchmesser
der ungekuppelten Treibräder 5′. Nur die Räder der vorderen Laufachse der Lokomotive und der hinteren Wagenachse waren mit
Flanschen versehen. Krümmungen von 5 bis 6 chains (100 bis
120 m) Halbmesser wurden gut durchlaufen. Der Kessel war ein
gewöhnlicher Lokomotivkessel mit 115 Rohren von 1½″ Durchmesser
und 5′3″ Länge. Die Heizfläche der Rohre betrug 210 Quadratfuß,
die der Feuerbüchse 25 Quadratfuß, die gesamte Heizfläche also
235 Quadratfuß oder 21,8 qm. Der Wasservorrat wurde in 12′ langen
eisernen Rohren von 12″ Durchmesser mitgeführt. Lokomotive und
Wagen hatten gemeinsame durchgehende Rahmen, die, um möglichst
leicht ausgeführt werden zu können, mit Sprengwerken versehen
waren. Der Boden des Wagens lag 18″ bis 20″ über den Schienen,
gegen 9″ bei der Expreßmaschine. Der Zugführer hatte seinen
Sitz vorn auf dem Wagen, wie dies damals bei Eisenbahnwagen
üblich war.

Bei einer Versuchsfahrt auf der Englischen Ostbahn mit einem
Anhängwagen von 3½ t Gewicht wurden auf ebener Strecke bei
einem Dampfdruck von 7 Atm. 8 Meilen in 9 Min. gefahren, was
einer Fahrgeschwindigkeit von 86 km/Std. entspricht. Die Fahrzeit
auf der 126 Meilen langen Strecke von Norwich nach London betrug im ganzen 5 Std. 7 Min., einschließlich der für neun Aufenthalte gebrauchten Zeit von zusammen 1 Std. 41 Min. Die reine
Fahrzeit betrug also 3 Std. 26 Min., die Reisegeschwindigkeit einschließlich Aufenthalte 24,6 Meilen oder 40 km/Std. und die Fahrgeschwindigkeit ohne Aufenthalte 36,7 Meilen oder 59 km/Std. Der
Koksverbrauch betrug 10,79 Pfd. auf 1 Meile einschließlich Anheizen und 10,22 Pfd. ohne dieses, also 3 bzw. 2,9 kg/km. Die
ganze von 11 Uhr 45 Min. vormittags bis 10 Uhr 7 Min. nachmit-
tags zurückgelegte Fahrstrecke betrug 197 Meilen oder 317 km in
10¼ Std. Bei einer anderen Gelegenheit wurden bei einer Fahrgeschwindigkeit von 40 Meilen (64 km) mit Anhängwagen und im
ganzen 74 Reisenden wieder wie oben 2,9 kg Koks auf 1 km
verbraucht.

Der Enfield fuhr dann später als Expreßzug mit zwei Anhängwagen und mit Plätzen für insgesamt 182 Reisende im ganzen Zuge.

Die Fahrgeschwindigkeit betrug 37 Meilen (60 km)/Std. Vom 25. Januar bis einschl. 9. September 1849 wurden 14021 Meilen (22570 km) von ihm zurückgelegt. Die Maschine war täglich 15 Std. unter Dampf, lief aber hiervon nur 5 Std. und stand während der übrigen 10 Std. in Bereitschaft. Die Anschaffungskosten für eine große Lokomotive mit Tender und vier Wagen, aus denen die sonst üblichen Züge gebildet wurden, werden zu 4000 £ (80000 M.) angegeben, der für die Beförderung der vorhandenen Reisenden ausreichende »Lokomotivwagen« kostete etwas weniger als die Hälfte.

Mit Recht wurde Samuel indessen entgegengehalten, daß mit diesem, von ihm selbst »Lokomotivwagen«, locomotive carriage, genannten Dampfwagen noch nicht viel erreicht sei. Die Einrichtung hatte im wesentlichen nur den Vorteil einer geringen Gewichts-

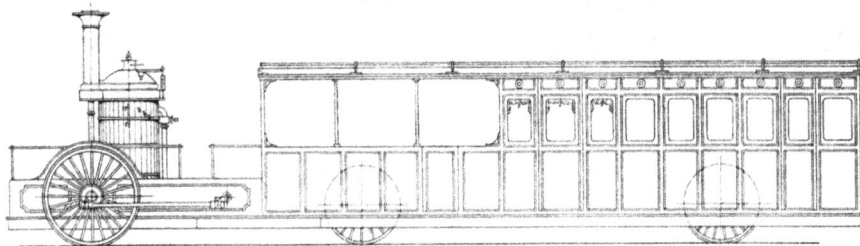

Fig. 3. Dampfwagen Fairfield von Adams.

ersparnis infolge des Wegfalls der Pufferbohlen und der Puffer zwischen der Lokomotive und dem Wagen und einer Erleichterung der Aufsicht über den ganzen Zug. Hervorgehoben wird ferner der ruhige Lauf des »Lokomotivwagens«. Diesen Vorteilen stand aber der Nachteil gegenüber, daß bei einer erforderlich werdenden Ausbesserung an der Maschine oder an dem Wagen das ganze Fahrzeug außer Betrieb gesetzt werden mußte.

Adams erbaute deshalb auf Anregung von Samuel und unter dessen Mitwirkung noch in demselbem Jahre einen neuen Lokomotivwagen, der einen bemerkenswerten Fortschritt darstellt (Fig. 3)[1]. Das Fairfield benannte Fahrzeug bestand aus einer einachsigen, für sich allein nicht lauffähigen, Lokomotive und einem damit lösbar verbundenen, zweiachsigen Wagen. Die Lokomotive hatte einen stehenden Röhrenkessel, die Kolben der ähnlich wie früher angebrachten Zylinder arbeiteten nicht unmittelbar auf die Kurbeln der

---

[1]) Practical Mechanic's Journal, Bd. I. 1848/49.

Treibachse, sondern auf eine an der Stelle der früheren Treibachse angebrachte Blindachse, welche den Antrieb auf die weiter nach vorn gelegene Treibachse mit Rädern von $4\frac{1}{2}'$ Durchmesser übertrug. Durch diese Anordnung war eine sehr gedrängte Bauart der Lokomotive ermöglicht. Indessen wurde bemerkt, daß der stehende Röhrenkessel dem Lokomotivkessel in bezug auf Wirkungsgrad und Wirtschaftlichkeit nachstand.

Um große Beweglichkeit für das Durchfahren von Krümmungen zu erzielen, liefen die Räder lose auf den Achsen, welche sich ihrerseits wieder in besonderen Lagern drehten. Das mittlere der drei Räderpaare, also das vordere Räderpaar des zweiachsigen Wagens, hatte zu gleichem Zweck eine seitliche Verschiebbarkeit von $6''$.

Der Dampfdruck betrug 100 Pfd. auf 1 Quadratzoll, also rd. 7 Atm., das gesamte Dienstgewicht des im ganzen 39' (11,9 m) langen Fahrzeugs betrug nebst den Vorräten für eine Fahrstrecke von 40 Meilen nur mehr 9 t, der durchschnittliche Koksverbrauch 8 bis 10 Pfd. auf 1 Meile oder 2,3 bis 2,8 kg auf 1 km. Für ein anderes gleichartig gebautes Fahrzeug von 29' (8,8 m) äußerem Radstand, mit Plätzen für 62 Reisende, wird ein Dienstgewicht von 13 t angegeben. Es war in Erwägung gezogen, zwischen die Zylinder und die Blindachse einen Differentialriementrieb einzuschalten, um im Bedarfsfalle die Umdrehungsgeschwindigkeit der letzteren ermäßigen zu können.

Mit dem Fairfield wurde auf einer $3\frac{1}{2}$ Meilen (5,6 km) langen Steigung von 1 : 100 in der Bergfahrt eine Fahrgeschwindigkeit von 24 Meilen (38 km), in der Talfahrt eine solche von 40 Meilen (64 km) eingehalten, auf wagerechter Strecke betrug die Fahrgeschwindigkeit 32 Meilen (51 km). Dem neuen Lokomotivwagen wurde schnelles Anfahren und Anhalten und dadurch erhöhte Betriebssicherheit nachgerühmt. Der Boden des Wagens lag wieder nur $9''$ (23 cm) über den Schienen. Heizung mit heißem Wasser in dünnen Metallröhren wurde in Vorschlag gebracht, ferner die Mitnahme von Erfrischungen, um in dem Wagen von London nach Edinburgh und Glasgow fahren zu können. Die Lokomotivwagen wurden überhaupt für schnelle Fahrt bis zu 60 Meilen (96 km) / Std. in Aussicht genommen. Ähnliche Dampfwagen wie der Fairfield wurden von Samuel und Adams mehrfach entworfen und ausgeführt, beispielsweise für die Bristol- und Exeter-Linie der West London-Bahn. Auch der Eilzug von London nach Norwich wurde mit einem Lokomotivwagen der Samuel-Adamsschen Bauart gefahren.

Die Besetzung der Züge war damals, wie schon erwähnt, durchweg noch gering, sie betrug meist weniger als 50 Reisende auf einen Zug und schwankte zwischen einem höchsten Durchschnitt von 47 und einem niedrigsten von 10. Nach Samuels Angabe war in 99 von 100 Fällen der vorhandene Schienendruck der Treibachse der Lokomotiven, der schon vielfach bis auf 14 t stieg, für die Beförderung der Reisenden nicht erforderlich. So betrug die Zahl der sämtlichen Reisenden der Englischen Ostbahn für die am 7. Mai 1849 endigende Woche im Durchschnitt bei den verschiedenen täglich gefahrenen Zügen:

I. Auf den Hauptlinien: 1. Cambridge-Linie.

Hin: 141; 55; 98; 166; 217; 61.
Zurück: 155; 115; 144; 65; 176; 14.

2. Colchester-Linie.

Hin: 154; 126; 142; 51; 106; 117; 70.
Zurück: 7; 111; 138; 139; 134; 35; 172.

II. Auf den Nebenlinien: 1. Hertford-Linie.

Hin: 75; 23; 86; 153; 147; 65 (Enfield); 137; 231; 162.
Zurück: 148; 144; 84 (Enfield); 115; 139; 25 (Enfield); 107; 113; 135.

2. Woolwich-Linie.

Hin: 20; 27; 41; 35; 55; 62; 43; 57; 73; 54; 55; 82.
Zurück: 55; 50; 40; 40; 31; 48; 48; 36; 57; 63; 75; 74.

3. Peterbro'-Linie.

Hin: 54; 35; 9; 9; 8.   Zurück: 11; 50; 35; 36; 3.

4. Maldon-Linie.

Hin: 6; 15; 9; 11; 13.   Zurück: 11; 8; 11; 6; 20.

5. Braintree-Linie.

Hin: 4; 18; 9; 16; 20.   Zurück: 15; 8; 14; 6; 20.

6. Loop-Linie.

Hin: 24; 19; 22.   Zurück: 20; 19; 32.

7. Durchschnittszahl für Norwich—Yarmouth 33 und 24.

8.   »   »   Reedham—Lowestoft 24 und 23.

9.   »   »   Wydmondham—Fakenham 26 und 27.

Die Zeit war also für Triebwagen noch recht günstig. Die Erfinderarbeit, die in den unscheinbaren, 20 Jahre später noch als coachomotive verspotteten Fahrzeugen steckte, erhellt am besten daraus, daß trotz diesem vom Anfang des Eisenbahnwesens an vorhandenen Bedürfnis erst verhältnismäßig spät eine technisch brauchbare Lösung gefunden wurde.

Samuel gibt weiter an, daß während des Jahres 1847 auf den Linien der Englischen Ostbahn ein Gewicht von 42644 t an Reisenden befördert wurde, während das entsprechende tote Gewicht der Lokomotivzüge 1112570 t betrug. Die Lokomotiven der Hauptstrecken verbrauchten $24^1/_4$ bis $40^1/_2$ Pfd. Koks auf 1 Meile (6,8 bis 11,3 kg/km), die Lokomotiven der Nebenlinien $16^1/_2$ bis $35^1/_2$ Pfd. (4,6 bis 10 kg/km). Es waren ungefähr 200 Lokomotiven vorhanden bei einer gesamten Streckenlänge von 310 Meilen (499 km).

2. Dampfwagen von Fairlie und Samuel.

Rund 20 Jahre nach dem Erscheinen der Samuel-Adamsschen Triebwagen traten Fairlie und Samuel als Erbauer von Dampfwagen wesentlich anderer Anordnung auf.

Von Fairlie allein stammt der im Jahre 1868 gebaute Dampfwagen (engine-carriage) Fig. 4[1]), bestehend aus einem zweistöckigen

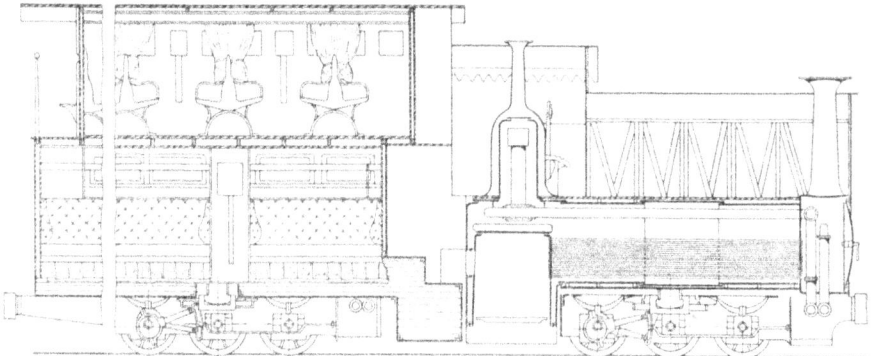

Fig. 4. Dampfwagen von Fairlie.

Triebwagen mit drei gekuppelten Achsen und einer als Wagen eingekleideten Lokomotive mit ebenfalls drei gekuppelten Achsen. Die Anordnung des Antriebs stimmt also mit der Bauart der Fairlie-Lokomotive überein und verfolgt den Zweck, große Zugkraft zur Bewältigung starker Steigungen zu entwickeln, bei kleinem Raddruck und . entsprechend geringen Anforderungen an die Trag-

[1]) The Practical Mechanic's Journal, 3. Serie, Bd. IV. 1868.

fähigkeit des Oberbaus, sowie große Schmiegsamkeit zum Durchfahren von scharfen Krümmungen zu erreichen. Die Untergestelle
der Lokomotive und des Wagens sind dreiachsige um einen Mittel-
zapfen schwingende Drehgestelle. Der Wagen hatte unten Längs-
sitze, oben Quersitze und hatte Platz für 75 Reisende mit Gepäck.
Das Gewicht des ganzen Dampfwagens einschließlich Reisende wird
als gleichwertig dem einer der damals gebräuchlichen schweren
Lokomotiven angegeben.

Gegenüber der Befürchtung etwaiger Abneigung der Reisenden, sich in unmittelbarer Nähe des Dampfkessels aufzuhalten,
wird angeführt, daß auf der Dublin- und Kingston-Bahn die Lokomotivzüge seit 20 Jahren trotz sehr lebhaften Verkehrs keinen

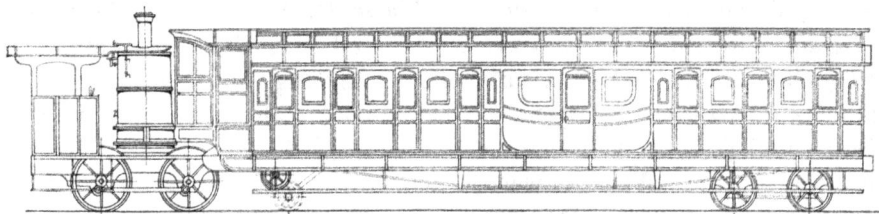

Fig. 5. Dampfwagen von Fairlie und Samuel.

Schutzwagen mitführten, ohne daß hieraus eine Schädigung eines
Reisenden durch eine Explosion oder eine Undichtigkeit entstanden wäre.

Über die Erfolge dieses Fairlieschen Triebwagens ist weiter
nichts bekannt geworden.

Anderer Art ist der Dampfwagen, den im Jahre darauf Fairlie
in Verbindung mit Samuel erbaute und dessen Einrichtung unter
ein Samuel erteiltes Patent fiel (Fig. 5)[1]. Der ganze Wagen war
vierachsig, das Vorderende des Wagenkastens stützte sich auf den
gleichzeitig den Drehzapfen bildenden Sockel des mitten auf dem
vorderen Drehgestell angebrachten stehenden Röhrenkessels, der
von einer großen, am Vorderende des Wagenkastens befestigten
Schelle umfaßt wurde. Die Berichte über diesen Dampfwagen
sprechen von zwei verschiedenen Ausführungsformen[2].

Beide Bauarten der Dampfwagen hatten zwei Drehgestelle
mit je vier Rädern. Das vordere Drehgestell, dessen Räder ge-

---

[1] The Practical Mechanic's Journal, 3. Serie, Bd. V. 1869.
[2] The Mechanic's Magazine, neue Folge Bd. XXII. Juli u. Dezember 1869.

kuppelt waren, trug die Maschine und den Kessel nebst dem
Wasser- und Kohlenvorrat. Der Wasserbehälter war zwischen die
inneren Rahmen des vorderen Drehgestells eingebaut. Stahl wurde
überall angewendet, wo dies zur Verringerung des Gewichts irgend
erwünscht erschien. Ein Mann genügte zur Bedienung der Maschine und des Kessels, der Schaffner hatte seinen Sitz in der
Nähe des Führers und bediente die Bremse, die auf sämtliche
Räder zugleich wirkte. Der Führer konnte auch die Bremsen unabhängig vom Schaffner anziehen.

Der Wagen normaler Bauart hatte 90 oder 100 Sitzplätze je
nach der Klasseneinteilung. Für den Wagen mit 100 Sitzplätzen
waren drei Klassen vorgesehen. Ein kleinerer Wagen hatte 66 Sitzplätze, davon 16 Plätze I. und 50 Plätze II. Klasse. Der letztere
Wagen hatte eine Länge von 43' (13,1 m), das Dienstgewicht betrug ohne Reisende 13½ t, mit voller Besetzung 18½ t. Der Wagen
konnte durch Krümmungen von 50' (15 m) Halbmesser mit einer
Geschwindigkeit von 20 Meilen (32 km)/Std. fahren. An den
Außenseiten des Wagens war je ein sich über die ganze Länge
des Wagens erstreckender, mit einem Geländer versehener Gang
angebracht, um dem Schaffner zu ermöglichen, in voller Sicherheit
rund um den Wagen zu gehen und zu den einzelnen Abteilen zu
gelangen, sowie den Reisenden zu ermöglichen, den Schaffner
während der Fahrt zu erreichen. Für den größeren Wagen war
zu gleichem Zweck ein durchgehender Mittelgang vorgesehen. Der
größere Wagen hatte ein verhältnismäßig geringeres Gewicht als
der kleinere Wagen. Das berechnete Gewicht nebst Wasser und
Kohlen für eine Fahrt von 40 Meilen Länge betrug etwas weniger
als 14 t, besetzt mit 90 Reisenden rd. 20 t. Das Verhältnis der
toten Last zur Nutzlast war also etwa 2½ : 1. Das Reibungsgewicht
betrug rd. 55 v. H. des Gesamtgewichts. Die Zylinder hatten 8"
Durchmesser und 12" Hub, die Treib- und Kuppelräder 4' (1,22 m)
Durchmesser. Das vordere Drehgestell konnte eine Viertelkreis-
drehung machen.

Der Zugwiderstand wurde bei einer Fahrgeschwindigkeit von
40 Meilen geschätzt auf 400 Pfd. für den ganzen Wagen (Reibungs-
widerstand 10 Pfd. auf die Tonne, Luft- und sonstiger Widerstand
ebenfalls 10 Pfd.). Der mittlere Druck in den Dampfzylindern wurde
zu 7 Atm. angenommen, so daß die Zugkraft an den Schienen gemessen 1600 Pfd. betrug oder das Vierfache der zur Fortbewegung

des Wagens auf ebener gerader Strecke erforderlichen Kraft. Auf
einer Steigung von 1 : 100 kommen 22½ Pfd. auf die Tonne für
den Steigungswiderstand hinzu, im ganzen ist dann also der Zugwiderstand 42½ Pfund auf die Tonne, oder insgesamt 850 Pfd. für
den ganzen Wagen. Der Überschuß von 750 Pfd. an Zugkraft reicht
aus für einen Anhängwagen mit ebenfalls 90 bis 100 Reisenden.
Wird die ganze Zugkraft von 1600 Pfd. verbraucht, so entspricht
dies bei einer Fahrgeschwindigkeit von 40 Meilen/Std. einer Leistung
von 170 PS. Als Kohlenverbrauch wurden 3 Pfd. auf 1 PS-Std.
angenommen, also 510 Pfd. für 40 Meilen oder etwas weniger als
13 Pfd. auf 1 Meile (5,8 kg auf 1 km). Die schärfste, bei normaler
Fahrgeschwindigkeit noch mit Sicherheit zu befahrende Krümmung
hatte einen Halbmesser von 2 chains (40 m)', bei geringerer Fahrgeschwindigkeit konnten indessen noch Krümmungen von 35' (10,7 m)
Halbmesser durchlaufen werden. An den Enden der Fahrstrecken
waren Schleifen mit solcher Krümmung angebracht, um Drehscheiben zu vermeiden.

Es verkehrten damals Züge, beispielsweise auf der London-
und Nordwestbahn, welche aus einer 35 bis 40 t schweren Lokomotive mit Tender, 6 bis 10 Personenwagen, jeder zu 7 bis 10 t,
und 2 Brems- und Gepäckwagen bestanden und welche erheblich
weniger als 75 Reisende hatten. Das Gewicht eines solchen Zuges
betrug 100 bis 150 t bei einer Nutzlast an Personen von weniger als
5 t. Der irische Postzug hatte sogar bei der oben angegebenen Zusammensetzung zeitweilig weniger als ein halbes Dutzend Reisende.
Nach den Parlamentsberichten betrug die durchschnittliche Besetzung der Personenzüge in England rd. 80 Personen, vom Anfang bis zum Ende der Fahrt zusammengerechnet, während die
Durchschnittszahl der gleichzeitig in den Zügen anwesenden Reisenden nur 30 bis 35 betrug, so daß diese leicht in einem Fairlie-
Samuelschen Dampfwagen hätten untergebracht werden können.
Zum Vergleich wird weiterhin angegeben, daß das Durchschnittsgewicht der Personenzüge ohne Reisende 80 t betrug, so daß für
einen Fairlie-Samuelschen Dampfwagen nur ein Viertel des Auf-
wandes an Brennstoff und Öl erforderlich sei.

Für den Fairlie-Samuelschen Dampfwagen wurde der Anspruch
erhoben, den Reisenden vermehrte Bequemlichkeit und Sicherheit
zu bieten, sowie eine Herabsetzung der Beförderungssätze zu ermöglichen.

3. Brunnscher Dampfomnibus.

In dem folgenden Jahrzehnt tauchte in verschiedenen Ländern eine ganze Reihe bemerkenswerter Anordnungen von Eisenbahntriebwagen auf. Aus dem Jahre 1876 stammt der von der Schweizerischen Lokomotiv- und Maschinenfabrik in Winterthur ausgeführte »Dampfomnibus«, Bauart Brunner (Fig. 6)[1]. Der Brunnersche Dampfomnibus bestand aus einem mit offenen Decksitzen (Imperiale) versehenen Wagenkasten, dessen eines Ende durch ein zweiachsiges Drehgestell getragen wurde, und einer eingebauten kleinen zweiachsigen Lokomotive, auf der das andere Kastenende mittels eines Kugelzapfens aufruhte. Der Wagen verkehrte vom 20. Dezember 1876 ab auf der schmalspurigen, 14,18 km langen Bahn von Lausanne nach Echallens. Die Strecke hatte Krümmungen bis herunter zu 60 m Halbmesser, eine 600 m lange stärkste Steigung von 40 v. T. und eine Spurweite von 1 m. Die ausbedungene Fahrgeschwindigkeit betrug 19 km/Std. mit Ausschluß der Aufenthalte. Der Brunnersche Dampfomnibus befuhr die Strecke Lausanne—Echallens täglich einmal hin und zurück und außerdem die 2,17 km lange Teilstrecke Lausanne—Prilly viermal täglich nach beiden Richtungen. Die Tagesleistung betrug insgesamt rund 46 km. Der Wagen hatte Platz für 64 Reisende, bei starkem Andrang wurden aber bis zu 120 Reisende darin untergebracht. Die Mitführung eines Anhängwagens war nicht vorgesehen. Das Dienstgewicht der Lokomotive betrug 6 t, das Eigengewicht des Wagens 5,5 t, insgesamt 11,5 t tote Last gegen eine Nutzlast von 4,5 t. Das Verhältnis der toten Last zur Nutzlast war also etwa gleich 2,5 : 1. Der Zylinderdurchmesser betrug 160 mm, der Kolbenhub 300 mm, der Treibraddurchmesser 700 mm, die Dampfspannung 12 Atm., die Heizfläche 13,6 qm, davon 1,6 qm in der Feuerbüchse. Die Maschinenleistung war normal 25 PS, die Höchstleistung 40 PS bei einer Fahrgeschwindigkeit von 15 km/Std. Die außenliegenden Dampfzylinder waren mit Rücksicht darauf, daß die Bahn zum Teil auf einer Straße lag, hoch angebracht, um sie gegen Beschädigung zu schützen. Die Kraftübertragung erfolgte durch einen zweiarmigen Hebel. Der Kohlenverbrauch betrug durchschnittlich 3,5 kg auf 1 km. Die Lokomotive konnte leicht von

---

[1] Nach einem Original der Schweiz. Lok.- u. Masch.-Fabr. in Winterthur; wegen der sonst. Ang. s. Heus v. Waldegg, Handb. f. spez. Eis.-Techn. Bd. V. S. 204.

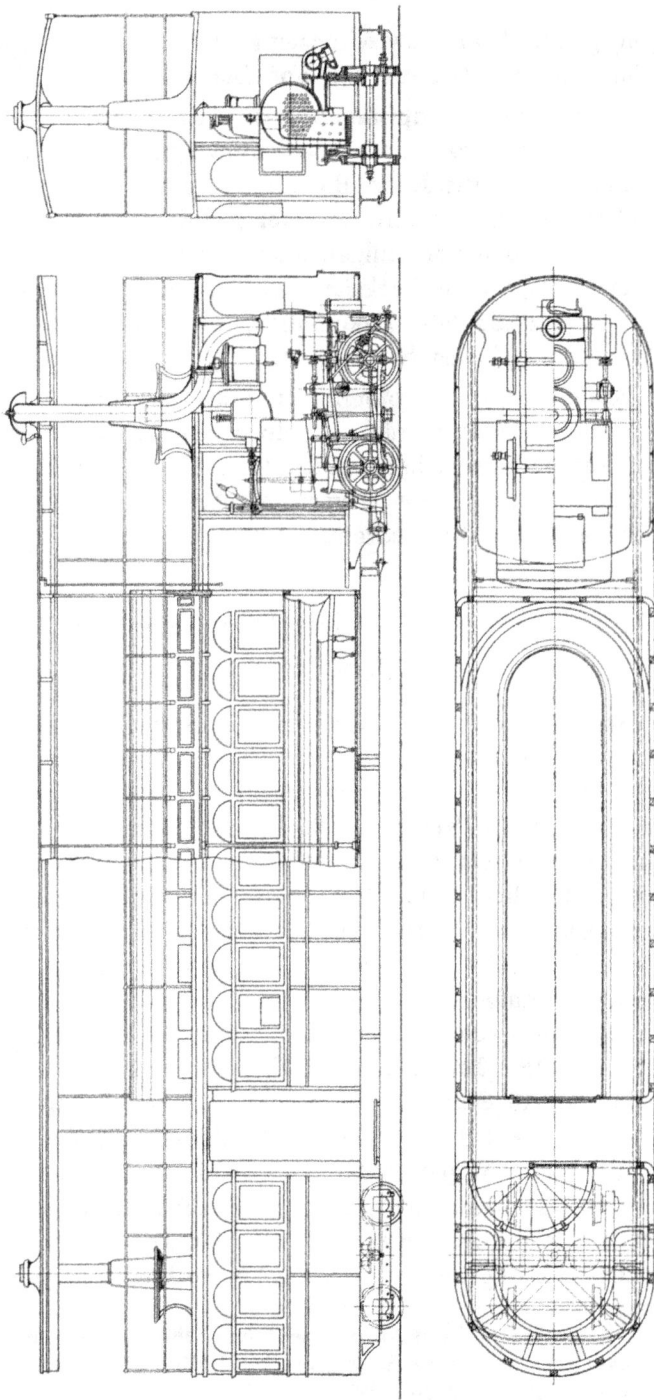

Fig. 6. Dampfomnibus von Brunner (Schweiz. Lok.- u. Masch.-Fabrik in Winterthur).

dem Wagen getrennt und zwischenzeitig anderweit verwendet werden, beispielsweise zur Beförderung von Bauzügen.

Ein gleichartiger Dampfwagen mit Plätzen für 62 Personen
ist um dieselbe Zeit von der Eisenbahnwagenfabrik Scandia in
Randers (Jütland) für die Bahn Randers—Grenaa geliefert worden.
Der zugehörige Motor stammte aus der Fabrik von Kitson & Co.
in Leeds, welche auch vor einigen Jahren einen Dampfwagen verwandter Bauart, nur ohne Decksitze und mit frei sichtbarer, nicht
mit als Wagen eingekleideter Lokomotive, für die Southeastern- und
Chatam-Eisenbahn geliefert hat.

Der Brunnersche Dampfomnibus brauchte nicht notwendig
gedreht zu werden, dies wurde aber doch als vorteilhaft befunden.
Alle andern bisher beschriebenen Dampfwagen, mit Ausnahme allen-
falls der kleinen Samuelschen Expreßmaschine, wurden stets vor
dem Antritt der Rückfahrt gedreht.

4. Dampfwagen der Belgischen Staatsbahn von Belpaire.

Von Belpaire rührt eine Anzahl Eisenbahntriebwagen verschiedener Bauart her, die im ganzen fast 30 Jahre lang bei der Belgischen Staatsbahn in Verwendung waren. Die älteren dreiachsigen
Wagen aus den Jahren 1877 und 1886 hatten lokomotivartige Kessel
und Maschinen, die mit dem Wagen fest verbunden waren.[1] Die
Wagen hatten sämtlich einen Gepäckraum und außerdem entweder
zwei Wagenklassen mit zusammen 45 bis 50 Plätzen oder nur
zwei Abteile III. Klasse. Die Kessel waren teils quer zur
Wagenlängsachse aufgestellt, teils in der Längsachse und waren
dann mit seitlicher Feuerung versehen. Die Maschinenleistung betrug 48 bzw. 62 PS. Im Sommer 1907 waren nur noch von der
letzteren Gattung 10 Stück im Betrieb, und zwar in einem neun-
tägigen Dienstturnus auf der Strecke von Alost nach Lokeren und
Eecloo. Auch diese Wagen sollten aber bald ausgemustert werden.
Dagegen zählte der amtliche Bericht für 1899 noch 54 Dampfwagen auf der Belgischen Staatsbahn. Die letzten im Sommer 1907
noch benutzten Dampfwagen versahen eigentlich nur mehr den

---

[1] Abb. i. Organ f. d. Fortschr. d. Eisenbahnw. 1878. S. 227; Bulletin du
congrès international des chemins de fer Jan. 1905; Mitteil. d. Ver. f. d. Förder.
d. Lokal- u. Straßenbahnw. (Wien). 1905. Heft 1.

Dienst von Lokomotiven, indem sie auf den flachen Nebenbahnstrecken mit 5 bis 6 Anhängwagen fuhren, während die beiden auf dem Dampfwagen selbst befindlichen Abteile III. Klasse von den Reisenden nach Möglichkeit gemieden wurden und außerdem das Gepäckabteil als Kohlenraum benutzt wurde, weil die vorgesehenen Kohlenbehälter zu klein waren. Die Abteile III. Klasse waren deshalb so unbeliebt, weil die darunter liegende starke und kurze Feder harte Stöße bei der Fahrt veranlaßte. Für eine dritte Gattung von Dampfwagen der Belgischen Staatsbahn aus dem Jahre 1898 ist die Bezeichnung Dampfwagen überhaupt kaum zutreffend, indem der angebliche Dampfwagen aus einer zweiachsigen kleinen Lokomotive und einem eng damit gekuppelten zweiachsigen Wagen bestand, der auf der Lokomotive angebrachte Gepäckraum aber auch nur noch als Kohlenbehälter benutzt wurde.

Die Dampfwagen der Belgischen Staatsbahn hatten durchweg eine Bedienungsmannschaft von drei Personen: Führer, Heizer und Schaffner. Bei der Fahrt auf Nebenbahnstrecken mit sehr schwachem Verkehr wurde der besondere Heizer erspart.

5. Dampfwagen von Rowan und Weifsenborn.

Weit größeren Erfolg haben die Dampfwagen von Rowan gehabt, die sich von ihren ersten Anfängen an bis in die neueste Zeit hinein erhalten haben. Die Bauart der Rowanschen Dampfwagen kann auch heute noch als mustergültig für leichte Verkehrsverhältnisse angesehen werden.

Den Anstoß zum Bau der Rowanschen Dampfwagen gab der englische Ingenieur Grantham, der als erster in England im Jahre 1873 einen Dampfwagen auf Straßenbahnen angewendet hat. Im Viktoria-Albertmuseum (South Kensington-Museum) in London befindet sich das Modell eines Grantham im Jahre 1871 patentierten Dampfwagens mit je einem stehenden Kessel an jedem Wagenende. Die Maschine ist unter dem Wagenboden angeordnet, der austretende Dampf wird durch Luftkühlung in Röhren niedergeschlagen. Die ganze Maschineneinrichtung einschließlich Bremsen kann von jedem Wagenende aus durch nur einen Mann bedient werden.

Nach diesem Plan ist im Jahre 1872 ein Triebwagen ausgeführt worden. Der Kessel hatte Fieldrohre, die Dampfspannung betrug $6\frac{1}{3}$ Atm., die Rostfläche nur 0,12 qm (1,2 Quadratfuß). Das Gesamtgewicht des Wagens betrug leer 6,5 t. Im Jahre 1873 lief dieser

Wagen auf der Straßenbahn zwischen der Viktoria-Station und Vauxhall, aber schließlich versagte er wegen ungenügender Dampfentwicklung und Schwierigkeiten mit der Feuerung und wurde dann auf der Straßenbahn in Wantage bis zum Jahre 1881 weiter verwendet. Der Wagen war so eingerichtet, daß er sowohl auf gleisloser Straße als auf Schienen laufen konnte, indem zwei Paar Achsen vorhanden waren, die wechselweise je nach der Bestimmung des Wagens benutzt werden konnten. Das eine Paar Achsen hatte flanschlose Räder, die eine dieser Achsen war steuerbar. Sollte der Wagen auf Schienen laufen, so wurde ein zweites, an Hebeln aufgehängtes Paar Achsen mit Flanschrädern heruntergelassen, welches dann die Führung des Wagens auf dem Gleis besorgte.

Der nunmehr verstorbene Zivilingenieur Rowan in Paris erkannte die Vorzüge eines Dampfwagens für den Straßenbahnbetrieb, scheint aber die frühere Verwendung von Dampfwagen auf englischen Eisenbahnen nicht gekannt zu haben. Nur die Dampfwagen von Belpaire und Thomas werden von ihm erwähnt.[1]) Die von Rowan auf Grund der von Grantham ausgehenden Anregung entworfenen Dampfwagen waren leichter Bauart und für straßenbahnähnliche Betriebe auf Nebenbahnen, sowie für leichten Zwischenverkehr auf Hauptbahnen geeignet. Rowan hat s. Z. vor der Entwicklung des elektrischen Bahnbetriebs viel Erfolg gehabt, auf einer Ausstellung in Antwerpen im Jahre 1885 erhielt er eine goldene Medaille für Straßenbahnen.

Die Rowanschen Wagen sind meist dreiachsig ausgeführt worden, mit einem zweiachsigen Drehgestell, das die Maschine und den Kessel trug, an einem Ende. Es war dies also die später bei den Purrey-Wagen angewendete Bauart. Größere Wagen wurden indessen auch vierachsig ausgeführt, ohne oder mit Decksitzen und hatten im letzteren Falle bis zu 90 Plätzen nebst Gepäckraum. Die Wagen mit Decksitzen wurden jedoch meist wieder abgeschafft, weil sie als unbequem und bei Dampfbetrieb gefährlich befunden wurden. Bei den dreiachsigen Wagen wurde die Endachse ebenfalls in einem Drehgestell beweglich gelagert. Das zweiachsige Maschinendrehgestell war leicht vom Wagen zu trennen und zwar konnte es zwischen den Langträgern nach vorn herausgezogen werden. Die Enden der Langträger stützten sich auf das Maschinendrehgestell mittels Gleitschuhen. Zwischen die Gleitschuhe und die Langträger waren Tragfedern ein-

---

[1]) Rowan, De la traction économique pour tramways. Paris 1891.

geschaltet zur Verhinderung der Übertragung der Stöße der Maschine auf den Wagenkasten (Fig. 7).

Von Rowan wird geltend gemacht, daß ein gewöhnlicher Wagen für 55 Reisende und von 6 t Eigengewicht auf einer Steigung von 6 v. H. bei dem Reibungswert $^1/_{10}$ zu seiner Fortbewegung eine Lokomotive von 13 t Reibungsgewicht braucht, während bei einem entsprechenden Rowanschen Wagen ein Motor von 5 t Gewicht genügt. Das Gewicht des Wagenkastens und der Reisenden bringt dann das Reibungsgewicht auf 8,5 t. Der Rowansche Motor kann infolgedessen aus dem Reibungsgewicht eine Zugkraft von 850 kg ausüben, die auch zur Überwindung des Fortbewegungswiderstandes des besetzten Rowanschen Wagens von insgesamt 11 t Gewicht aus-

Fig. 7. Dampfwagen von Rowan.

reicht. Der Motor des Dampfwagens kann also im Verhältnis $1 : 2^1/_2$ leichter sein als eine entsprechende Lokomotive. Das verhältnismäßig hohe Reibungsgewicht der Rowanschen Dampfwagen wird als besonders vorteilhaft für Straßenbahnen bezeichnet, weil bei diesen die Schienen häufig schlüpfrig sind. Auf den Rowanschen Dampfwagen läßt sich ferner ein Kondensator aus dünnen Kupferrohren bis zu 200 qm Kühlfläche für Luftkühlung unauffällig unterbringen, die Heizung der Wagen erfolgt dann durch das Niederschlagwasser, das wieder zur Speisung der Kessel verwendet wird. Im Straßenbahnbetrieb konnten infolgedessen die Rowanschen Wagen bis zu zwölf Stunden im Betrieb bleiben, ohne den Wasservorrat zu erneuern. Der Koksverbrauch betrug dabei 1,56 kg und der Ölverbrauch 12 g auf 1 km. Für die Rowanschen Wagen wird gegenüber einem Lokomotivzug ruhigerer Lauf und geringere Anstrengung des Oberbaus in Anspruch genommen.

Die Rowanschen Dampfwagen mußten vor Antritt der Rückfahrt gedreht werden mittels einer Drehscheibe oder einer Dreieckschleife.

Rowan hielt e i n e n Mann zur Bedienung der Maschine und
des Kessels stets für ausreichend, der Schaffner sollte die Maschine
im Notfalle stillsetzen. Demgegenüber hat die Société nationale des
chemins de fer vicinaux in Brüssel auf einer belgischen Lokalbahn stets außer dem Führer und dem
Schaffner noch einen besonderen Heizer
bei ihren zwei Rowanschen Wagen verwendet.

Lokomotivkessel wurden zu Rowanschen Dampfwagen nicht für gut befunden, weil die Rohre zu kurz ausgefallen
wären, um vollständige Verbrennung zu
erzielen. Fieldkessel, die in England mit
angeblich gutem Erfolg verwendet worden, hatten bei einem Versuch kein
günstiges Ergebnis. Der von Rowan
angewendete Kessel (Fig. 8), der eine
stark abgeänderte Ausführung der Bauart von Shand und Mason in London
darstellt, gab einen lebhaften Wasserumlauf und starke Dampfentwicklung,
so daß 1 qm Heizfläche dieses Kessels
ebensoviel Dampf lieferte wie 2 qm
eines Lokomotivkessels. In Zeit von
35 Minuten entwickelte der Kessel genügend Dampf, um den Wagen in Betrieb zu setzen. Der Kesselmantel und der untere Teil der Feuerbüchse waren zylindrisch. Der
obere Teil der Feuerbüchse hatte viereckigen Grundriß und war mit
schichtenweise rechtwinklig gegeneinander versetzten und etwas
gegen die Wagerechte geneigt angeordneten Quersiedern versehen,
die in den unteren Reihen größeren Durchmesser hatten und in
weiterem Abstand voneinander angeordnet waren, um der stärkeren
Hitze eine größere Wassermasse entgegenzusetzen und um den
Flammen den Durchgang zu erleichtern. Die Verbrennung war eine
sehr vollkommene und bei Feuerung mit gutem Koks waren die
Abgase völlig rauchlos. Der obere ·Teil des Kesselmantels war abnehmbar, um die Reinigung des Kessels zu erleichtern.

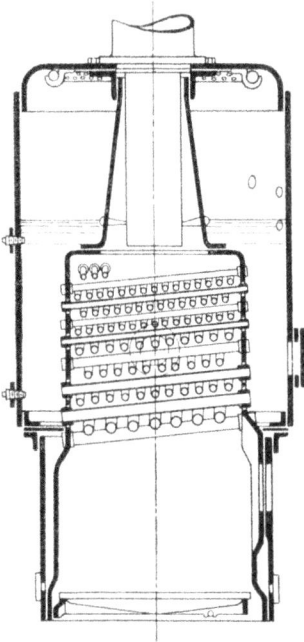

Fig. 8. Kessel von Rowan.

Die Maschine wurde für Eisenbahnen auf besonderem Bahnkörper ganz übereinstimmend mit der gewöhnlichen Anordnung einer Lokomotivmaschine mit außenliegenden Zylindern ausgeführt, während bei Straßenbahnen und bei zum Teil über einen Straßenkörper geführten Lokalbahnen die ebenfalls außenliegenden Zylinder hoch gelegt wurden, um besser gegen Beschädigungen geschützt zu sein. Die Kraftübertragung auf die Treibachse erfolgte dann, wie bei dem Brunnerschen Dampfomnibus, mittels eines zweiarmigen Hebels. Bei einer anderen Ausführung wurden die Zylinder innenliegend gegen Staub und Schmutz geschützt angeordnet, ähnlich wie später bei den Purrey-Wagen. Nach dieser Ausführung betrug die Zugkraft 1000 kg bei einem Gewicht des ganzen Maschinendrehgestells von 6 t, in einem anderen Falle wurde mittels Zahnradübertragung eine Zugkraft von 2000 kg erreicht. Bei leichten Betriebsverhältnissen konnten bis zu zwei Anhängwagen mitgeführt werden, die mit Lenkachsen versehen wurden. Es wurden von Rowan auch Dampfwagen für Zahnstangenbetrieb gebaut. Dabei wurde eine eigenartige Kesselbauart angewendet, indem zwei in der Querachse des Drehgestells angeordnete stehende Kessel der üblichen Rowanschen Bauart durch ein weites wagerechtes Rohr in der Höhe des Wasserspiegels miteinander verbunden wurden. Zwischen den unteren Teil dieses H-förmigen Kessels wurde die Maschine eingebaut.

Rowan hat in der technischen Ausbildung der Dampfwagen viel geleistet. Die Wagen sind in erster Linie für Straßenbahnen bestimmt worden, waren dort auch erfolgreich und sind erst später vielfach durch den überhandnehmenden elektrischen Betrieb verdrängt worden. Im Jahre 1896 sind Wagen von 19 verschiedenen Ausführungsformen, mit Maschinenleistungen von 50 bis 150 PS und mit Plätzen für 45 bis 100 Personen, in Betrieb gewesen. Der Rowansche Kessel sowohl als die Anordnung der Maschine kehren bei neueren Dampfwagen wieder.

Von Eisenbahnen und wichtigeren Kleinbahnen, die Rowansche Dampfwagen verwendet haben, sind zu erwähnen die Gribskow-Bahn (Hillerröd—Grästed) auf Seeland (Dänemark), die 7 km lange Hoya-Eystruper Bahn im Regierungsbezirk Hannover, die Schleswig-Angler-Bahn, die Orléans-Bahn auf der Linie Tours—Vouvray und die Société nationale des chemins de fer vicinaux in Brüssel.

Rowan selbst gibt die wirklichen Kosten auf 1 Zugkilometer für die Hoyaer Bahn nach siebenjährigem Betrieb an:

für Brennmaterial und Pulsometerbetrieb . . . . 8,51 Cts.
>   Öl, Schmier- und Putzmaterial und Beleuchtung 2,92 >
>   Unterhaltung und Erneuerung der Wagen . . 6,45 >

zusammen: 17,88 Cts.

Bei dem Betrieb auf der Strecke Tours—Vouvray betrugen die Kosten für 1 Zugkilometer bei durchschnittlich 120 Plätzen im Rowanschen Dampfwagen nebst Anhängwagen 28 Cts. für Unterhaltung, Brenn- und Schmiermaterial, Wasser und Löhne, aber ohne Verzinsung und Tilgung der Beschaffungskosten.

Die frühere Schleswig-Angler Bahn, jetzige Schleswiger Kreisbahn, verwendet keine Rowanschen Dampfwagen mehr, noch auch Triebwagen anderer Bauart, dagegen haben die Rowanschen Dampfwagen bei der Hoyaer Eisenbahngesellschaft (Hoya-Eystruper Bahn) einen vollen Erfolg gehabt. Die Bahn verwendet zwei Rowansche Dampfwagen seit ihrer Betriebseröffnung im November 1881 und besitzt überhaupt keine Lokomotiven, vielmehr wird der gesamte Personen- und Güterverkehr auch heute noch durch die beiden Rowanschen Wagen befördert und soll dies auch für absehbare Zeit so beibehalten werden. Die Kessel und Maschinen der beiden Dampfwagen sind einmal vollständig erneuert worden. Außer den beiden Dampfwagen, zu denen ein Reservekessel und eine Reservemaschine vorhanden ist, bestehen die sämtlichen Betriebsmittel der Bahn aus einem Personenwagen, vier bedeckten und zwei offenen Güterwagen. Im Jahre 1906 betrugen die Einnahmen aus dem Personen- und Gepäckverkehr rd. 29 000 M., die Einnahmen aus dem Güterverkehr 51 464 M. Von der im Jahre 1881 aufgenommenen Anleihe von 100 000 M. waren bis Ende März 1907 getilgt 66 467 M. Die Einnahmen haben sich gegen das Eröffnungsjahr fast verdoppelt. Nach Abzug eines Vortrags von 14 896 M. auf neue Rechnung ist für 1906 ein Gewinn von 4 v. H. auf die Stammaktien und Prioritäts-Stammaktien verteilt worden. Der Wagenbedarf hat in den letzten Jahren im Durchschnitt vier bedeckte und zwei offene Güterwagen über den vorhandenen Bestand hinaus betragen. Diese sechs im Durchschnitt fehlenden Wagen sind inzwischen beschafft worden. Der größere Teil der hierfür aufgewendeten 20 000 M. ist aus dem Vortrag von 14 896 M. gedeckt worden.

Seit dem 1. Mai 1903 verkehren auf der Hoyaer Bahn in jeder Richtung neun durch die beiden Dampfwagen beförderte Züge, außerdem ein Sonderzug in der Nacht nach jedem Sonn-

und Festtag. Die beiden Dampfwagen haben im Jahre 1906 zusammen 46 297 Fahrkilometer und 1460 Std. Rangierdienst geleistet, die Güterwagen der Bahn leisteten seit dem 1. Oktober 1902 zusammen 226 956 Achskilometer. Die Zugstärke beträgt durchschnittlich 4 bis 6 Achsen, die Leistungsfähigkeit der Maschinen der Dampfwagen je 60 PS, das Eigengewicht der letzteren 20 t, der Kohlenvorrat 350 kg und der Wasservorrat 1,3 cbm. An Brennstoff werden durchschnittlich 3 kg auf 1 km verbraucht bei den vorhandenen günstigen Streckenverhältnissen ohne größere Steigungen. Die höchste Fahrgeschwindigkeit beträgt 30 km/Std. Bei normaler Geschwindigkeit können 14 angehängte Güterwagenachsen befördert werden.

Die Rowanschen Wagen der Hoyaer Bahn enthalten, außer Räumen für Post und Gepäck, 8 Sitzplätze II. Klasse und 32 Sitzplätze III. Klasse, bei einer Länge von 11 m und einer Breite von 2 m.

Die Société nationale des chemins de fer vicinaux in Brüssel hat ihre beiden Rowanschen Dampfwagen, als für die jetzigen Verkehrsverhältnisse nicht mehr passend, wieder abgeschafft.

Mitte der achtziger Jahre hat sich das Werk A. Borsig in Verbindung mit der Herbrandschen Waggonfabrik an dem Bau Rowanscher Dampfwagen für Straßenbahnen beteiligt. Die im Abschnitt III näher zu besprechenden neueren Borsigschen Dampfwagen fußen mit ihren Einrichtungen auf der von Rowan angegebenen Bauart.

Den Rowanschen Wagen nahe verwandt sind die Weißenbornschen, deren einer im Jahre 1879 seitens der Niederschlesisch-Märkischen Eisenbahn auf der Berliner Ringbahn verwendet wurde.

Dieser Weißenbornsche Dampfwagen ist der erste überhaupt in Deutschland gebaute Eisenbahntriebwagen gewesen. Der Wagen hatte zwei Drehgestelle, das Maschinendrehgestell war gleichartig wie bei dem Rowanschen Dampfwagen angeordnet. Der Wagen hatte einen Gepäckraum, 13 Plätze II. Klasse und 30 Plätze III. Klasse. Der Zugang zu den beiden Abteilen erfolgte von einem zwischen diesen gelegenen Quergange aus. Der Wagen hatte stets außer dem Führer und dem Schaffner noch einen besonderen Heizer. Die Leistung der Maschine betrug nur 24 PS. Der stehende Kessel mit 12 Atm. Dampfüberdruck und 9 qm Heizfläche erwies sich als zu wenig leistungsfähig. Bei einer angehängten Zuglast von 32 t reichte der Kessel für die Dampfentwicklung noch aus, mußte aber zu häufig bedient werden, namentlich, wenn auf

den besonderen Heizer verzichtet werden sollte. Das Leergewicht
des Weißenbornschen Dampfwagens betrug 18,75 t. Davon kamen
auf das vordere Drehgestell 10,8 t, auf das hintere 7,95 t. Betriebs-
fähig, einschließlich Reisende und 490 kg Gepäck, hatte der Wagen
ein Gewicht von 23,5 t. Im Jahre 1884 wurde der Wagen an die
Eisenbahndirektion Erfurt abgegeben und dort auf der sehr verkehrschwachen Strecke Hoyerswerda—Falkenberg verwendet, nachdem
ein leistungsfähigerer Kessel eingebaut worden, um die Mitführung
eines Anhängwagens zu ermöglichen.

Die durchschnittliche Fahrgeschwindigkeit auf der Berliner
Ringbahn mit Steigungen bis 1 : 150, an einer Stelle sogar 1 : 95,
betrug für den Wagen allein 35 km/Std., mit einem angehängten
Personenwagen von 12,5 t Gewicht 30 km und mit zwei beladenen
Kohlenwagen, bei einem gesamten Zuggewicht von 55,5 t noch
28,5 km. Der Koksverbrauch betrug bei dieser Belastung auf
einer Versuchsfahrt 3,1 kg auf 1 km, bei den übrigen Fahrten
durchschnittlich 1,6 bis 1,8 kg für 1 km. Die Verdampfung
war 1 : 7. Der Dampfwagen wurde vor Antritt der Rückfahrt
stets gedreht.

6. Dampfwagen von Thomas.[1]

Auf verkehrschwachen Nebenstrecken der Hessischen Ludwigsbahn, sowie auch der Sächsischen Staatseisenbahn sind
vom Jahre 1880 bzw. 1883 an Thomassche zweistöckige Dampfwagen
nach Fig. 9 in Betrieb gewesen. Die Anordnung derselben hat in-
sofern Ähnlichkeit mit der des zweiten Samuel-Adamsschen Wagens
(Fig. 3) aus dem Jahre 1849, als auch hier ein zweiachsiger Wagen
mit einem einachsigen Gestell verbunden war, das die Maschine und
den Kessel trug. Der Thomassche Dampfwagen hatte im unteren
Stockwerk einen Gepäckraum, 20 Sitzplätze I. und II. Klasse und
20 Sitzplätze III. Klasse, im oberen Stockwerk 40 Sitzplätze III. Klasse,
ferner zusammen 10 bis 20 Stehplätze auf den beiden Plattformen.
Der Dampfkessel war ein der Quere nach gelagerter Lokomotivkessel
der gewöhnlichen Bauart, mit einer Rostfläche von 0,52 qm und
einer Heizfläche von 34 qm und arbeitete mit 10 Atm. Überdruck.
Die Maschine war eine zweizylindrige Lokomotivmaschine mit 220 mm
Zylinderdurchmesser und 360 mm Kolbenhub und mit einer Leistungs-

---

[1] Organ Fortschr. d. Eisenbahnw. 1881 u. Beil.; Glas. Ann., Bd. X. 1882;
Mitt. d. Ver. f. d. Förd. d. Lokal- u. Straßenbahnw. (Wien). 1905. Heft 1.

fähigkeit bis zu 100 PS. Die Treibachse war im Durchschnitt mit 13 t, jede der beiden Wagenachsen mit 9 t belastet. Insgesamt wog der Thomassche Dampfwagen 30 bis 32 t. Der Wagen kostete 27000 M. und verbrauchte 4 kg Kohlen auf einer ziemlich unebenen, 50 km langen Strecke der Hessischen Ludwigsbahn mit Steigungen bis zu 1:70. Die Fahrgeschwindigkeit auf dieser Strecke betrug mit zwei bis drei Anhängwagen noch durchschnittlich 30 bis 40 km/Std. Auf einer Steigung 1:50 konnte der Wagen allein noch

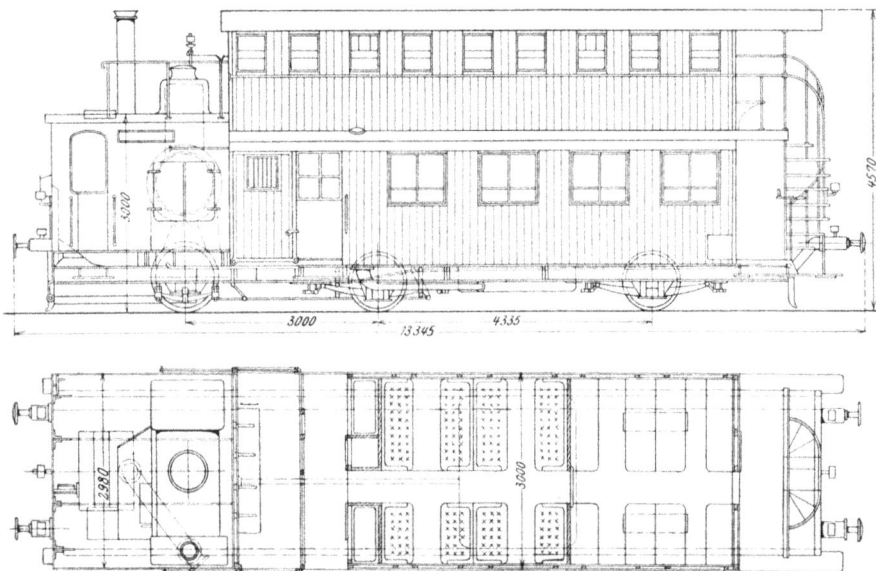

Fig. 9. Dampfwagen von Thomas (Hessische Ludwigsbahn).

mit 25 km/Std. fahren und auf der Wagerechten mit 55 km/Std. Der Wagen mußte vor dem Antritt der Rückfahrt stets gedreht werden. Bei der Sächsischen Staatsbahn betrug der Kohlenverbrauch auf wagerechter Strecke und bei Steigungen von nicht mehr als 1:200 nur 2 kg auf 1 km. Der Kohlenvorrat reichte für 200 km und der Wasservorrat für 70 bis 90 km Fahrtlänge aus.

Die Thomasschen Wagen haben sich nicht lange behauptet, das obere Stockwerk war unbeliebt und bei stark wechselndem Verkehr genügte die Maschinenleistung nicht. Die Geschichte der Eisenbahntriebwagen zeigt, daß diesen häufig, den Lokomotiven dagegen selten mehr zugemutet wurde, als sie leisten konnten. In dieser Hinsicht ist die Geschichte der Triebwagen besonders lehr-

reich und es ist auffallend, daß bis in die neueste Zeit hinein immer
wieder der gleiche Fehler gemacht wird, der wohl geeignet ist die
Triebwagen in Mißkredit zu bringen. Von dem Bau zweistöckiger
Triebwagen scheint man dagegen endgültig abgekommen zu sein
und die Notwendigkeit einer leichten Trennbarkeit der Maschine
und des Kessels von dem Wagen ist allgemein anerkannt. Die Geschichte der Eisenbahntriebwagen lehrt ferner, daß ein Bedürfnis
nach letzteren schon im Anfange der Ausdehnung des Eisenbahn-
verkehrs vorhanden war und daß diesem Bedürfnis in verschiedenen
Zeiten mit den stets fortschreitenden Mitteln vervollkommneter
Technik entsprochen worden ist. Durch den steigenden Verkehr
sind die Triebwagen immer wieder verdrängt worden und neue Bauarten sind an anderer Stelle entstanden.

7. Dampfwagen von Krauss.

Von der Lokomotivfabrik K r a u s s & Co. in München ist im
Jahre 1882 ein etwas anders angeordneter zweistöckiger D a m p f -
o m n i b u s (Fig. 10) gebaut und in Nürnberg ausgestellt worden.
Der Wagenkasten ruhte auf zwei zweiachsigen Drehgestellen, von
denen das eine wieder die Maschine und den quer zur Wagenlängs-
achse gelagerten lokomotivartigen Kessel mit einer wasserberührten
Heizfläche von 31 qm trug. Der Dampfüberdruck betrug 12 Atm.
Die Maschine war eine außenliegende Lokomotivmaschine mit
Stephensonscher Steuerung und mit einer Leistung von rund 100 PS.
Die effektive Zugkraft berechnete sich aus den Abmessungen der
Maschine zu 780 kg. Der Wasserbehälter war nach der üblichen
Krausschen Anordnung in den Rahmen des Maschinendrehgestells
eingebaut.

Der W a g e n k a s t e n ruhte in drei Punkten auf den beiden
Drehgestellen auf, und zwar mit einem kugelförmigen Drehzapfen
auf dem vorderen und mit zwei seitlichen Drucklagern auf dem
hinteren Drehgestell. Der Rahmen des Maschinendrehgestells war
hinwiederum in drei Punkten, mittels einer Quer- und zwei Längs-
federn, auf den beiden Achsen dieses Drehgestells gelagert. Außer
den Böden und der inneren Verkleidung war der Wagenkasten ganz
aus Eisen angefertigt. Der Wagenkasten war dadurch nicht schwerer,
aber fester und voraussichtlich dauerhafter als ein hölzerner. In
dem unteren Stockwerk waren 15 Sitzplätze II. Klasse, 15 Sitzplätze
III. Klasse und ein Gepäckraum von 6 cbm Inhalt, in dem oberen

Stockwerk 37 Sitzplätze III. Klasse, zusammen also 67 Sitzplätze untergebracht. Die Sitzplätze waren zu beiden Seiten eines mittleren Ganges angeordnet, der Eingang in die III. Klasse erfolgte von der Endplattform aus, in die II. Klasse durch Seitentüren.

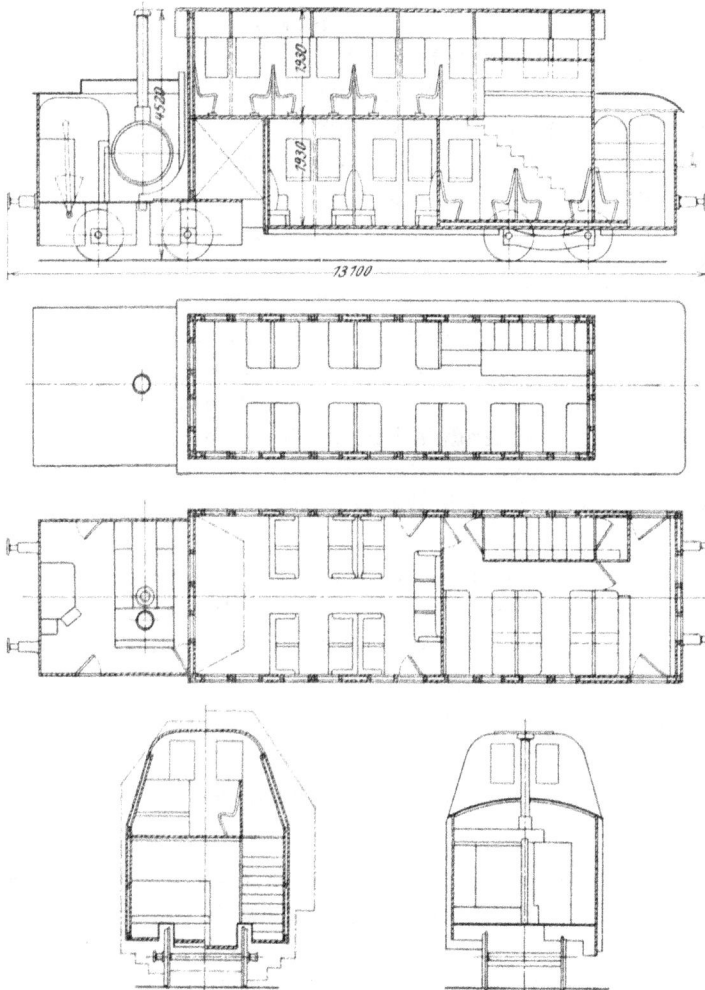

Fig. 10. Dampfomnibus von Krauss.

Die größte Höhe des Wagens betrug 4,52 m, die größte Breite 3 m, beides außen gemessen. Das Leergewicht des ganzen Dampf-omnibus war 21 t, das Dienstgewicht 23,3 t ohne Personen und das Gesamtgewicht des vollbesetzten Wagens rd. 28 t. Das Leergewicht einschließlich Maschine auf einen Sitzplatz betrug 313 kg, der größte Druck auf eine Maschinenachse bei voller Belastung 8000 kg, die Adhäsionsbelastung der Maschine 16 t, die Fahrgeschwindigkeit bei größter Zugkraft 35 km/Std. und die größte Fahrgeschwindigkeit auf ebener Strecke 50 km/Std. Auf der Steigung 1 : 100 verbrauchte der Omnibus allein bei geringer Fahrgeschwindigkeit rechnungsmäßig 400 kg Zugkraft, so daß noch einige gewöhnliche beladene Fahrzeuge angehängt werden konnten.

Zur Bedienung der Maschine und des Kessels waren zwei Mann, ein Führer und ein Heizer, vorgesehen. Der Wagen brauchte nicht gedreht zu werden, vielmehr war auch vom rückwärtigen Ende des Wagens aus die Bedienung des Regulators und der Bremse möglich.

Von derselben Fabrik waren damals schon für die Elisabeth-Westbahn 35 kleine Tenderlokomotiven zu besonderen leichten Zügen für den Lokalverkehr auf Hauptstrecken, ferner für die Strecke Berlin—Grünau und für einige Strecken der Niederösterreichischen Staatsbahn vollständige leichte Züge, bestehend aus kleinen Tenderlokomotiven und leichten Wagen, geliefert worden, für die Strecke Berlin—Grünau mit der Wirkung, daß der Personenverkehr um 50 v. H. stieg.

Für die leichten Sekundärzüge wurde damals in Anspruch genommen: geringe Kapitalanlage, geringe Unterhaltungskosten, Ersparung an Brenn- und Schmiermaterial und geringere Abnutzung des Oberbaus; für den Dampfomnibus insbesondere ruhiger und stabiler Gang und Vermehrung des Reibungs-(Adhäsions-)gewichts.

8. Dampfwagen in den Vereinigten Staaten von Nordamerika.

In den Vereinigten Staaten von Nordamerika sind von der Baldwinschen Lokomotivfabrik für verschiedene Eisenbahnverwaltungen Dampfwagen gebaut worden[1]), aber mit wenig Erfolg wegen ungenügender Leistungsfähigkeit. Ein solch kleinerer, auf Straßenbahnen in New York und Philadelphia verwendeter Dampfwagen hatte beispielsweise 152 mm Zylinderdurchmesser, 12,2 qm Heizfläche, 0,31 qm Rostfläche und ein Dienstgewicht von 6,6 t. Der Wagen faßte 40 Personen und befuhr Strecken mit 3 v. H. Steigung[2]).

---

[1]) Mitt. d. Ver. f. d. Förd. d. Lokal- u. Straßenbahnw. (Wien). 1905. Heft 3.
[2]) Österreich. Ber. ü. d. Weltausst. in Philadelphia (Wien 1877). Heft XVI.

Später ist in der Verwendung von Dampfwagen und damit von Triebwagen überhaupt in den Vereinigten Staaten eine längere Unterbrechung bis zum Jahre 1899 eingetreten. Es wurden damals schon an die Dampfwagen hohe Anforderungen bezüglich der Fahrgeschwindigkeit und der Anzahl der zu befördernden Personen gestellt, so daß die kleinen Wagen diesen Anforderungen nicht genügten. Die neueren, später zu besprechenden, amerikanischen Dampfwagen und sonstigen Triebwagen gehören zu den größten überhaupt vorkommenden Ausführungen.

9. Dampfwagen verschiedener Bauart für Strafsenbahnen.

Als Erbauer von Dampfwagen, die vorwiegend für Straßenbahnen, aber versuchsweise auch auf Eisenbahnen verwendet worden sind, seien erwähnt: Perrett, Maurice le Blant und Clark. Mit dem Wagen von Maurice le Blant sind im Jahre 1899 seitens der Österreichischen Staatseisenbahn Versuchsfahrten vorgenommen worden[1]. Ferner ist zu vermerken der Kinetikmotor[2], der in den Vereinigten Staaten, und zwar bei der New York- und New Jersey-Bahn im Betrieb war. In dessen unter dem Wagenkasten angebrachtem Kessel mit 1041 l Inhalt wurde das Wasser vor Abgang des Wagens auf 194°, entsprechend einem Dampfüberdruck von 13 Atm. erhitzt. Unterwegs wurde das zu schnelle Sinken des Druckes durch eine in die Feuerbüchse des Kessels gesetzte Pfanne mit weißglühender Anthrazitkohle verhindert. Ein Druckverminderungsventil regelte die Spannung des zu den Zylindern strömenden Dampfes. Ein Wagen mit Kinetikmotor ist also immerhin wegen des Erfordernisses der zeitweiligen Erneuerung der Pfanne mit glühenden Kohlen in weit höherem Grade von der Bedienung durch eine Zentralstelle abhängig als ein Wagen mit gewöhnlichen Dampf- oder Verbrennungsmaschinen und mit leicht zu erneuernden, ohne weiteres vom Lager zu entnehmenden Vorräten. Das Gleiche gilt von dem Betriebe mit vollständig feuerlosen Dampfwagen, die für den Zugbetrieb auf freier Strecke nur in besonders leichten Ausnahmefällen zu verwenden sind, während feuerlose Dampflokomotiven sich sehr zum Verschiebedienst auf Berg- und Hüttenwerken und in Fabriken eignen[3].

---

[1] Mitt. d. Ver. f. d. Förd. d. Lokal- u. Straßenbahnw. (Wien) 1899. S. 223.

[2] Street Railw. Journal 1897. S. 366 und Mitt. d. Ver. f. d. Förd. d. Lokal- u. Straßenbahnw. 1898. S. 113.

[3] Deutsche Straßen- u. Kleinb.-Ztg. 1907. Nr. 42.

10. Triebwagen mit Druckluft. Lührigsche Gasbahn[1]).

Außer den vorstehend besprochenen Dampfwagen verschiedener Bauart ist mit mehr oder weniger Erfolg eine größere Anzahl von Motorwagen mit anderem Antrieb, namentlich auf Straßenbahnen, versucht worden, die der Vollständigkeit halber erwähnt werden müssen, weil ihre Übertragung auf Eisenbahnen bei leichten Betriebsverhältnissen an sich nicht ausgeschlossen wäre.

Am erfolgreichsten waren Druckluftmaschinen, die im Sommer 1907 in Paris noch im Straßenbahnbetrieb Verwendung fanden. Dabei sind namentlich zweierlei Bauarten zu unterscheiden, einmal die durch Mékarski vertretene Anordnung, bei der große, für eine längere Fahrstrecke ausreichende Luftbehälter mit hohem Druck mitgeführt werden, und die von Hughes und Lancaster angewendete Bauart mit kleineren Behältern und geringerem Druck, so daß unterwegs Auffüllung erfolgen mußte. Im ersteren Falle wurde durch die großen und schweren Behälter das Wagengewicht erheblich vermehrt, im anderen Falle war die Anordnung langer Druckleitungen zur Nachfüllung erforderlich.

Wagen der Bauart Mékarski sind 1875 auf den Straßenbahnen in Paris und 1876 in Nantes in Betrieb gesetzt worden. Die Wagen hatten ein Gewicht von 7 t und je 14 Luftbehälter in 3 Abteilungen zu 1500, 300 und 200 l Inhalt, die ersteren für den regelmäßigen Betrieb, die anderen für den Notfall, und enthielten Plätze für je 30 Personen. Die Maschinen arbeiteten mit einem Druck von 3 bis 8 Atm., während der Druck in den Speicherbehältern 60 bis 80 Atm. betrug. Zwischen der Maschine und den Luftbehältern war ein Behälter von etwa 200 l Inhalt mit heißem Wasser von 170° Wärme angeordnet, um die Abkühlung der Luft bei der Druckverminderung zu verhindern und um dieselbe anzufeuchten, was sich als vorteilhaft zur Steigerung der Leistung der Maschinen erwiesen hatte. Die Wagen konnten bis zu 20 km weit ohne Nachfüllung fahren, der Luftverbrauch betrug 6,8 kg auf 1 Wagenkilometer, die Zugförderungskosten auf flachen Strecken 14 bis 15 Cts. auf 1 km, auf Strecken mit starken Steigungen bis zu 42 Cts. für den einzelnen Motorwagen und bis zu 10 Cts. für jeden Anhängwagen, deren zwei von je 6 t Gewicht mitgeführt werden konnten. Bei der im

---

[1]) Niederschr. d. 9. Gen.-Vers. d. Internat. perman. Straßenb.-Ver. (jetz. Union Internat. d. tramw. et d. ch. d. f. d'int. loc., Bruxelles) zu Stockholm 1896. Anl. H u. 1894 in Cöln; Birk, Betrieb d. Lokalb. Wiesbaden 1900.

Jahre 1887 eröffneten 11 km langen Linie von Vincennes nach Ville-Evrard beliefen sich die Beschaffungskosten eines Triebwagens für Druckluft auf 16000 Frcs., die eines Anhängwagens auf 12000 Frcs. Für die Füllstation betrugen die Beschaffungskosten der Behälter von 1250 l Inhalt 1250 Frcs. und für Röhrenkessel von 30 qm Heizfläche 8000 Frcs. Die Motorwagen sowohl als die Anhängwagen hatten je 21 Sitze innen, 24 Decksitze und 6 Stehplätze, zusammen je 51 Plätze. Das Leergewicht eines Motorwagens betrug 7,5 t, die Luftbehälter hatten 3100 l Inhalt, der Luftdruck betrug 45 Atm., das Füllen der Behälter beanspruchte 15 Min. Die größte Fahrgeschwindigkeit betrug 20 km/Std. Die stärkste Steigung war 44,7 v. T. Die großen Behälter machen die Druckluftwagen der Bauart Mékarski sehr schwer, während das dadurch vermehrte Reibungs(Adhäsions-)gewicht doch nicht ausgenutzt werden kann.

Bei den Wagen der Bauart Hughes und Lancaster wurde ein geringerer Luftvorrat in Behältern von 1,4 cbm Inhalt bei einem Luftdruck von nur 11 Atm. mitgeführt. Die Nachfüllung erfolgte unterwegs aus einer unterhalb des Gleises liegenden Leitung. Die Entnahmestellen waren 1600 m voneinander entfernt.

Wagen der Bauart des Oberst Beaumont[1]), die bei dem Wettbewerb in Antwerpen 1885 eine Rolle gespielt haben, hatten 43 Atm. Druck in den Luftbehältern und Raum für 56 Personen.

Zu erwähnen sind noch die Namen R. Hardie, G. Pardy und Mein als Vertreter der Anwendung von Druckluft mit verschiedenartigen Einrichtungen der technischen Einzelheiten der Maschinenanordnung.

Einige Bedeutung hat der Luftdruckantrieb Bauart Popp-Conti im Anschluß an die Poppschen Druckluftanlagen in Paris erlangt. Der Druck in den Speicherbehältern betrug hier 25 bis 30 Atm., die aufgespeicherte Druckluft reichte nur für eine Fahrt von 2 bis 3 km aus. Die Nachfüllung erfolgte selbsttätig mittels eines in der Schienenrille gelegenen Hebels, der von einem Rade des Fahrzeugs niedergedrückt wurde, an bestimmten Haltestellen angeblich innerhalb einiger Sekunden[2]). Der Kohlenverbrauch zur Erzeugung der erforderlichen Druckluft wird für günstige Strecken zu 1,65 kg auf 1 PS-Std. bei mittleren und zu 1,95 kg bei stärkeren Steigungen angegeben. Die Herstellungskosten der Druckleitungen betrugen je

---

[1]) Organ Fortschr. d. Eisenbahnw. 1887.
[2]) Génie civil 1895. Bd. XXVII, Nr. 4 bis 15.

nach der Länge der Linien und dem danach sich richtenden Durchmesser der Leitungen 10000 bis 15000 Frcs. auf 1 km und bei
den ungünstigsten Bedingungen bis zu 20000 Frcs. für 1 km
Doppelgleis.

Als Vorläufer der heutigen Triebwagen mit Verbrennungsmaschinen ist unter vielen anderen verwandten Anordnungen
namentlich die im November 1894 seitens der Deutschen Kontinental-
Gasgesellschaft in Dessau eröffnete, 4,4 km lange Gasbahn mit
Wagen der Bauart Lührig in Dessau[1]) bemerkenswert. Die
Wagen mit je 12 Sitz- und 15 Stehplätzen hatten Gasmaschinen
der Bauart der Gasmotorenfabrik Deutz von 7 PS Leistung und
drei Gasbehälter, deren Inhalt für eine Fahrt von 12 km Länge
ausreichte, bei einem Behälterdruck von 6 bis 8 Atm. Das Leergewicht eines Wagens einschließlich Maschine betrug 6,64 t, das
Gewicht des besetzten Wagens 8,5 t. Die stärkste Steigung der
Strecke war 1:47, die stärkste Krümmung hatte einen Halbmesser von 12 m. Die größte gestattete Fahrgeschwindigkeit war
12 km/Std., während nach der Maschinenleistung eine erheblich
höhere Fahrgeschwindigkeit zu erreichen war. Auch bei überfüllter
Besetzung eines Wagens mit 50 bis 60 Personen an Sonn- und
Feiertagen war noch die Mitführung eines Anhängwagens möglich.
Die Regelung der Fahrgeschwindigkeit erfolgte durch einen ein-
zigen Hebel vom Führerstand aus. Auf 1 Wagenkilometer wurden
450 bis 500 l Leuchtgas und 100 l Kühlwasser verbraucht, die
Auffüllung der Gasbehälter erfolgte an den Füllstationen innerhalb
3 Minuten. Andere Wagen mit 14 Sitz- und 12 Stehplätzen für
Steigungen bis zu 1:20 hatten Maschinen von normal 10 und
von höchstens 12 PS Leistung. Bei noch schwereren Wagen betrug
die Maschinenleistung 12 bis 16 PS. Auf ebener Bahn konnten
damit 2 Anhängwagen geschleppt und dann im ganzen 100 Personen mit einer Fahrgeschwindigkeit von 12 km/Std. befördert
werden. Die Anhängwagen hatten längs stehende Doppelbänke mit
gemeinsamer mittlerer Rücklehne. Als Zentralstation für einen
Betrieb mit 15 bis 20 Wagen genügte ein Maschinenhaus von
20 qm Grundfläche mit einer 8pferdigen Maschine nebst Druckpumpe.
Wagen der Lührigschen Bauart liefen u. a. noch auf der 1897 vollständig fertiggestellten Straßenbahn Warmbrunn—Hermsdorf—Hirsch-
berg in Schlesien, ferner in Maastricht und Amsterdam sowie auf

---

[1]) Schillings Journal f. Gasbel. u. Wasservers. 1895. S. 1.

der 13 km langen Straßenbahn von Blackpool nach Lytham. Bei
der letzteren wurden Wagen mit einem Dienstgewicht von 10 t
und mit 42 Plätzen verwendet. Der Gasverbrauch betrug 560 l
Gas auf 1 Wagenkilometer bei einem Behälterdruck von 10 Atm.

Solche Wagen konnten sowohl für den Betrieb von Lokalbahnen als für den Zwischenverkehr auf Hauptbahnen in Frage
kommen, wenn sie sich weiter entwickelt hätten und in der Leistungsfähigkeit entsprechend gestiegen wären; sie sind indessen bald
durch technisch vollkommenere und wirtschaftlich vorteilhaftere
Anordnungen, denen sie selbst die Wege geebnet hatten, überholt
worden. Die weiteren Vorschläge und Versuche mit dem Betrieb
durch das bei niedriger Temperatur verdampfende Ammoniak[1]) und
mit gepreßter Kohlensäure sind für Eisenbahnen weniger ernstlich
in Frage gekommen. Indessen ist doch die technische Leistung
eines von dem ehemaligen Chefingenieur der Admiralität der Vereinigten Staaten McMahon gebauten 50 pferdigen Ammoniaktrieb-
wagens bemerkenswert, der nach einmaliger Füllung eine Strecke
von 72 km zurücklegen konnte.

III. Neuere Eisenbahntriebwagen.

1. Allgemeines über die Bauart.

Unter den neueren Eisenbahntriebwagen sind D a m p f w a g e n,
Wagen mit V e r b r e n n u n g s m a s c h i n e n und solche mit e l e k -
t r i s c h e n   S p e i c h e r b a t t e r i e n vertreten. Die D a m p f w a g e n
lassen sich nach ihrer Gesamtanordnung in zwei große Gruppen
einteilen. Einmal sind größere drei- und mehrachsige Wagen zu
unterscheiden, die sich in ihrer Bauart an die Dampfwagen frü-
herer Zeiten anschließen, deren unmittelbare Weiterentwicklung sie
darstellen, während andrerseits kleinere zwei- und dreiachsige Wagen
mit neuartigen, den Automobilen für Straßenverkehr entlehnten
Kesseln und Maschinen auftreten, die mit dem möglichsten Mindestmaß an Gewicht und Raumbedarf möglichst hohe Leistungsfähig-
keit anstreben. V e r b r e n n u n g s m a s c h i n e n und e l e k t r i s c h e

---

[1]) Organ Fortschr. d. Eisenbahnw. 1893. S. 117.

Speicherbatterien sind weiterhin neue, den Automobilen für Straßenverkehr entstammende Erscheinungen im Eisenbahnbetriebe.

Bei zweiachsigen Dampfwagen werden die Achsen unsymmetrisch angeordnet, um die zweite Achse nicht zu stark zu entlasten. Die Treibachse kommt dann unter den an einem Ende des Wagens aufgestellten Kessel, die zweite Achse, die als Laufachse und freie Lenkachse ausgeführt wird, wird weiter von dem Wagenende ab nach innen zu verschoben. Die Massen müssen bei zweiachsigen Dampfwagen sorgfältig verteilt werden, um unruhigen Lauf des Wagens zu vermeiden. Am sichersten wird ruhiger Lauf, namentlich bei höheren Fahrgeschwindigkeiten, erreicht durch Vorsetzen einer Laufachse vor die Treibachse oder durch Unterbringung der Maschine und des Kessels auf einem zweiachsigen Drehgestell.

Bei Triebwagen mit Verbrennungsmaschinen und mechanischer Kraftübertragung wird die Maschine und das Triebwerk zwischen den Achsen angeordnet und die Massen beider gegeneinander ins Gleichgewicht gebracht. Bei vierachsigen Wagen mit Verbrennungsmaschinen und elektrischer Kraftübertragung wird namentlich für schwachen Oberbau die Anordnung so getroffen, daß die Verbrennungsmaschine über dem einen Drehgestell angeordnet und das andere Drehgestell mit dem elektrischen Antrieb versehen wird.

Am leichtesten ist die gleichmäßige Verteilung der Massen beim Antrieb durch elektrische Speicherbatterien. Sei es, daß die Batterien unter den Sitzen oder an den Seitenwänden über den Achsen oder über der Mitte der Drehgestelle untergebracht werden, immer läßt sich hier leicht eine gleichmäßige Verteilung vornehmen und das Überhängen schwerer Massen vermeiden.

2. Verbreitung der neueren Eisenbahntriebwagen.

Die ausgedehnteste Anwendung haben große vierachsige Dampfwagen im Zwischenverkehr auf Hauptbahnen in England, namentlich bei der Great Western-Bahn und nächst dieser bei der Taff Vale-Bahn in Wales (Cardiff) gefunden, in geringerer Anzahl auch bei anderen englischen, schottischen und irischen Bahnen, während kleinere meist zweiachsige, für Schmalspurstrecken mit schwachem Oberbau auch vierachsige Wagen mit Dampf- und mit Verbren-

nungsmaschinen auf Lokalbahnen in Ungarn, namentlich bei den
Vereinigten Arader und Csanáder Bahnen, benutzt werden. In letzter
Zeit hat die Italienische Staatsbahn, neben einigen größeren vierachsigen Dampfwagen für Personenbeförderung, eine erhebliche
Anzahl kleiner dreiachsiger Dampfwagen in Betrieb gesetzt, welche
selbst nur Räume für Gepäck und Post enthalten und Personen
nur in Anhängwagen befördern. Wagen mit elektrischen Speicherbatterien werden seit mehreren Jahren von den Pfälzer
Eisenbahnen und seit kurzem auch von der Preußischen Staatseisenbahnverwaltung in größerer Anzahl verwendet, seitens der
letzteren auch Dampfwagen verschiedener Bauart und ein Wagen
mit Antrieb durch eine Verbrennungsmaschine mit elektrischer Kraftübertragung. Ferner hat die Württembergische Staatseisenbahn
Motorwagen verschiedener Bauart mit Dampf- und mit Verbrennungsmaschinen in Betrieb, die Bayerische Staatsbahn große vierachsige Dampfwagen und einige private Kleinbahnen in Norddeutschland, wie die Kerkerbachbahn in Hessen-Nassau, die unter
der Betriebsleitung von Lenz & Co. stehenden Bahnen: Bleckeder
Kreisbahn, Greifenberger Kleinbahnen und die Kleinbahn Straus-
berg—Herzfelde, vorübergehend auch die jetzt unter der Betriebsleitung der Allgemeinen Deutschen Kleinbahn-Gesellschaft in Berlin
stehende Hildesheim-Peiner Kreisbahn, Dampfwagen verschiedener
Größe und Bauart. Auch die Sächsische Staatsbahn hat verschiedene
Versuche gemacht. Die Niederösterreichischen Landesbahnen verwenden eine Anzahl Dampfwagen neuerer Bauart, die Österreichische und die Ungarische Staatseisenbahn machen Versuche, ebenso
die Portugiesische Süd- und Südostbahn in Lissabon. Die Orléans-
Bahn verwendet von allen französischen Bahnen die meisten Triebwagen, und zwar ausschließlich Dampfwagen, die Französische Nordbahn macht seit Jahren eingehende Versuche mit eigenartig gebauten
Dampfwagen, die Paris-Lyon-Mittelmeer-Bahn macht ebenfalls eingehende Versuche, die Französische Staatsbahn macht solche im Wettbewerb mit kleinen Lokomotiven, wie dies auch bei der Österreichischen und der Ungarischen Staatsbahn geschieht. Die Schweizerischen Bundesbahnen verwenden nur mehr einen Triebwagen, und
zwar einen solchen mit einer Verbrennungsmaschine, die Belgische
Staatsbahn, die früher bis zu 54 Dampfwagen verschiedener Bauart
gleichzeitig in Betrieb hatte, mustert ihre letzten Dampfwagen bald
vollständig aus und besitzt dann nur noch einen Wagen mit Antrieb
durch elektrische Speicherbatterien.

3. Bauart der neueren Eisenbahntriebwagen im besonderen.

a) Dampfwagen.

α) Zwei- und dreiachsige Dampfwagen mit Kleinmaschinen und Kleinkesseln.

1. Dampfwagen von Serpollet.

Als erste Gattung von neueren Dampfwagen mit Kleinmaschinen und Kleinkesseln besonderer Bauart sind die Dampfwagen von Serpollet zu erwähnen, die indessen schon im Sommer 1907 nur mehr ausnahmsweise im Eisenbahnbetriebe vertreten waren. Bemerkenswert sind die Serpollet-Wagen sowohl geschichtlich als die zeitlich ersten in der Reihe der neueren Dampfwagen für Eisenbahnen, wie auch technisch hinsichtlich der Bauart der Kessel, während die Maschinen der Serpollet-Wagen, abweichend von den Straßenfahrzeugen, gewöhnliche Lokomotivmaschinen mit innenliegenden Zylindern und Heusinger-(Walschaerts-)Steuerung sind.

Die Serpollet-Kessel (Fig. 11) sind aus Rohrstücken zusammengesetzt, die, soweit sie im Feuer liegen, sichelförmigen Querschnitt mit nur etwa 1 mm lichter Weite haben. Zwei solche Rohrstücke nebst verbindendem Krümmer bilden ein Element und zwei bis drei solche Elemente sind durch Schrauben miteinander verbunden und in einer Reihe nebeneinander angeordnet. Mit den Kopfenden von kreisförmig belassenem Querschnitt sind die Rohrstücke in gußeiserne Wände eingebaut. Mehrere solche Reihen sind übereinander so angeordnet, daß jeweilig die Rohrteile der oberen Reihe über die Zwischenräume der unteren zu stehen kommen. Auf diese Weise ist ein Kessel von nur einigen Litern Wasserinhalt geschaffen, bei dem infolge des geringen Wasserinhaltes und infolge der Enge der Rohrquerschnitte auch die durch etwaiges Platzen eines Rohres herbeigeführte Gefahr entsprechend gering ist. Überdies bieten die Rohre eine große Sicherheit gegen Platzen, indem sie einem inneren Drucke bis zu 200 Atm. und darüber gewachsen sind, während sie im Betriebe nur bis zu etwa 25 Atm. beansprucht werden.

Bei den ersten Ausführungen von Serpollet-Kesseln wurden in den unteren Reihen die Rohre kreisförmig belassen und mit einer Einlage versehen, deren äußerer Durchmesser 4 mm kleiner war als die lichte Weite der Rohre.

Die für jeden Hub der Dampfmaschine erforderliche zu verdampfende Wassermenge wird dem Kessel durch eine selbsttätige

Pumpe zugeführt. Die zum Teil glühend werdenden Kesselrohre enthalten stets nur wenig Wasser, sondern vorwiegend überhitzten Dampf. Die Feuerung erfolgt durch Petroleum, welches mittels eines im Feuerraum liegenden Vergaserrohres den Brennern zugeführt wird. Die von der Triebmaschine betätigte Kesselspeisepumpe

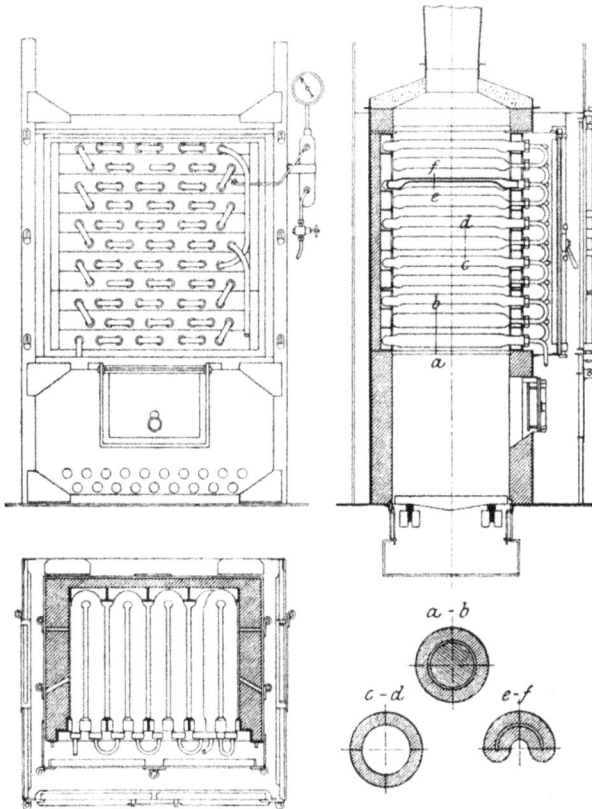

Fig. 11. Kessel von Serpollet.

ist mit der Petroleumpumpe zwangläufig verbunden, so daß bei höherer oder geringerer Umdrehungszahl der Maschine die Petroleumzufuhr zum Vergaser in gleichem Maße zu- oder abnimmt wie die Wasserzufuhr zum Kessel.

Fig. 12 zeigt den ganzen Zusammenhang des Dampferzeugers von Serpollet. Die Regelung der Spannung erfolgt durch ein Sicherheitsventil, das durch den auf ihm lastenden Dampfdruck des Kessels im Verein mit dem Druck einer Feder geschlossen gehalten wird, solange die Dampfspannung im Kessel den festgesetzten

Höchstbetrag nicht übersteigt. Bei höherer Spannung überwiegt der entgegengesetzt wirkende Druck des Dampfes auf einen mit dem Ventil verbundenen Kolben und hält das Ventil solange geöffnet, bis durch den Rückfluß von Wasser zum Behälter die Dampfspannung bis auf den zulässigen Höchstbetrag heruntergegangen ist.

Die Verbindung des Antriebs der Kesselspeisepumpe P und der Petroleumpumpe P' ist aus Fig. 12 zu erkennen. Der Antrieb des beide Pumpen gemeinsam bedienenden Hebels erfolgt von einer durch die Maschine in Umdrehung versetzten Welle aus, auf welcher nebeneinander eine Anzahl Scheiben befestigt ist. Die erste dieser Scheiben ist vollkommen rund und zentrisch zur Drehungsachse der Welle, durch ihre Drehung erfolgt deshalb keine Bewegung des mittels einer Rolle darauf ruhenden Hebels. Die folgenden Scheiben sind in steigendem Grade exzentrisch zur Drehungsachse der Welle. Durch Verschiebung der Welle nebst Scheiben in der Richtung der Wellenachse wird demnach der Hub des Pumpenhebels verändert, je nachdem die eine oder andere der verschiedenen Scheiben mit der Hebelrolle in Berührung kommt.

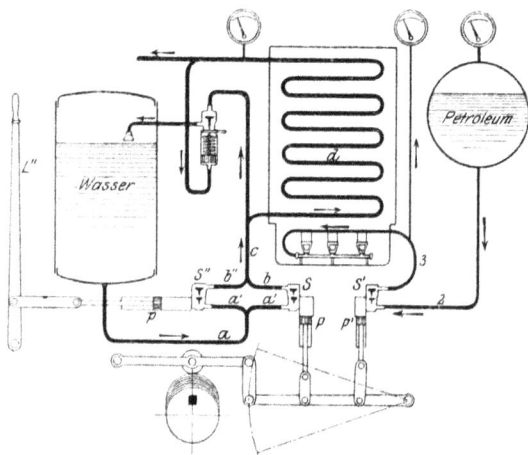

Fig. 12. Grundlinien der Anordnung des Kessels von Serpollet.

Die Regelung des Wasserzuflusses von der selbsttätig der Umdrehung der Maschine entsprechend fortarbeitenden Speisepumpe zum Kessel erfolgt durch ein Ventil, welches gestattet, das von der Pumpe geförderte Wasser ganz oder teilweise zum Behälter zurückzuleiten.

Eine Handpumpe dient zur Speisung des Kessels bei der Ingangsetzung der Maschine. Während dieser Zeit wird der Vergaser einige Minuten lang durch Spiritus erwärmt.

Der Kohlenvorrat betrug bei einem kleinen Serpollet-Wagen der Österreichischen Staatseisenbahnverwaltung von 25 PS Leistung 200 kg, der Wasservorrat 800 l.

2. Dampfwagen nach de Dion-Bouton.

Triebwagen mit Kesseln und Maschinen der Bauart de Dion-Bouton sind von der Waggonfabrik Ganz u. Co. in Budapest und für Deutschland von dieser im Verein mit der Hannover-schen Waggonfabrik in Linden-Hannover in verschiedener Anordnung ausgeführt worden.

Die nachfolgende Zusammenstellung gibt eine Übersicht über die Bauart der von den genannten Fabriken bisher gelieferten

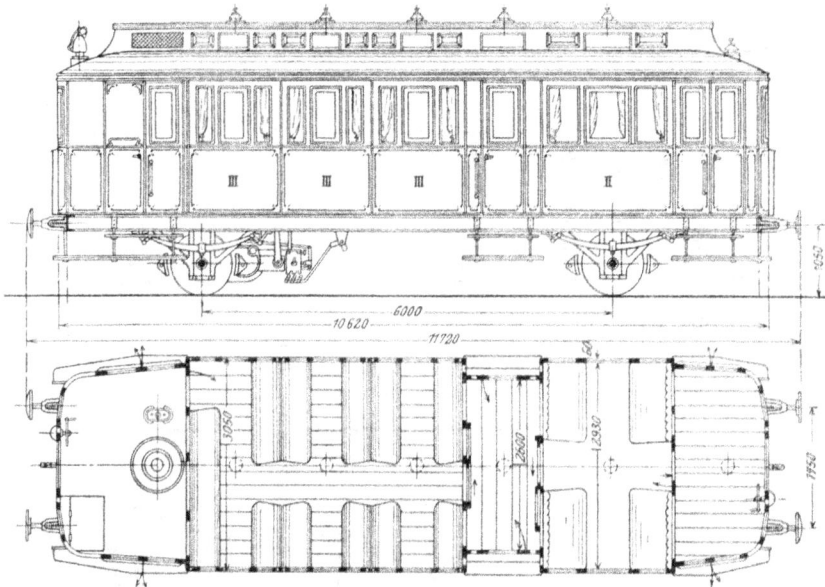

Fig. 13. Zweiachsiger Dampfwagen von Ganz & Co. (Budapest) mit Maschine von 35 PS.

de Dion-Bouton-Wagen in ihren wichtigsten Typen, die, je nach der Verwendung der Wagen, in Einzelheiten Abänderungen erfahren haben.

Die Fig. 13 bis 15 stellen einige der bemerkenswertesten Ausführungen von Dampftriebwagen der Waggonfabrik von Ganz u. Co. dar. Der vielfach angewendete zweiachsige normalspurige leichte Wagen nach Fig. 13 hat 8 Sitzplätze II., 24 bis 30 Sitzplätze III. Klasse und 6 Stehplätze, zusammen also 38 bis 44 Plätze. Das Dienstgewicht des Wagens ohne Reisende beträgt 12800 kg, die Maschinenleistung 35 PS (Nutzpferdestärken). Die höchste Fahrgeschwindigkeit auf flacher Strecke beträgt 55 km/Std. für den Wagen allein und 20 km/Std. bei einer gesamten Zuglast von 30

I. Ganz & Co. in Budapest.

Maschinen-leistung PS	Fahrge-schwin-digkeit km/Std.	I.	II.	III. Klasse	Steh-plätze	Spur-weite mm	Eigen-gewicht mit Wasser und Kohle kg	Achsen insgesamt	Treib-achsen	Lauf-achsen	Vorräte an Wasser l	Vorräte an Kohlen kg	Zurückzu-legende Strecke ohne Erneue-rung der Vorräte km	Eigentumsverwaltung
35	45	7	—	15	—	760	11 000	4	1	3	900	200	70—100	(Alfölder) Niederungarische landw. Bahn (Ungarn).
35/50	45/50	9	24	—	10	1435	12 200	2	1	1	900	200	70—100	Brassó-Háromszéker Lokalbahn (Ungarn).
50	50	—	9	27	—	1000	13 150	4	1	3	1700	300	100—150	Slavonische Drautalbahn (Ungarn).
50	50	—	—	40	—	1435	17 700	2	1	1	1050	350	60—70	Ungarische Staatsbahn.
80	40	—	—	42	10	1435	15 500	2	1	1	1240	500	50—60	Miskolcz-Diósgyörer Lokalbahn (Ungarn).
80	45	20	—	40	—	1435	24 200	4	1	3	1500	500	60—70	Lokalbahn Ploesti-Valeni (Rumänien).
80	50	—	10	30	—	1435	22 300	2	1	1	2000	500	80—100	Bulgarische Staatsbahn.
80	40	—	20	76	—	1435	29 500	4	1	3	2000	600	70—80	Ungarische Staatsbahn.

II. Hannoversche Waggonfabrik in Linden-Hannover.

Maschinen-leistung PS	größte Fahr-geschw. km/Std.	insges.	I.	II.	III. Klasse	Steh-plätze	Spur-weite mm	Eigen-gewicht mit Wasser und Kohle kg	Achsen insgesamt	Treib-achsen	Lauf-achsen	Wasser l	Kohlen kg	Strecke km	Eigentumsverwaltung
35	40	33 / 27	9 / 7		24 / 20	6[1] / 12	1435 / 750	13 800 / 13 000	2 / 4	1	1 / 3	1000	100	70—100	Hildesh.-Peiner Kreisbahn; Bleckeder Kreisbahn
50	55	24 bis 38	7 bis 9		17 bis 30	6[1] / 12	1435 / 750	16800 bis 13 700 / 10 500	2 / 4	1	1 / 3	1250	175	70—100	Allg. Deutsche Kleinbahn-gesellsch.; K. E. D. Hannover; Lenz & Co.; Hildesh.-Peiner Kreisbahn; Compañia Madrileña de Urbanización in Madrid.

[1]) Sämtliche Wagen haben Gepäckraum.

bis 35 t nebst Anhängwagen. Der mitgeführte Vorrat an Speisewasser von rd. 1000 l reicht unter günstigen Verhältnissen für eine
Fahrt des Triebwagens allein von 60 bis 70 km Länge, der Kohlenvorrat von 100 kg für eine Fahrt von 40 bis 50 km.

Fig. 14. Zweiachsiger Dampfwagen von Ganz & Co. mit Maschine von 80 PS.

Fig. 15. Vierachsiger Dampfwagen von Ganz & Co. mit zwei Maschinen von 50 PS.

Der ebenfalls normalspurige zweiachsige Wagen nach Fig. 14
mit 42 Sitzplätzen III. Klasse hat eine 80pferdige Maschine, die
nebst dem zugehörigen Kessel noch näher dargestellt und besprochen wird.

Der große vierachsige Wagen für russische Normalspur mit
24 Sitzen I. und 48 Sitzen II. Klasse nach Fig. 15 hat zwei
Maschinen von je 50 PS Leistung, die je eine Achse jedes Drehgestells antreiben.

Fig. 16 zeigt das Drehgestell eines vierachsigen de Dion-Bouton-Wagens mit eingebauter Maschine von 80 PS Leistung.

Die Preußische Staatseisenbahnverwaltung verwendet seit dem Jahre 1906 auf der Strecke Soltau—Uelzen—Salzwedel mit längeren stärksten Steigungen von 1 : 200 zweiachsige de Dion-Bouton-Dampfwagen der üblichen Bauart, aber mit 8 Sitzplätzen II. Klasse auf der einen Seite des Quergangs und mit 33 Plätzen IV. Klasse auf der anderen Seite. Die Maschinenleistung der Wagen beträgt 50 PS, das Dienstgewicht 16,2 t.

Der Kessel der Bauart de Dion-Bouton besteht aus einem inneren und einem äußeren Ringe, die durch eine große Anzahl geneigt angeordneter kurzer Wasserrohre miteinander verbunden sind. Der innere Ring dient als Füllschacht für die Kohlen und wird in größeren Zwischenräumen mit dem Brennmaterial angefüllt. Die äußeren Enden der kurzen Wasserrohre lassen sich nach Lösung des den äußeren Ring oben abdichtenden Deckels zur Reinigung bloßlegen. Die Befestigungslöcher für diese Rohre werden durch Bohrmaschinen mit besonders eingerichtetem aber einfachem Gestell gebohrt. Der Rost des Kessels läßt sich zur Reinigung herunterklappen, im Boden des Aschenkastens sind Klappen zur Regelung des Luftzuges und zur Entfernung der Asche angebracht. Als Beispiel eines de Dion-Bouton-Kessels ist in Fig. 17 der Kessel zu einer 80 pferdigen Maschine, einer der größten Ausführungen entsprechend, wiedergegeben.

Die Bedienung der Kessel nach de Dion-Bouton ist einfach und kann deshalb bei leichten Betriebsverhältnissen ein besonderer Heizer entbehrt werden. Die Kessel sind zur Feuerung mit Koks bestimmt, der in Eimern aufgegeben wird. Für Steinkohlenfeuerung reicht der verfügbare Raum zur Entwicklung der Flamme nicht aus, die langen Flammen greifen die Dichtungsstellen der Rohre an und die starke Rußbildung erfordert häufige Reinigung der Rohre von außen. Dagegen greift der beizende Rauch der Holzkohlenfeuerung die Lackierung und den Anstrich der Wagen an, so daß diese, trotz hohem Aufwand für Erneuerung des äußeren Anstrichs, den größten Teil des Jahres über ein unvorteilhaftes Ansehen haben.

Die Dampfspannung im Kessel beträgt 18 bis 20 Atm. Überdruck. Bei solchen Spannungen sind Strahlpumpen zur Kesselspeisung nicht mehr zuverlässig, vielmehr sind hierzu Kolbenpumpen erforderlich, und zwar sind in diesem Falle kleine

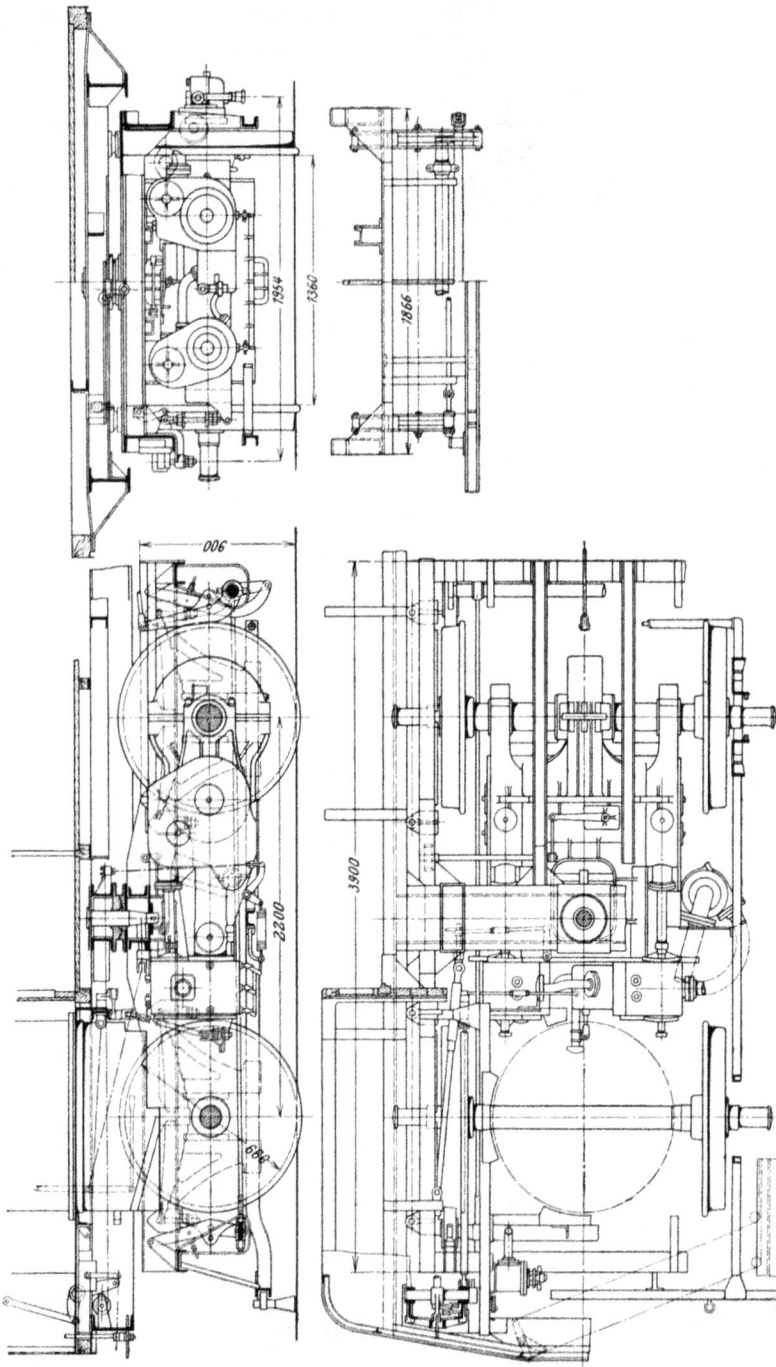

Fig. 16. Drehgestell von Ganz & Co. mit Maschine von 80 PS.

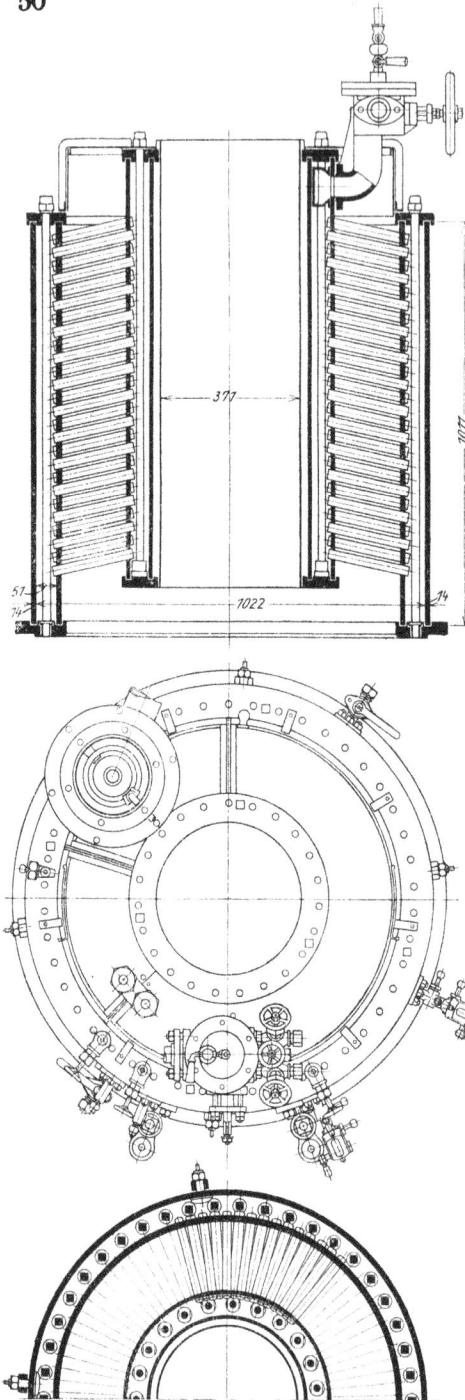

Fig. 17. Kessel von Ganz & Co. für 80 PS Maschinenleistung nach de Dion-Bouton.

stehende Dampfpumpen gebräuchlich. Die eine der beiden Pumpen wird dem Dampfverbrauch entsprechend so eingestellt, daß sie dauernd im Betriebe bleiben kann, während die andere in Bereitschaft steht. Die Schmierpumpe für die Maschine ist mit der Speisepumpe gekuppelt, so daß sie in gleichem Takt mit dieser arbeitet, die jedem Hub entsprechende Leistung der Schmierpumpe ist veränderlich einstellbar durch Änderung der Länge des Treibarmes des betreffenden Schaltwerks.

Der Wasservorrat im Behälter kann durch einen Fülltrichter vom Dache aus mittels Wasserkrans oder unmittelbar aus dem Brunnen durch eine etwa 100 l in der Minute schaffende, im Führerstand untergebrachte Strahlpumpe erneuert werden.

Die zu dem abgebildeten Kessel gehörende Maschine von 80 PS Leistung zeigt Fig. 18. Die Maschine ist eine zweizylindrige Verbundmaschine, die aber auch als Zwillingmaschine arbeiten kann. Die Übertragung der Drehung der Triebwelle auf die Wagenachse erfolgt mittels veränderlichen Zahnradvorgeleges. Zur Veränderung des Übersetzungsverhältnisses dient ein Kuppelrad, das mit der Triebwelle der Maschine mittels einer Nut und Feder gegen Verdrehung gekuppelt, in der Längs-richtung aber auf der Triebwelle verschiebbar ist. Die Änderung

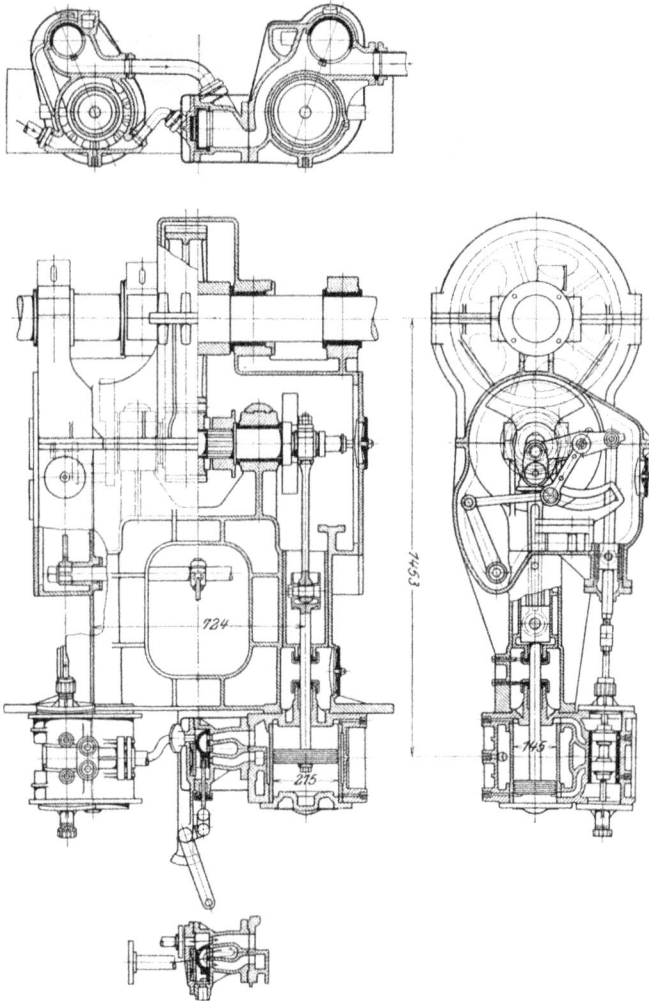

Fig. 18. Dampfmaschine von 80 PS (Ganz & Co.).

des Übersetzungsverhältnisses kann indessen nur beim Stillstand oder bei ganz langsamem Gange des Wagens erfolgen.

Die Übertragung der Bewegung zur Umsteuerung und zur Veränderung der Füllung wurde bei der Lifu-Steuerung der ersten 35 PS-Triebwagen mittels verstellbarer Zahnräder (Fig. 19) bewirkt.

4*

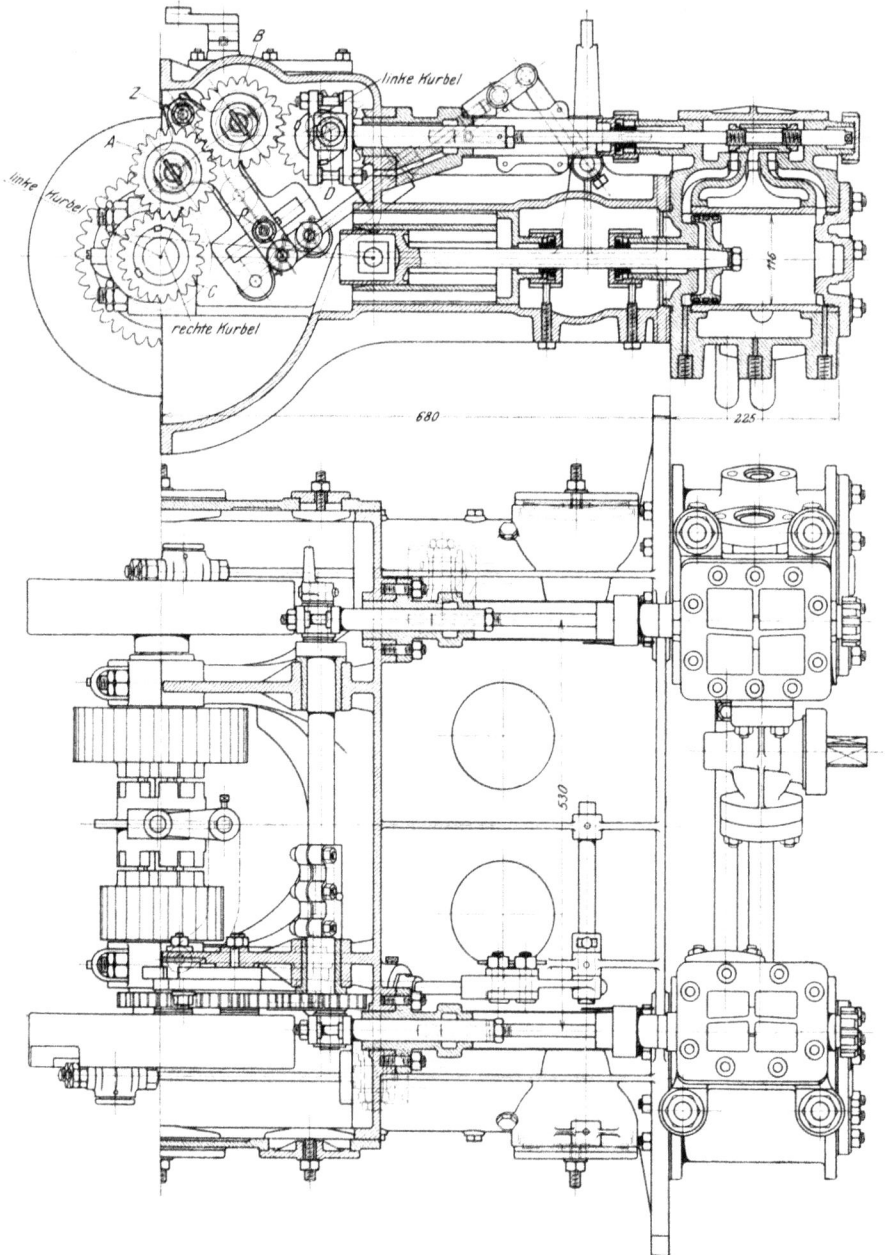

Fig. 19. Lifusteuerung.

Die Einrichtung derselben ist folgende: Die in der Zeichnung angegebenen beiden mittleren Zahnräder sind in einem T förmigen Hebel
gelagert, welcher mit Robertscher Führung versehen ist. Der Punkt
P ist gerade geführt, während der Hebel mit dem oberen gabel-
förmigen Ende an dem Zapfen Z gleitet. Die Drehpunkte der
beiden mittleren Zahnräder sind dadurch in Kreisen geführt, die
konzentrisch zu der Kurbelwelle und zu der die Schieberstange an-
treibenden Welle liegen. Bei der in der Zeichnung angegebenen
Mittelstellung des T förmigen Hebels ist die Schieberkurbel um 180°
gegen die Hauptkurbel versetzt, bei der Bewegung des Hebels nach
rechts oder links durch die Steuerstange wälzt sich das Zahnrad A
auf dem in unveränderter Stellung verbleibenden Zahnrad C ab.
Die Drehung von A überträgt sich durch B auf das Rad D und
die zugehörige Schieberwelle kann so in der einen oder anderen
Richtung um 90° — δ (Voreilwinkel) verdreht werden, so daß die
Kurbel der Schieberwelle gegen die Hauptkurbel um den Winkel
von 90° + δ versetzt ist.

Bei den Dampfwagen von 50 und von 80 PS Leistung werden
jetzt Steuerungen nach Klug und Marshall verwendet, wie sie bei
Schiffsmaschinen üblich sind, und welche eine Veränderung des
Füllungsgrades in weiteren Grenzen gestatten. Die Maschinen
werden an der Treibachse aufgehängt, die als Lenkachse ausgebildet
wird, falls die Wagen nicht mit Drehgestellen versehen werden. Im
letzteren Falle erfolgt die Zuleitung des Dampfes zu den in dem
Drehgestell gelagerten Zylindern mittels biegsamer Metallschläuche.
Die bewegten Teile der Maschine sind in ein staubdichtes gußeisernes
Gehäuse eingeschlossen und laufen in einem Ölbade. Eine Maschine
von 25 PS nebst Gehäuse wiegt nur 770 kg, also 31 kg auf 1 PS.

Der Führer hat zum Betrieb der Maschine folgende Hebel zur
Verfügung: 1. den Regulatorhebel; 2. den Hebel für Vor- und Rück-
wärtsgang und zur Veränderung der Füllung; 3. den Hebel für
Schaltung auf Zwilling- oder Verbundwirkung; 4. den Hebel zur Einrückung der Zahnradübersetzung.

Die Wagen werden teils gedreht, teils fahren sie bei geringer
Geschwindigkeit auch rückwärts mit dem Schaffner als Signalgeber
vorauf oder sie sind von einem rückwärtigen Führerstand aus für
die Rückfahrt steuerbar eingerichtet. In Fig. 20 ist ein solcher
Führerstand dargestellt. Durch die senkrechte Welle mit Handkurbel R wird der Regulator bewegt, der Handgriff S hinter dem
Handrad H der Bremse dient zur Umkehrung der Fahrrichtung (Re-

versierhebel), der zwischen diesen beiden liegende Handhebel $Z-V$
zur Schaltung auf Zwilling- oder Verbundwirkung. Darunter ist das

Fig. 20. Rückwärtiger Führerstand eines Dampfwagens von Ganz & Co.

Löseventil V der Vakuumbremse angeordnet, und rechts oben unter
dem Dache des Führerstandes neben dem Pfeifenzuge der Handhebel HV nebst Zug zur Betätigung der Vakuumbremse.

Auf schmalspurigen Strecken der Arader und Csanáder Bahnen (Alföldbahn) ist auch eine mit den Triebwagen der Bauart de Dion-Bouton in enger Verbindung stehende Gattung kleiner dreiachsiger Lokomotiven (tracteurs) in Verwendung, deren als Lenkachsen ausgeführte Endachsen von je einer 35 pferdigen de Dion-Bouton-Maschine angetrieben werden, während zwei nahe zusammen hintereinander in der Längsachse der Lokomotive aufgestellte Kessel der Bauart de Dion-Bouton den erforderlichen Dampf erzeugen. Die Wasser- und Kohlenbehälter liegen symmetrisch an beiden Enden der Tracteurs, die Kohlenbehälter nach innen, die Wasserbehälter nach außen.

3. Dampfwagen von Stoltz.

Die, ebenso wie die beiden vorstehend besprochenen Dampfwagen, aus Straßenfahrzeugen entwickelten Motorwagen von Stoltz in Berlin unterscheiden sich namentlich durch die Bauart des Kessels von den de Dion-Bouton-Wagen, während sie in der gesamten Anordnung der Wagen und dem gesamten Aufbau der Maschine Beziehungen zu letzteren haben. Bemerkenswert sind die Stoltzschen Dampfwagen allen andern, selbst den Serpollet-Wagen, gegenüber durch die Höhe des bis auf 50 Atm. steigenden Betriebsdrucks der Kessel.

Der Stoltzsche Kessel ist aus Rohrplatten von Siemens-Martin-Flußeisen zusammengesetzt, deren Bohrungen die Stelle der Rohre vertreten (Fig. 21 und 22). In Fig. 21 sind mit a die Rohrplatten bezeichnet, mit b die dazwischen eingebauten schlangenförmig gewundenen Überhitzerrohre, welche den bis auf etwa 400° überhitzten Dampf von dem oben liegenden Dampfsammler e abwärts zu der Überhitzerkammer f leiten. Gesättigter Dampf würde bei 40 Atm. Überdruck etwa eine Temperatur von 253° und bei 50 Atm. eine solche von 273° haben. Von der Überhitzerkammer aus wird der Dampf der Maschine zugeführt, und zwar auf dem Wege durch den Dampfverteiler g. Auf letzterem sind folgende Ventile angebracht: in der Mitte die beiden Sicherheitsventile, von der Mitte aus nach links zwei Ventile für die Kesselspeisepumpen und das Hauptabsperrventil, von der Mitte nach rechts das Ventil für die Dampfpfeife, das Anfahrventil, das Bläserventil und ein Ventil zum Ablassen überschüssigen Dampfes.

Das Speisewasser wird durch die Rohrschlangen des im Rauchabzug liegenden Vorwärmers hindurch zu der am unteren

Ende der Rohrplatten liegenden Wasserkammer *d* geführt, von wo es gleichmäßig verteilt in die Bohrungen der Rohrplatten eintritt. Dieser Wasserkammer gegenüber ist die mit vier Ausblashähnen versehene Kammer *h* angeordnet. Die Überhitzerrohre wie die Vor-

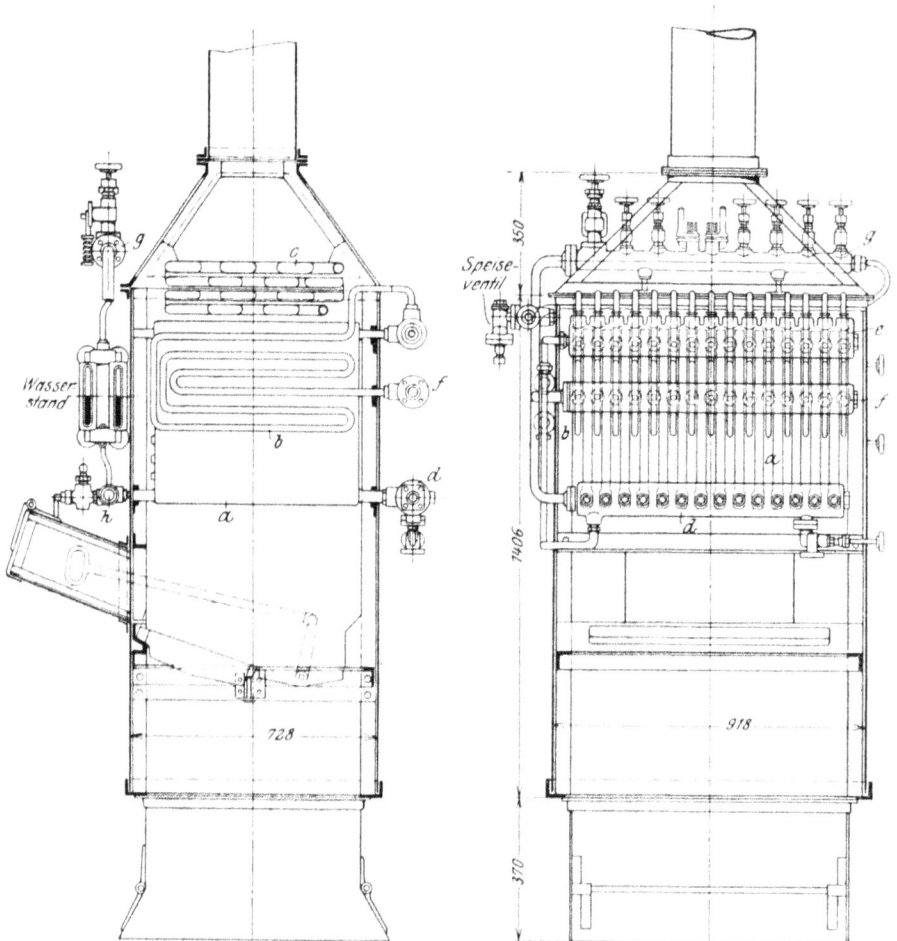

Fig. 21. Rohrplattenkessel von Stoltz (Berlin).

wärmerrohre sind aus schwedischem Holzkohleneisen hergestellt und nahtlos gezogen, die ersteren mit 8 bis 16, die letzteren mit 20 bis 28 mm lichtem Durchmesser. Die Wasser- und Dampfkammern sind aus Stahlguß verfertigt.

Die Kessel sind infolge des sehr lebhaften Wasserumlaufs in allen Teilen eher mit etwas härterem Wasser zu betreiben als

de Dion-Bouton-Kessel. Vor allem zeichnen sie sich durch einen un-
gewöhnlich hohen Grad von Betriebssicherheit aus, indem Rohrplatten
bei Versuchen der Kgl. Mechanisch-Technischen Versuchsanstalt in
Berlin erst bei einem inneren Druck von 770 bis 800 Atm. gesprengt
wurden. Die Kessel nehmen wenig Raum ein, lassen sich schnell
anheizen und ergeben eine Maschine von geringen Zylinderdurch-
messern, ebenfalls geringem Raumbedarf und geringem Gewicht.

Die Feuerung erfolgt gewöhnlich mit Gaskoks in nicht zu
großen Stücken, welcher dem Rost halb selbsttätig mittels eines Füll-
trichters zugeführt wird. Der Zug wird, sofern der Bläser nicht

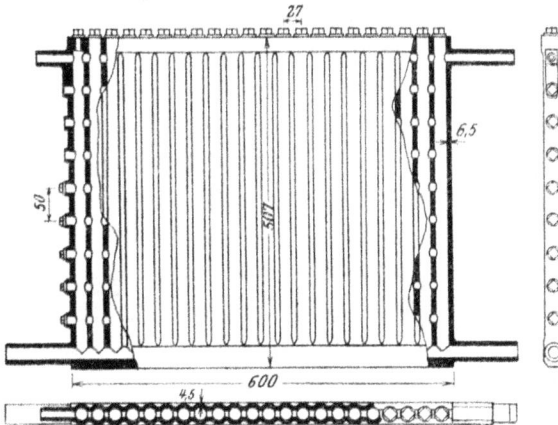

Fig. 22. Rohrplatte nach Stoltz.

ausreicht, durch ein von der Dampfmaschine angetriebenes Gebläse
hergestellt, welches die Druckluft in den vollständig geschlossenen
Aschkasten und unter den Rost befördert. Der Feuerraum des
Kessels wird innen mit einer 50 mm starken Thermalitschicht, außen
mit Eisenblech verkleidet. Der Rost ist zur einen Hälfte fest, zur
anderen mittels eines Zuges vom Führerstande aus beweglich.

Fig. 23 zeigt eine Stoltzsche Maschine von 80 bis 100 PS
Leistung, welche ähnlich wie die de Dion-Bouton-Maschine an der
Treibachse aufgehängt ist, aber mit einer unveränderlichen Zahnradübersetzung von 1 : 2,5 auf diese arbeitet. Der ganze Antrieb ist
ebenfalls, wie bei der de Dion-Bouton-Maschine, staubdicht eingekapselt und läuft in einem Ölbade. Die Maschine ist eine zweizylindrige Verbundmaschine, die nur beim Anfahren unter besonders
ungünstigen Umständen auf Zwillingwirkung geschaltet wird, und
zwar mit Hilfe eines Ventils, durch welches frischer Dampf in den

Verbinder geleitet wird. Ein Wechselventil, durch welches beiden
Zylindern die Möglichkeit gegeben wäre mit freiem Auspuff zu arbeiten, ist nicht vorhanden. Ein Sicherheitsventil am Niederdruckzylinder verhindert übermäßiges Anwachsen der Dampfspannung.

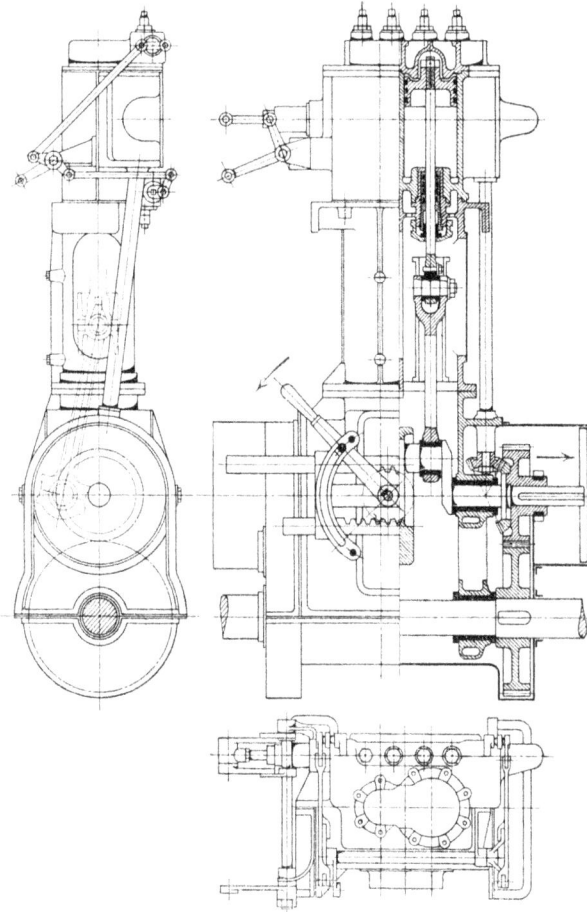

Fig. 23. Dampfmaschine nach Stoltz.

Die Steuerung ist eine mit dem Maschinengestell eng zusammengebaute Ventilsteuerung, deren Füllung für den Hochdruckzylinder im Verhältnis von 10 bis 86 v. H. veränderlich ist. Die
Veränderung der Füllung sowohl als die Umsteuerung erfolgt
durch die Verschiebung der Nockenwelle. Bei einer Fahrgeschwindigkeit von 46 km/Std. macht die Maschine 600 Umdrehungen in

der Minute. Die Ventilsitze sind der hohen Temperatur des überhitzten Dampfes halber aus Nickel hergestellt.

Das eine Ende des Maschinengestells ist schwingend und
federnd aufgehängt, so daß die Maschine der Einstellung der als
Lenkachse ausgebildeten Treibachse gut folgen kann. Die Über-
setzungszahnräder können ausgeschaltet werden, wenn der Wagen geschleppt wird und die Maschine leer läuft.

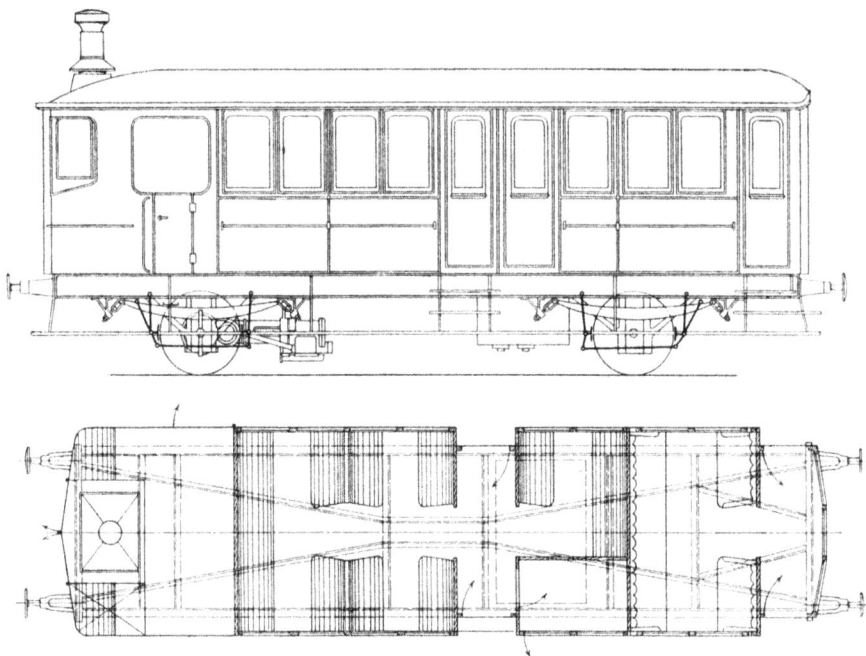

Fig. 24. Zweiachsiger Dampfwagen nach Stoltz.

Fig. 24 stellt einen kleinen Stoltzschen Dampfwagen von 40
bis 50 PS Maschinenleistung mit Sitzplätzen II. und III. Klasse, im
ganzen für 34 Personen, dar, der bis zu einer Fahrgeschwindigkeit
von etwa 60 km/Std. ruhig läuft.

Von der Preußischen Staatseisenbahnverwaltung
sind kürzlich für Nebenbahnstrecken der Eisenbahndirektion Breslau
zwei von der Hannoverschen Maschinenbaugesellschaft
in Verbindung mit der Breslauer A.-G. für Eisenbahnwagenbau
gelieferte Stoltzsche Dampfwagen (Fig. 25) mit drei Achsen
beschafft worden. Die insgesamt 16,5 m langen Wagen haben
32 Sitzplätze III. Klasse, 16 Sitz- und 24 Stehplätze IV. Klasse, im

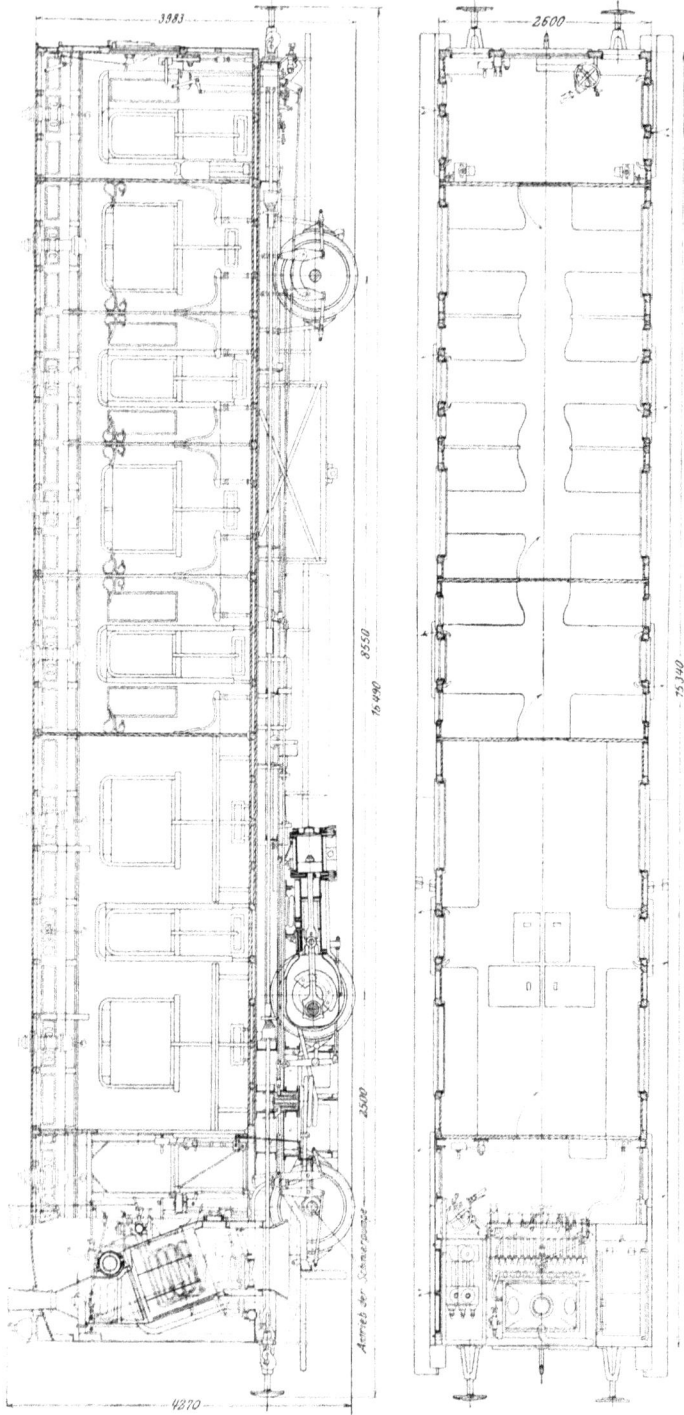

Fig. 25. Dreiachsiger Dampfwagen der Preußischen Staatseisenbahn nach Stoltz.

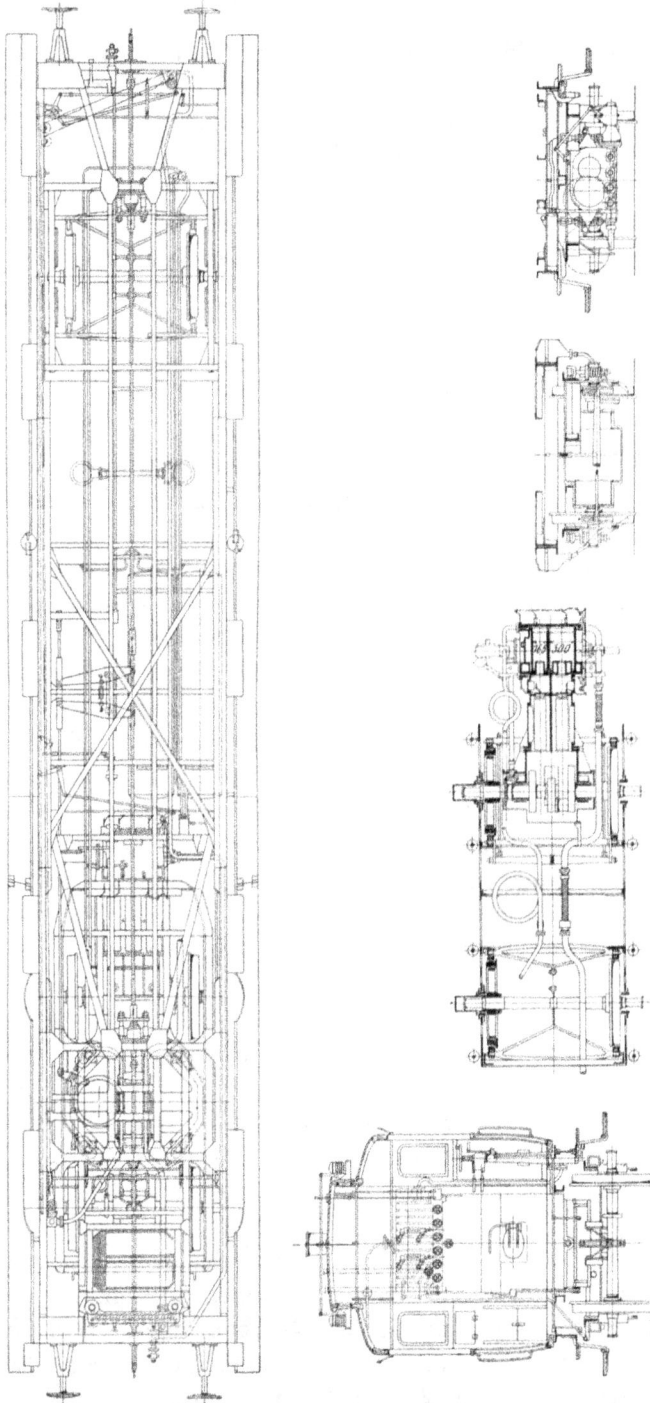

Fig. 25. Dreiachsiger Dampfwagen der Preußischen Staatseisenbahn nach Stoltz (Hannov. Masch.-Ges., Hannover u. Breslau. A.-G. für Eisenbahn-wagenbau, Breslau).

ganzen also Raum für 72 Personen. Am Ende des Wagens ist
ein Gepäckraum angebracht, der bei der Rückwärtsfahrt als Führerstand dient. Das in der Mitte des Wagens gelegene Abteil
III. Klasse hat eine Länge von 1850 mm erhalten, um gegebenenfalls später in II. Klasse umgewandelt werden zu können. In der
III. Klasse sind die üblichen Lattenbänke, in der IV. Klasse Sitz-
bretter angebracht, in der III. Klasse ist der Fußboden mit Lino-
leum belegt. Das Gewicht des Wagens beträgt rd. 39 t, die größte
Fahrgeschwindigkeit 50 km/Std.

Der Kessel ist in einem gut gelüfteten kleinen Vorbau mit
eisernen Wänden für sich untergebracht. Auf der einen Seite des
Kesselraums befinden sich die Brennstoffvorräte, auf der anderen
Seite die Dampfpumpen. Führer und Heizer können von ihrem
Stande aus rechts und links ungehindert an dem Kessel vor-
beisehen.

Das Drehgestell hat einen entlasteten Drehzapfen und vier
tragende Gleitstücke, auf denen der Wagenkasten ruht. Die Tragfedern haben elastische Gehänge und Ausgleichhebel.

Die Maschine und der Kessel sind für eine Dauerleistung
von 100 PS, am Triebradumfang gemessen, berechnet. Die Wagen
sollen ohne Anhängwagen auch bei ungünstiger Witterung dauernd
mit einer Geschwindigkeit von 50 km/Std. fahren können. Die Anfahrzeit auf wagerechter Strecke soll nicht mehr als $1\frac{1}{2}$ Min. betragen. Die Maschine hat die übliche Anordnung, das Zylinderende
ist federnd am Rahmen des Drehgestells aufgehängt. Die Zylinderdurchmesser der Verbundmaschine betragen 165 bzw. 300 mm, der
Hub 320 mm. Die Massen sind durch Gegengewichte an den
Kurbeln sorgfältig ausgeglichen. Nur die hintere Achse des Drehgestells wird angetrieben. Ein Anlaßventil zur Versorgung des
Verbinders mit frischem Dampf nebst Sicherheitsventil ist vorgesehen.

Der Betriebsdruck des Kessels beträgt bis zu 50 Atm. Die
Heizfläche in den Rohrplatten beträgt 18,3 qm, die Rostfläche
0,7 qm, die Überhitzerfläche 6,7 qm und die Heizfläche des Vorwärmers 4,1 qm.

Die zwölf Rohrplatten, aus denen der Kessel zusammengesetzt ist, sind abweichend von der üblichen Anordnung geneigt
aufgestellt (Fig. 26) und mit je 24 Querbohrungen von 25 mm
lichter Weite und zwei aufsteigenden Bohrungen von 40 mm
lichter Weite versehen (Fig. 27). Der Zweck dieser Anordnung ist

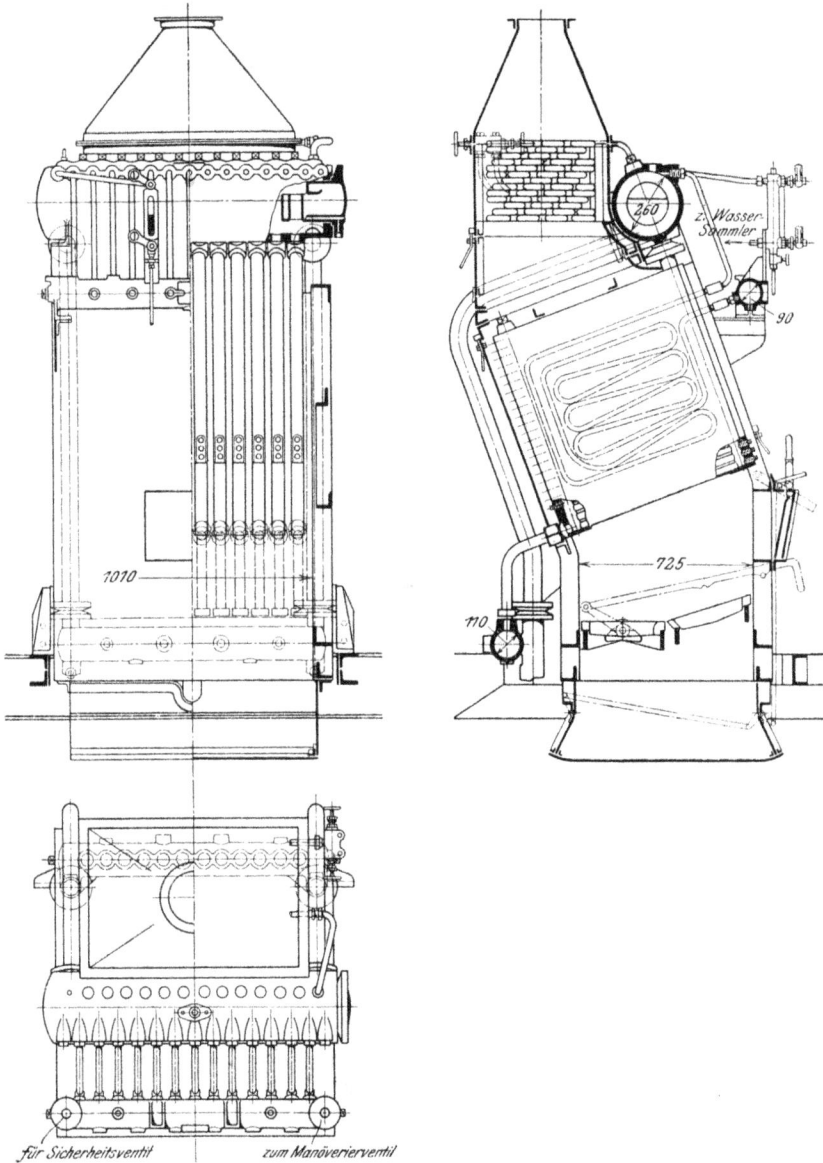

Fig. 26. Kessel des dreiachsigen Stoltzschen Dampfwagens.

die tunlichste Beschleunigung des sowieso schon lebhaften Wasserumlaufs des Kessels. Der Überhitzer besteht aus nahtlos gezogenen
Stahlrohren.

Der Oberkessel und der Wasser- und Schlammsammler sind
aus Stahlguß angefertigt.

Der Kessel des einen Wagens ist für reine Kohlenfeuerung, der des anderen Wagens für reine Ölfeuerung eingerichtet, deren Anordnung folgende ist:

Eine kleine vermittels eines Druckminderungsventils durch Kesseldampf gespeiste Pumpe *e* saugt das Öl aus einem Behälter an, befördert es mit einem Druck von 3 bis 4 Atm. durch einen Vorwärmer *f*, in dem es auf 120 bis 130° erwärmt wird, und schließlich durch die beiden an der Feuerung angebrachten Zen-

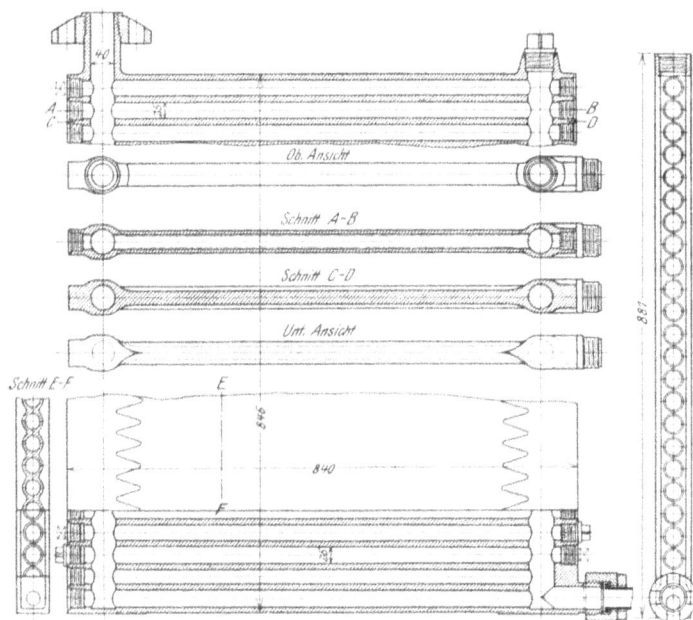

Fig. 27. Rohrplatte des dreiachsigen Stoltzschen Dampfwagens.

trifugalzerstäuber hindurch in den Heizraum, in den es fein zerteilt eintritt (Fig. 28). Der Heizraum ist vollständig feuerfest ausgemauert und im oberen Teil mit einem feuerfesten Gewölbe versehen. Auch der Boden des Heizraums ist aus feuerfesten Steinen gebildet und mit Luftzutrittöffnungen versehen.

In die Öldruckleitung sind zwei Siebtöpfe, einer für den regelmäßigen Betrieb, einer zur Reserve, eingeschaltet, um Unreinigkeiten auszuscheiden, ferner ein Sicherheitsüberlaufventil, welches das bei zu starkem Druck überfließende Öl in den Vorratbehälter zurückbefördert, ein Windkessel mit Spannungsmesser und ein Thermometer.

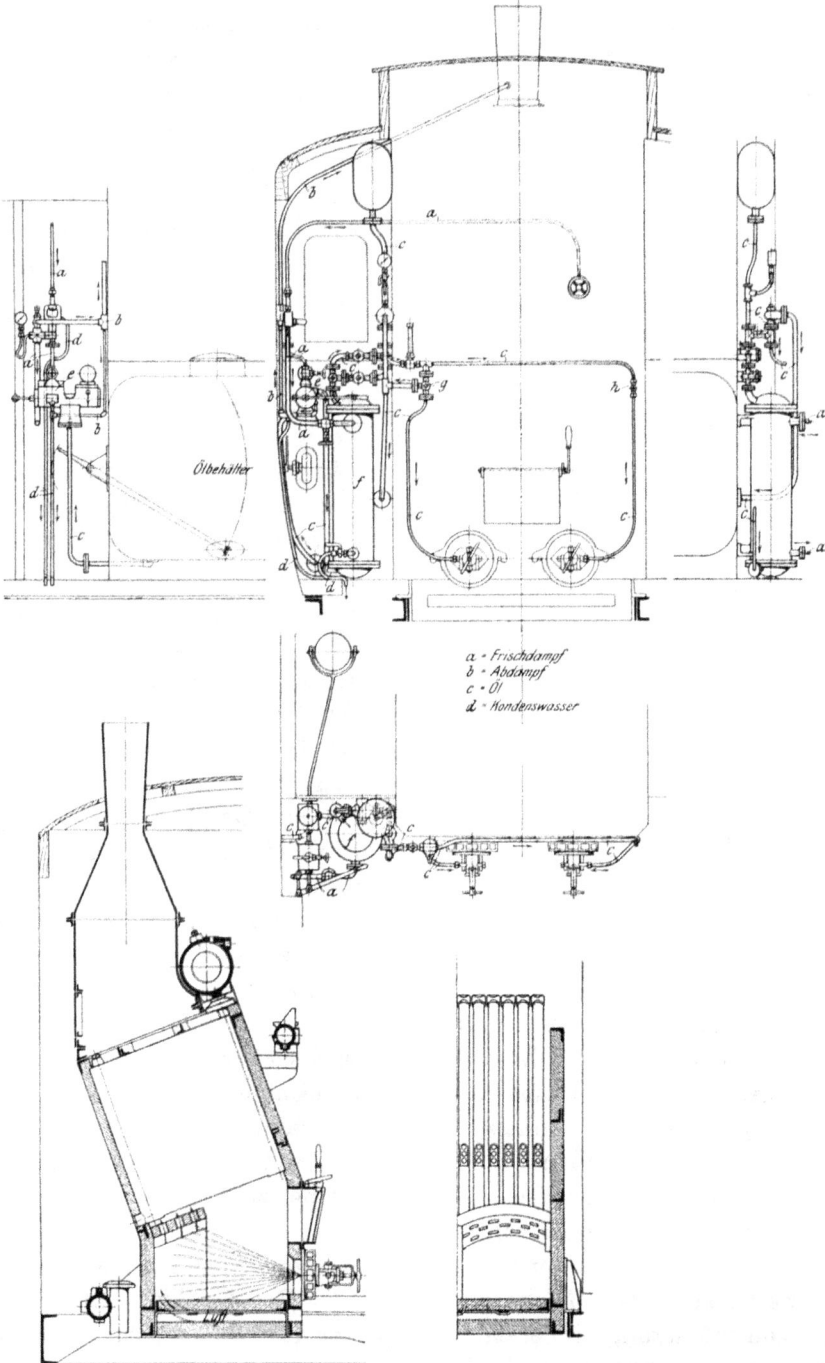

a = Frischdampf
b = Abdampf
c = Öl
d = Kondenswasser

Ölbehälter

Fig. 28. Ölfeuerung des dreiachsigen Stoltzschen Dampfwagens.

Vor dem Beginn der Fahrt wird das Öl zunächst durch Umstellen des zum ersten Zerstäuber führenden Dreiwegehahns *g* und durch Absperren des zum zweiten Zerstäuber führenden Hahns *h* in den Ölbehälter zurückgeleitet, damit es den Vorwärmer vollständig durchlaufen muß und dabei genügend angewärmt wird.

Hinter dem Druckminderungsventil ist ein Sicherheitsventil in die Dampfleitung eingeschaltet.

Das zu verwendende Öl darf nicht zu dickflüssig sein, darf bei längerem Stehen nur wenig Wasser abscheiden und sein Entflammungspunkt darf nicht unter 21 ° C liegen. Der Wärmegehalt soll mindestens 8000 Wärmeeinheiten betragen. Es eignen sich Kreosotöle, Braunkohlen- und Teerdestillate, rohe Erdöle u. dgl. Der Brennstoffverbrauch wird bei 8,3 bis 10 facher Verdampfung zu höchstens 120 kg/Std. für eine Dampferzeugung von 1000 bis 1200 kg/Std. angenommen.

Falls zum Betrieb des Bläsers, des Vorwärmers und der Dampfpumpe keine anderweitige Dampfquelle zur Verfügung steht, kann der Kessel mit Reisern oder Torf unter Zusatz von Gaskoks angeheizt werden. Die Stirnplatten des Kessels sind zu diesem Zweck abnehmbar eingerichtet. Im übrigen nimmt das Anheizen mit Öl eine halbe Stunde in Anspruch.

Außer den beiden Dampfpumpen zur Speisung des Kessels durch den Vorwärmer ist eine Handpumpe zum Füllen und zum Auswaschen des Kessels vorgesehen.

Die in der Nähe der rückwärtigen Wagenachse untergebrachten Wasserbehälter fassen zusammen 1600 l. Der Kohlenbehälter des für Kohlenfeuerung eingerichteten Wagens faßt 600 kg, ausreichend für eine Fahrt von etwa 150 km Länge.

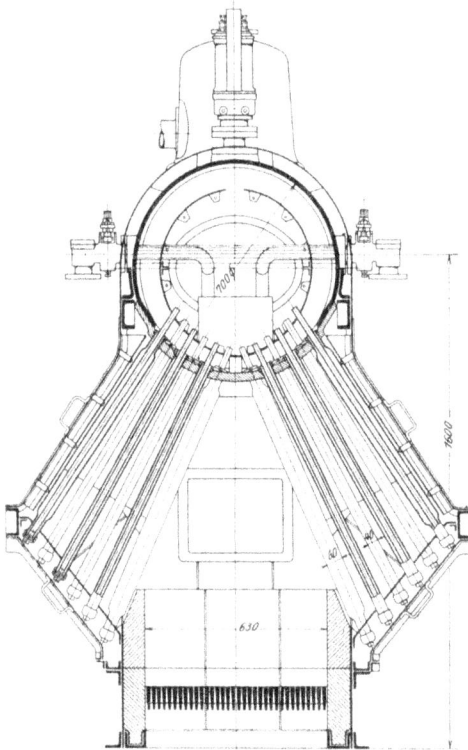

Fig. 29. Dampfkessel von Turgan.

Dampfpfeife, Läutewerk, Sandstreuer für beide Fahrrichtungen und die üblichen Gerätschaften sind vorgesehen.

Von beiden Führerständen aus läßt sich das Dampfsteuerventil, das Frischdampfventil für den Verbinder, die Umsteuerung und die Bremse bedienen, ebenso das Dampfläutewerk, der Sandstreuer und die Dampfpfeife. Ferner ist auch im hinteren Führerstand ein Spannungsmesser zur Beobachtung des Kesseldrucks angebracht. Beide Führerstände sind durch ein Sprachrohr miteinander verbunden.

Sämtliche Achsen des Wagens, einschließlich der rückwärtigen, als Lenkachse ausgebildeten Laufachse, sind bremsbar.

Bei der Einrichtung der Übertragung der Bewegung der Handhebel von den Führerständen nach den Steuerungsmitteln der Maschine ist auf die Bewegungen des Drehgestells Rücksicht genommen, so daß durch diese keine Rückwirkung auf die Einstellung der Steuerungsmittel erfolgen kann. Die Dampfzuleitung zur Maschine ist entsprechend elastisch ausgeführt.

Der Wagen hat Dampfheizung und Gasbeleuchtung. Der Beschaffungspreis beträgt 54 200 M.

4. Turgan-Kessel.

Unter den Kleinkesseln besonderer Bauart ist der Turgan-Kessel (Fig. 29)[1], bestehend aus einem liegenden zylindrischen Oberkessel mit nach unten strahlenförmig angesetzten Field-Röhren, zu erwähnen, der bei der Französischen Nordbahn und der Österreichischen Staatsbahn vorübergehend verwendet worden ist.

β) Zwei- und mehrachsige Dampfwagen mit stehenden Röhrenkesseln und Maschinen von etwa 100 bis 200 PS.

1. Zwei- und dreiachsige Dampfwagen.

a) Dampfwagen von Komarek.

Die Dampfwagen von F. X. Komarek in Wien werden teils zwei-, teils dreiachsig gebaut, in besonderen Fällen sind sie auch mit vier und selbst mit fünf Achsen versehen worden. Zweiachsige Komarek-Wagen erhalten, ähnlich wie bei Serpollet-Wagen, eine stark unsymmetrische Anordnung der Achsen, um das Gewicht des Kessels auszugleichen und eine annähernd gleichmäßige Belastung

---

[1] Rev. gén. d. ch. d. f. Jan. 1904.

der Achsen herbeizuführen. Bei dem zweiachsigen Wagen nach
Fig. 30 mit 35 Sitzplätzen III. Klasse beträgt beispielsweise die Be-

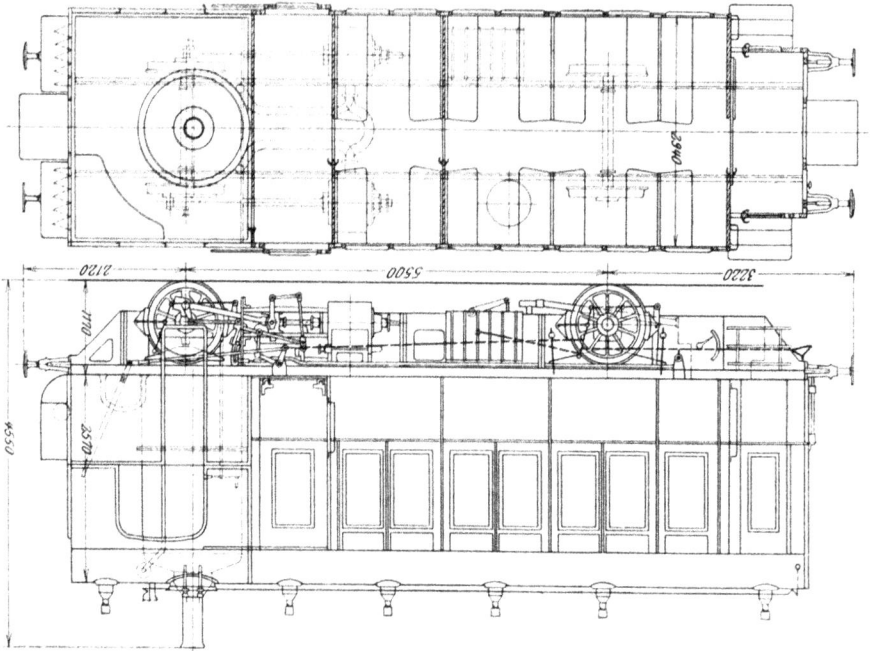

Fig. 30. Zweiachsiger Dampfwagen von Komarek (Wien).

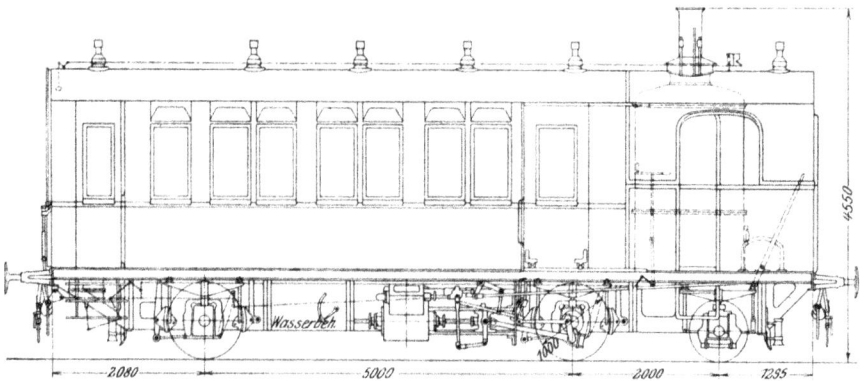

Fig. 31. Dreiachsiger Dampfwagen von Komarek.

lastung der Treibachse 14,3 t und die der als Lenkachse ausgebildeten Laufachse 13,3 t. Die Treibachse liegt annähernd unter der
senkrechten Achse des Kessels. Der abgebildete Wagen hat eine

Maschinenleistung von etwa 100 PS bei einer Fahrgeschwindigkeit von 45 km/Std. Die größte Fahrgeschwindigkeit beträgt 60 km/Std.

Um das starke Überhängen des einen Wagenendes zu vermeiden, werden die Komarek-Wagen auch dreiachsig ausgeführt, indem noch eine Laufachse, und zwar ebenfalls eine Lenkachse, vor die Treibachse gesetzt wird (Fig. 31). Hierdurch wird auch ein sanfteres, stoßfreieres Einlaufen in Krümmungen erreicht und vor allem laufen die Wagen bei hohen Fahrgeschwindigkeiten ruhig.

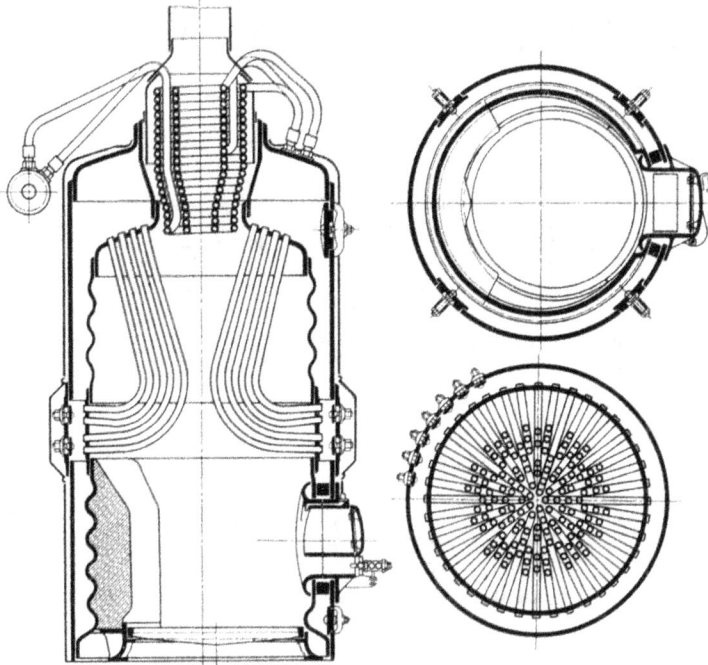

Fig. 32. Dampfkessel von Komarek mit Holdenscher Feuerung.

Der Komarek-Kessel (Fig. 32) ist ein stehender Kessel mit einer aus Wellrohr gebildeten flußeisernen Feuerbüchse und knieförmig gebogenen Wasserröhren im oberen Teile. Der Kesselüberdruck beträgt 13 Atm. In den Rauchabzug ist ein aus Rohrschlangen gebildeter Überhitzer eingebaut. Der frühere, aus schraubenförmig übereinander gewickelten Rohren bestehende Komarek-Kessel ist wegen der schwierigen Reinigung der Rohre wieder aufgegeben worden, der neue Kessel hat sich in mehrjährigem Betriebe bis jetzt bewährt. Bei der Reinigung ist nur, wie bei allen Kesseln mit vielen Wasserrohren, Obacht zu geben, damit kein Rohr überschlagen wird, insbesondere ist dies bei gekrümmten Rohren zu beachten, durch welche sich nicht hindurchleuchten läßt. Für den Fall, daß ein Rohr eines Komarek-Kessels infolge Unaufmerksamkeit der mit dem Auswaschen betrauten Arbeiter mit Kesselstein zugesetzt sein sollte, kann dasselbe mittels eines besonderen Bohrwerkzeugs davon befreit werden.

Die Komarek-Kessel werden zum Teil mit gemischter (Holden-scher) Feuerung, Kleinkohle und Petroleum, betrieben. Das Petroleum

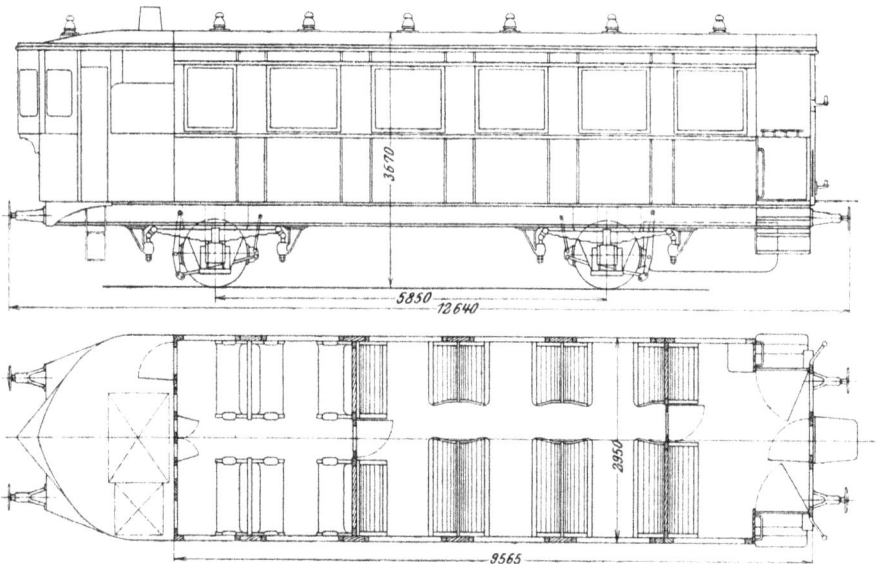

Fig. 33. Zweiachsiger Dampfwagen von Purrey (Bordeaux).

wird durch eine Düse oberhalb des Rostes eingespritzt. Die Speise-pumpe wird vom Kreuzkopf aus angetrieben, mit dem sie dauernd fest verbunden bleibt. Die Förderung der Pumpe wird in der Weise geregelt, daß nach Bedarf ein Teil des Wassers zu dem Behälter zurückgeleitet wird, in ähnlicher Weise, wie dies bei der Speisung der Serpollet-Kessel geschieht.

Die Maschine der Komarek-Wagen ist eine Lokomotivver-bundmaschine mit außenliegenden Zylindern. Die Wagen sollen für die Rückfahrt nicht gedreht werden und erhalten deshalb auch einen rückwärtigen Führerstand. Zur Verständigung zwischen dem auf dem rückwärtigen Führerstande befindlichen Maschinenführer und dem bei dem Kessel verbleibenden Heizer ist eine besondere Einrichtung vorgesehen, die unter Abschnitt ζ 3 noch näher besprochen wird.

Lokomotivmaschinen mit unmittelbarem Antrieb der Treibachse haben infolge des Wegfalls der Zahnradübersetzungen geringen Eigenwiderstand, namentlich wenn keine Kuppelachse vorhanden ist.

b) Dampfwagen mit Kesseln von Purrey in Bordeaux.

Zweiachsige Dampfwagen mit Kesseln von Purrey in Bordeaux sind zuerst im Jahre 1903 verwendet worden. Fig. 33 stellt einen Wagen dieser älteren Bauart mit 12 Sitzplätzen I. und 34 Sitzplätzen III. Klasse dar, davon 5 auf der Plattform. Außerdem sind auf

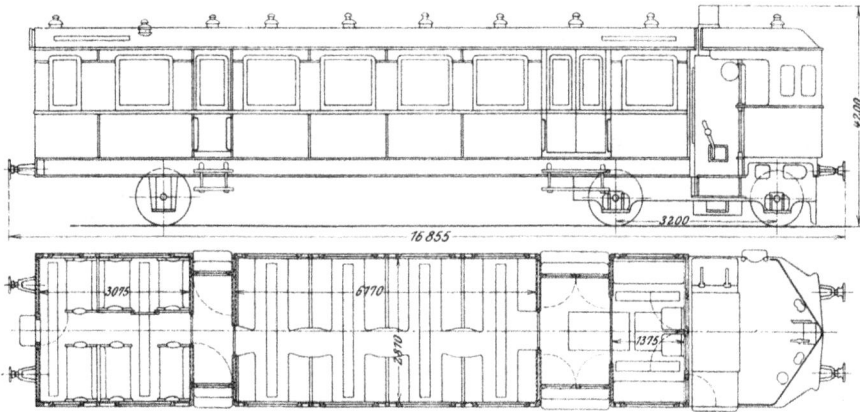

Fig. 34. Dreiachsiger Dampfwagen der Orléansbahn und der Paris-Lyon-Mittelmeerbahn von Purrey.

letzterer noch 12 Stehplätze. Das Leergewicht des Wagens beträgt 19,1 t, wovon 12,1 t auf die eine und 7 t auf die andere Achse kommen. Die Rostfläche beträgt 0,87 qm, der Durchmesser der doppelt vorhandenen Hochdruck- und Niederdruckzylinder 140 bzw. 200 mm. Bei den neueren Wagen sind die Maschinen und Kessel etwas leistungsfähiger, die ersteren haben 160 bzw. 220 mm Zylinderdurchmesser und 225 mm Kolbenhub, die letzteren eine Rostfläche von 1,08 qm, eine Heizfläche von 24,56 qm und eine Überhitzerfläche von 7,48 qm.

Fig. 34 gibt einen neueren dreiachsigen Purrey-Wagen in der Gesamtanordnung wieder. Fig. 35 ist die Zeichnung des zugehörigen Drehgestells, Fig. 36 zeigt den zugehörigen Kessel, Fig. 37 a und b die Maschine.

Der Kessel ist ein Wasserrohrkessel, der stark überhitzten Dampf von 20 Atm. Überdruck liefert. Die Speisung des Kessels erfolgt in der unteren Wasserkammer. Zur besseren Verteilung der Wärme in den Rohren führen von dort zunächst ⊃ förmig gebogene flach über der Feuerung liegende Rohre in die obere Wasserkammer und von dieser aus Schlangenrohre in den oberen Dampfsammler.

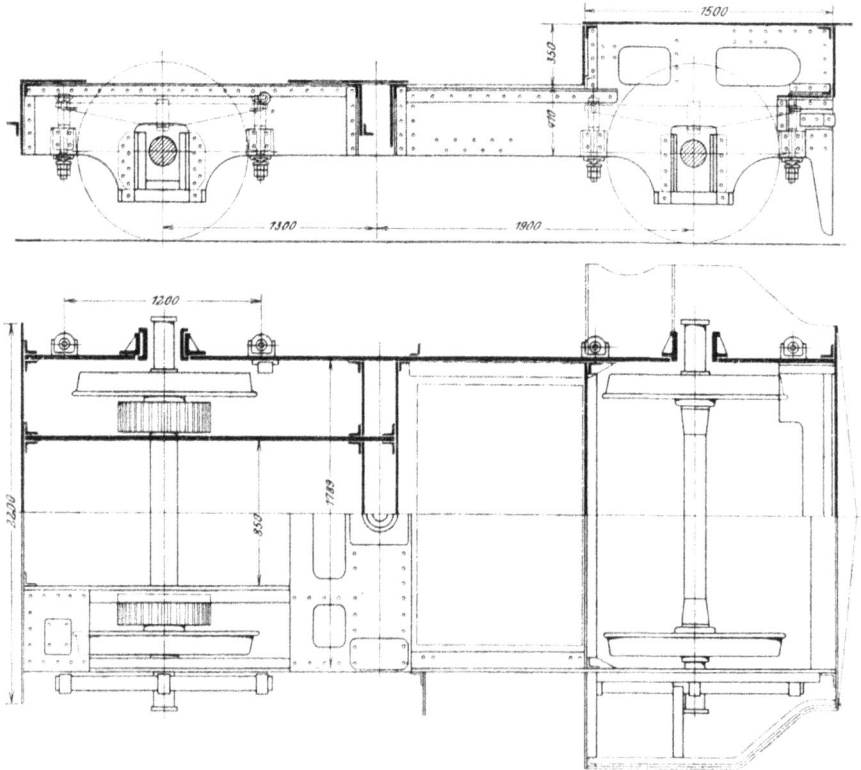

Fig. 35. Drehgestell des dreiachsigen Dampfwagens von Purrey.

Zwischen den Wasserrohren liegen die etwas engeren Überhitzerrohre, welche den Dampf aus dem oberen Teile des Dampfsammlers wieder abwärts zu dem unteren Dampfsammler führen. Von hier findet die Entnahme des Dampfes für die Maschine statt.

Der Brennstoff, und zwar Koks, wird von einem Fülltrichter aus selbsttätig auf einen geneigten Schüttelrost geführt. Die Förderung einer der beiden Speisepumpen wird durch einen Schwimmer in dem oberen, teils mit Wasser gefüllten Dampfsammler selbsttätig geregelt.

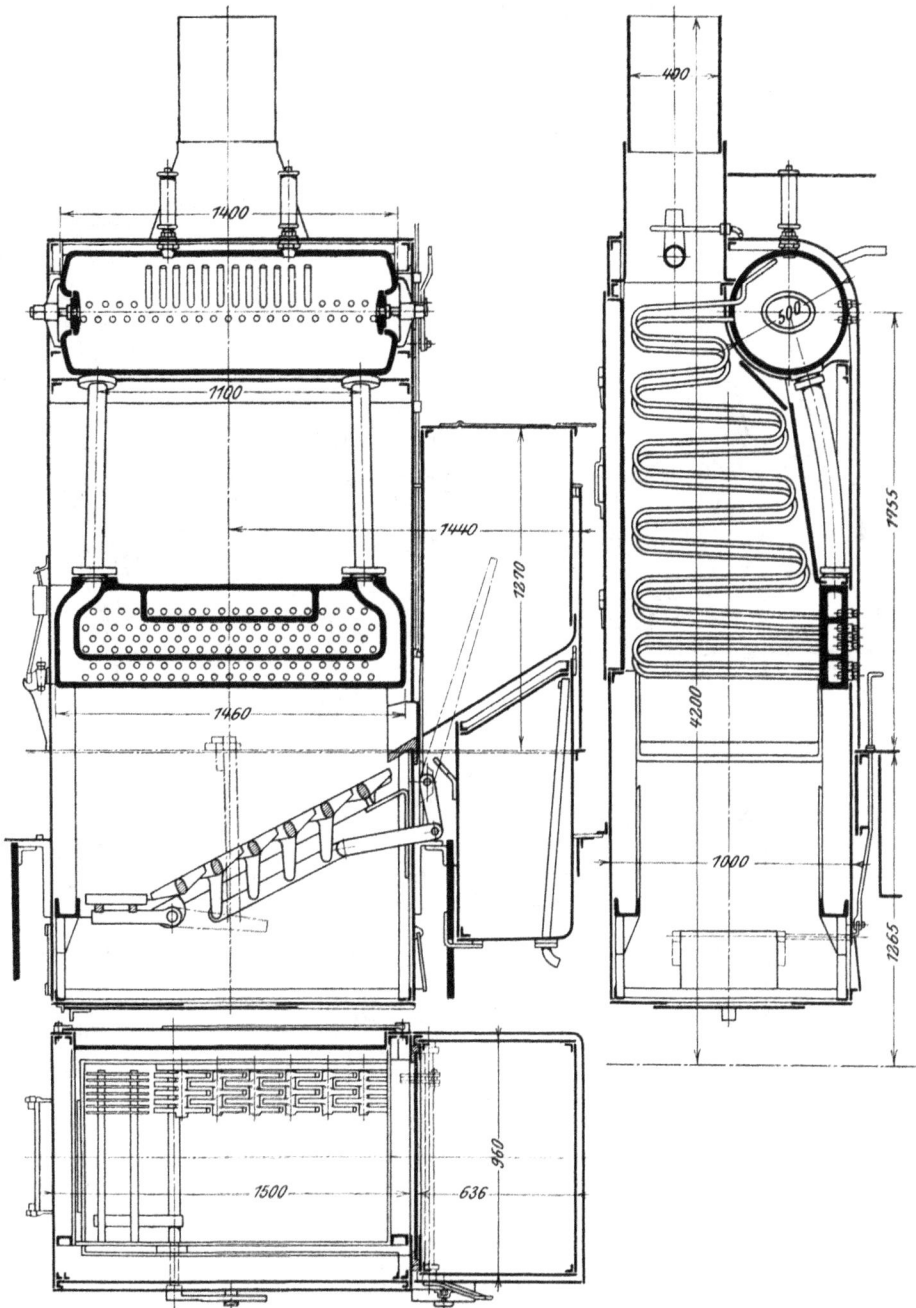

Fig. 36. Kessel von Purrey.

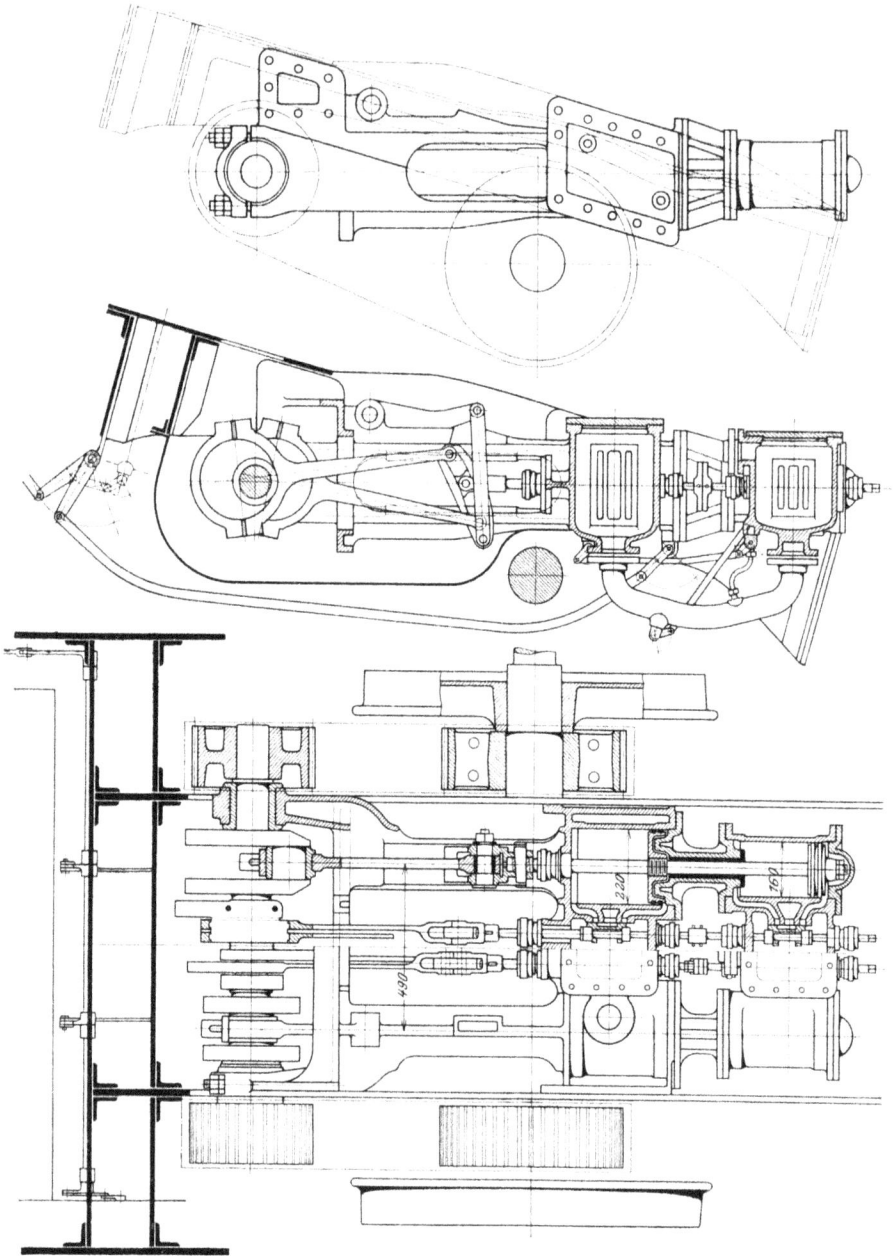

Fig. 37 a.   Maschine von Robatel, Buffaud & Cie. in Lyon zu dem dreiachsigen Dampfwagen von Purrey.

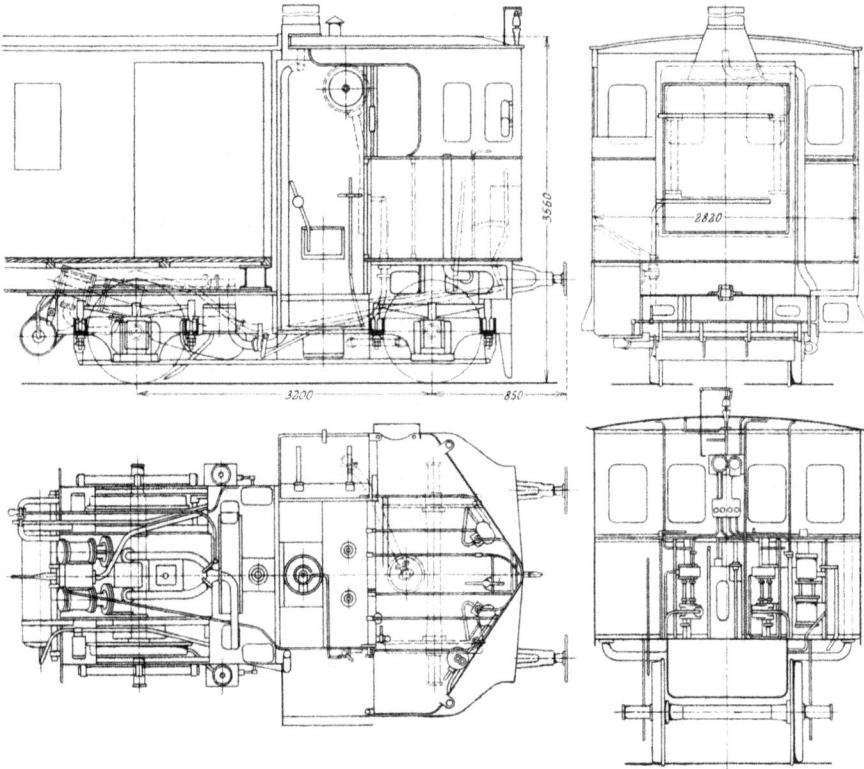

Fig. 37 b. Maschinendrehgestell des dreiachsigen Dampfwagens von Purrey.

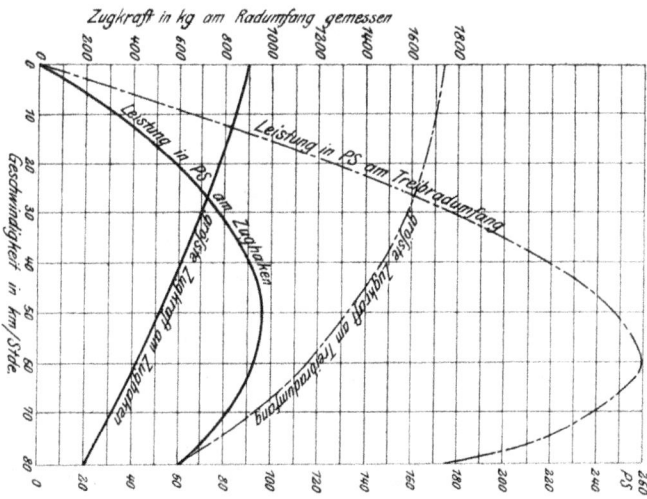

Fig. 37 c. Schaulinien der Leistung des Purreywagens.

Die Maschine ist eine vierzylindrige Verbundmaschine von Robatel, Buffaud & Cie. in Lyon. Je ein Hoch- und ein Niederdruckzylinder sind in Tandemanordnung zusammengebaut. Die beiden Kurbeln sind um 90° gegeneinander versetzt. Bei den älteren Purrey-Wagen wurde die Dampfverteilung auf jeder Maschinenseite durch nur ein Exzenter mit veränderlichem Voreilungswinkel bewirkt. Die neueren Wagen haben Stephensonsche Kulissensteuerung. Die Übertragung der Bewegung von der Kurbelwelle der Maschine auf die Treibachse des Wagens erfolgt durch eine Gallsche Kette mit einer Übersetzung ins Langsame im Verhältnis 2 : 3.

Die Leistungen der Maschine sind in vorstehenden Schaulinien dargestellt. (Fig. 37 c, nach Rev. gén. d. ch. d. f.)

c) Dampfwagen der Württembergischen Staatsbahn von der Maschinenfabrik Eßlingen.

Die zweiachsigen Wagen der Maschinenfabrik Eßlingen (Fig. 38) sind an die Stelle der früheren Serpollet-Wagen getreten. Die Anordnung der Achsen ist wieder stark unsymmetrisch, wie bei den Serpollet- und den Komarek-Wagen. Der Führerstand ist seitlich etwas vorgebaut, so daß der Führer bei der Rückwärtsfahrt von seinem gewöhnlichen Stande aus auf die Strecke schauen kann und die Wagen deshalb nicht gedreht zu werden brauchen. Die Wagen haben ein Post- und Gepäckabteil, das aber auch zur Personenbeförderung nutzbar gemacht werden kann.

Für eine schmalspurige Strecke von 0,75 m Spurweite ist in neuerer Zeit ein vierachsiger Wagen nach Fig. 39 in Betrieb genommen worden, welcher auf der betreffenden Strecke den ganzen Verkehr, einschließlich Güterverkehr, besorgt. Bei diesem Wagen ist die Maschine und der Kessel in üblicher Weise auf einem leicht auswechselbaren Drehgestell untergebracht.

Der von Oberbaurat Kittel entworfene Kessel der württembergischen Dampfwagen (Fig. 40) hat einen geschweißten Unter- und Oberschuß und eine flußeiserne Wellrohrfeuerbüchse. Die beiden Rohrwände sind leicht gewölbt. Der Unterschuß ist nach unten kegelförmig erweitert, um eine größere Rostfläche zu erhalten, der Oberschuß ist, ähnlich wie bei den später zu besprechenden englischen Kesseln, stark erweitert, um eine große Verdampfungsoberfläche zu erzielen. Der Wasserinhalt des Kessels beträgt nur 780 l. Der Kessel hat 298 flußeiserne Rohre von 24/28 mm Durchmesser,

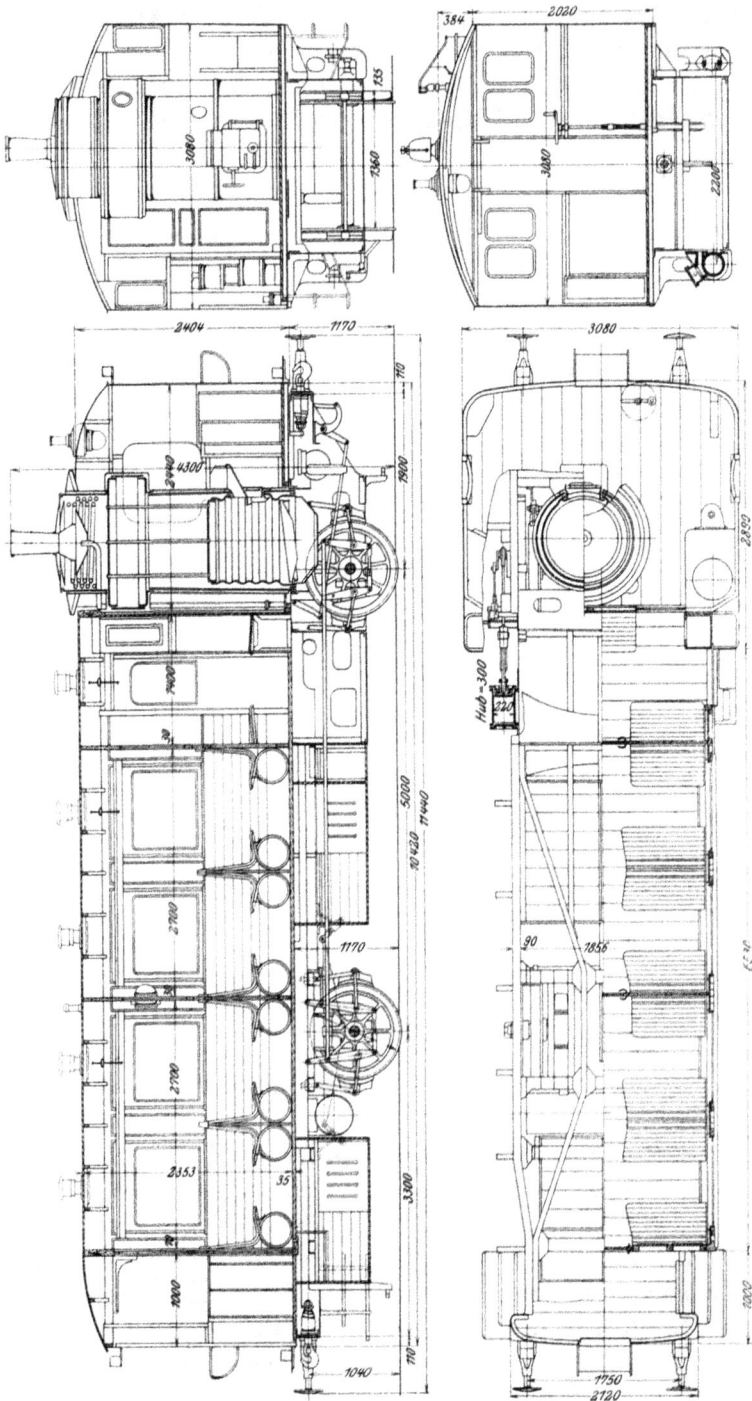

Fig. 38. Zweiachsiger Dampfwagen der Württembergischen Staatsbahn (Oberbaurat Kittel), gebaut von der Eßlinger Maschinenfabrik.

26 in beiden Rohrwänden mit Gewinde befestigte Ankerrohre von
21/27 mm Durchmesser und 6 am äußeren Umfang gleichmäßig ver-
teilte Rohre von 40/45 mm Durchmesser, mittels welcher vornehmlich die Rauchgase dem Überhitzer zugeführt werden sollen.

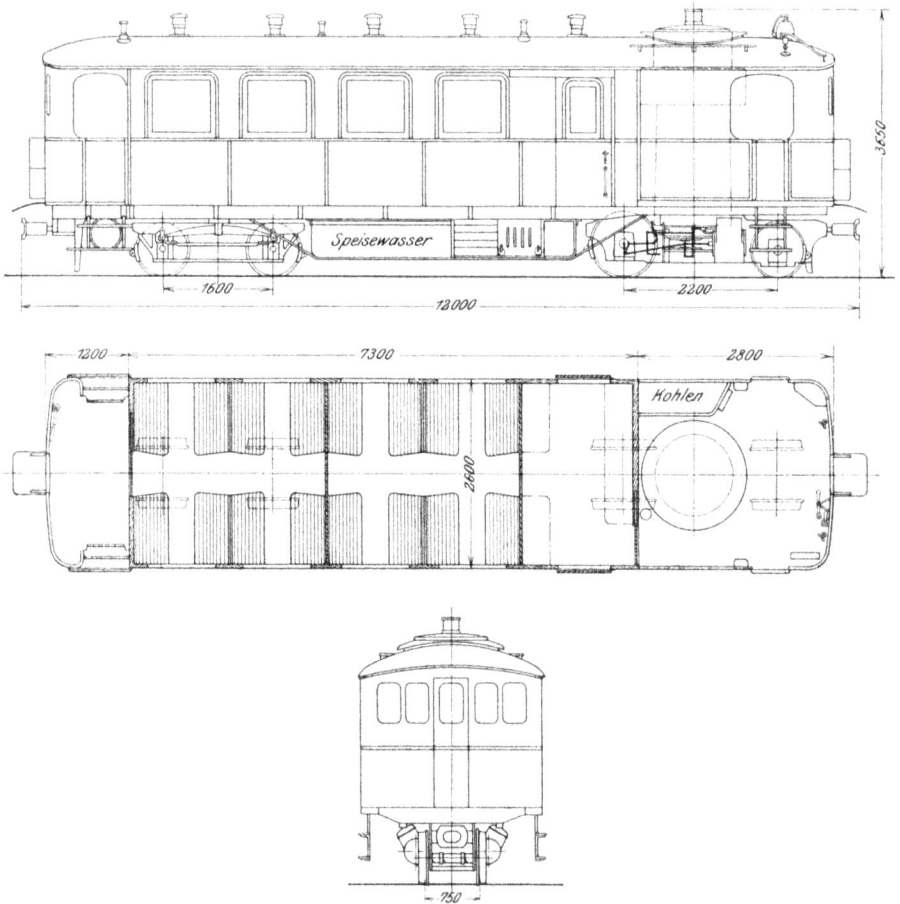

Fig. 39. Vierachsiger schmalspuriger Dampfwagen der Württembergischen Staatsbahn.

Der in der Rauchkammer angeordnete Überhitzer besteht
aus einem dreifach gewundenen Schlangenrohr. Ein kegelförmiges
Verdrängerblech leitet die aus dem mittleren Teile des Rohrbündels
kommenden Rauchgase zu dem Überhitzer, der nur an drei Stellen
am Rauchkammerumfang befestigt ist, damit die Rohrschlangen
durch die Erschütterungen während der Fahrt in schwingende Bewegung geraten und Ruß und Flugasche abschütteln. Der Kessel-

dampf wird durch den Überhitzer
einmal in Gegenstrom, zweimal
in Gleichstrom geführt und viermal scharf umgeleitet, so daß eine
gute Mischung des Dampfes und
gleichmäßige Überhitzung erfolgt.
Der Dampf wird auch schon durch
die den Dampfraum des Kessels
durchsetzenden Rauchrohre gut
getrocknet; er tritt um 50 bis
70° C überhitzt in die Zylinder
ein und tritt noch etwas überhitzt wieder aus, so daß er un-
sichtbar bleibt. Die Rauchkammer ist oben durch eine drehbar
befestigte Klappe abgeschlossen,
das Verdrängerblech ist leicht ent-
fernbar, so daß der Überhitzer
gut zu reinigen ist. Eine vom
Führerstande aus zu bewegende
Abschlußklappe des Schornsteins
verhindert das Eindringen kalter
Luft beim Stillstand des Wagens.

Die Speisung des Kessels
erfolgt durch nichtsaugende Fried-
mannsche Strahlpumpen, die
Speiseventile sind am unteren
Flachring des Oberkessels angebracht, wo das Wasser am ruhig-
sten ist und deshalb am leichtesten
Absetzen des Kesselsteins erfolgt.
Durch 2 Putzluken, 8 Auswasch-
luken und 17 Putzbolzen ist die
Reinigung des Kessels ermöglicht. Der ganze Kessel ist durch
8 Schrauben auf dem Rahmen befestigt (Fig. 40a) und kann unter
Abnahme einer Seitenwand und
eines Teiles des Daches leicht zu

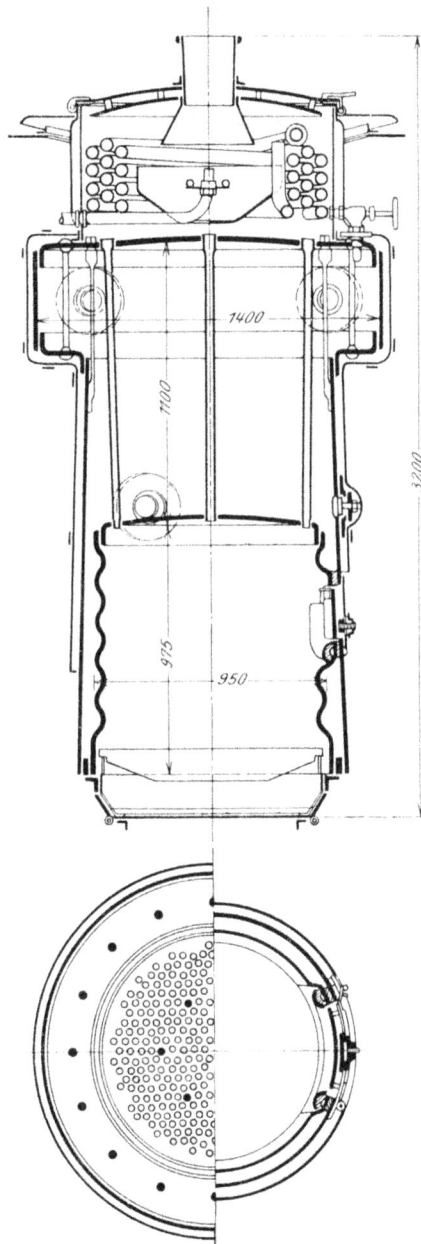

Fig. 40. Kittelscher Kessel der Württembergischen
Staatsbahn.

Ausbesserungen aus- und eingebaut werden. Das gesamte Leer-

gewicht des Kessels mit Rauchkammer und Überhitzer beträgt
3526 kg, das Gewicht des mit Wasser gefüllten Kessels 4306 kg
und das des Überhitzers allein 109 kg.

Die feuerberührte Heizfläche des Kessels beträgt:

in der Feuerbüchse   3,15 qm
in den 330 Rohren   22,35 »

zusammen: 25,50 qm

Fig. 40a. Untergestell, Maschine und Kessel des zweiachsigen Dampfwagens der Württembergischen
Staatsbahn.

Die Trocknerheizfläche der Rohre beträgt rund 5 qm bei nor-
malem Wasserstande und die Heizfläche des Überhitzers 4,6 qm.
Die Rostfläche beträgt 0,71 qm, der Dampfüberdruck 16 Atm.

Die Treibachse des Wagens ist fest gelagert, um einen
ruhigen Lauf bis zu einer Fahrgeschwindigkeit von 70 km/Std. zu
erzielen und hat eine Belastung von 11,7 bis 13,9 t. Die Maschine
ist eine gewöhnliche Lokomotivzwillingmaschine mit gußeisernen
Flachschiebern, die sich auch bei den Serpollet-Wagen trotz der
dort erreichten Überhitzung bis auf 500° C bewährt hatten. Der
angewendeten Überhitzung wegen haben die Stopfbüchsen lange

Grundbüchsen mit Labyrinthdichtung. Kolben und Kolbenstangen sind der Gewichtersparnis halber aus einem Stück Tiegelstahl gefertigt. Die Schmierung erfolgt durch geschlossene staubdichte Schmierbehälter, die der Zylinder durch eine Schmierpresse. Der unter dem Fußboden liegende Flachschieberregler wird durch einen Handhebel mit Zahnrechen betätigt. Die Fahrgeschwindigkeit beträgt auf württembergischen Strecken 60 km/Std. vorwärts und 50 km/Std. rückwärts.

Bei den Wagen für Regelspur beträgt der Zylinderdurchmesser 220 mm, der Kolbenhub 300 mm, der Raddurchmesser 1000 mm.

Die Zugkraft beim Anfahren ist $= \dfrac{22^2 \cdot 300}{1000} \cdot 0{,}75 \cdot 16 = 1742$ kg.

Das geringste Reibungsgewicht ist $= 11{,}7$ t, der Reibungswert $\dfrac{11700}{1742}$ $= 6{,}7$. Die Wagen haben je 40 Sitzplätze und auf der Plattform 4 Stehplätze, sowie ein Post- und Gepäckabteil; sie sind kräftig gebaut wegen der erforderlichen Einstellung zwischen gewöhnliche Eisenbahnfahrzeuge. Das Leergewicht beträgt 17,8 t, das Dienstgewicht unbesetzt 21 t. Die gewöhnliche Dauerleistung der Maschine ist $= 80$ PS.

d) Dreiachsige Dampfwagen der Italienischen Staatsbahn[1]).

Die Italienische Staatsbahn hat im Jahre 1907 eine große Anzahl dreiachsiger Dampfwagen (Fig. 41) mit zwei gekuppelten Achsen in Betrieb gesetzt, welche keinen Raum für Reisende, sondern nur zwei getrennte Räume zur Beförderung der Post und des Gepäcks enthalten. Falls Gepäck oder Post nicht zu befördern ist, wie bei den Schülerzügen auf der Strecke Rom—Terni, bleiben die betreffenden Räume unbenutzt. Die Wagen sind teils von Maffei und Borsig, teils von der Staatsmaschinenfabrik in Wien ausgeführt. Auch die Gesellschaft Franco-Belge und die Fabrik von Ringhoffer in Smichow bei Prag sind an den Lieferungen beteiligt.

Der Kessel hat eine kupferne zylindrische Feuerbüchse, eine ebenfalls kupferne obere Rohrwand und 366 kupferne Siederohre von 30 mm lichter Weite (Fig. 42). Die feuerberührte Heizfläche beträgt 58 qm, die Rostfläche 1 qm, der Dampfüberdruck 13 Atm. Der Kesselmantel ist nach oben kegelförmig erweitert, um, in ähn-

---

[1]) Vgl. Zeitschr. d. Ver. Deutsch. Ing. 1907. Nr. 42.

licher Absicht wie bei dem Kessel der Württembergischen Staatsbahn, die Verdampfungsfläche zu vergrößern. Die Feuerung erfolgt
mit Kohle, Versuche mit Ölfeuerung, ähnlich wie bei den Lokomotiven des Mont Cenis, sind vorgesehen.

Außer diesen Kesseln sind noch zum Vergleich zwölf Kessel
von Komarek beschafft worden.

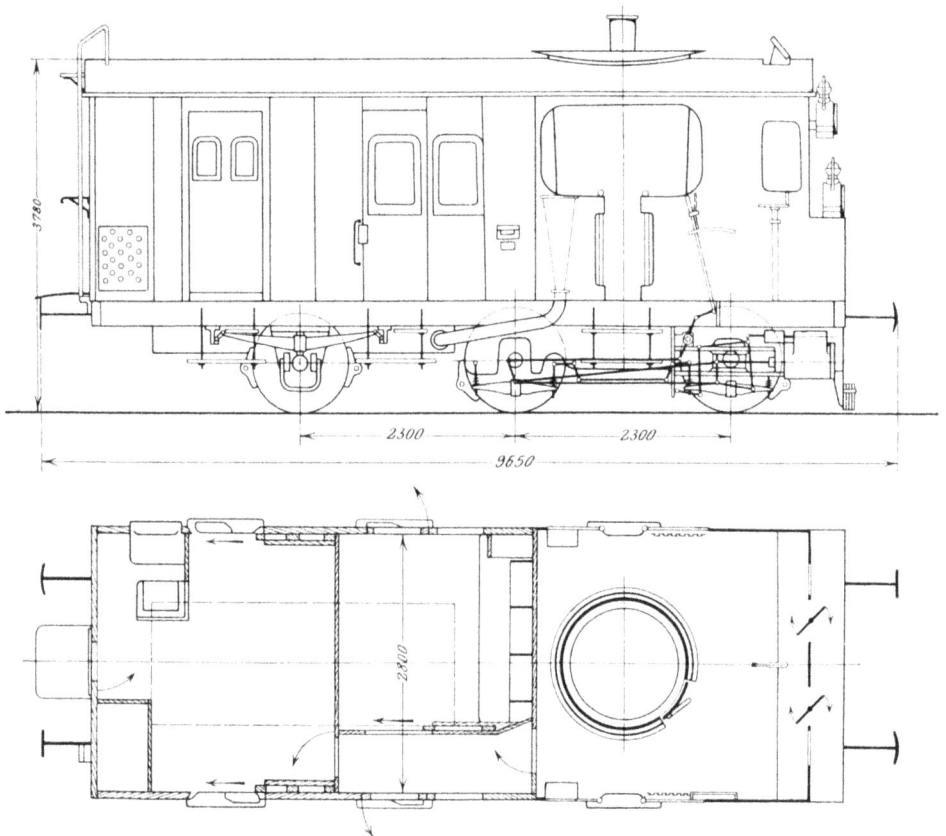

Fig. 41. Dreiachsiger Dampfwagen der Italienischen Staatsbahn.

Die Maschine ist eine Lokomotivzwillingmaschine mit außenliegenden Zylindern von 290 mm Durchmesser und 400 mm Hub,
Heusinger-Steuerung und Kolbenschiebern. Die Zylinder sind so
symmetrisch durchgebildet, daß beide nach einem und demselben
Modell abgeformt werden können. Die Achsbüchsen der Treib-
und Kuppelachsen haben gelenkige Führungen der von der Mai-

länder Ausstellung her bekannten Bauart Zara, welche darin besteht, daß die Führungen in ihrem mittleren Teile eine zapfenartige Erweiterung besitzen, mit der sie in den Lagerkörper eingesetzt sind. Infolgedessen tritt bei der Fahrt über Schienen ungleicher Höhenlage, wie bei der Ein- und Ausfahrt von Krümmungen oder bei zufälligen einseitigen Unebenheiten der Fahrbahn, kein Klemmen der Achsbüchsführungen und keine ungleichmäßige Belastung der Lagerschalen ein.

In die Trennungswand zwischen dem Führerstand und dem Innenraum des Wagens ist eine 3 mm starke Asbestschicht eingelegt zur Abhaltung der Wärme, zwischen dem Boden des Wagenkastens und den Langträgern sind Bleiplatten angebracht zur Verminderung des Geräusches.

Die Dampfwagen wiegen leer 25 bis 26,8 t, im Dienst ohne Ladung 30 bis 31,5 t. Von dem letzteren Dienstgewicht entfallen auf die Treibachse 12,3 t, auf die Kuppelachse 7,6 t und auf die Laufachse 11,6 t. Das Reibungs(Adhäsions-)gewicht beträgt demnach rd. 20 t. Die größte Zugkraft am Umfang der Treibräder gemessen ist gleich rd. 2000 kg, die festgesetzte größte Fahrgeschwindigkeit 50 km/Std.

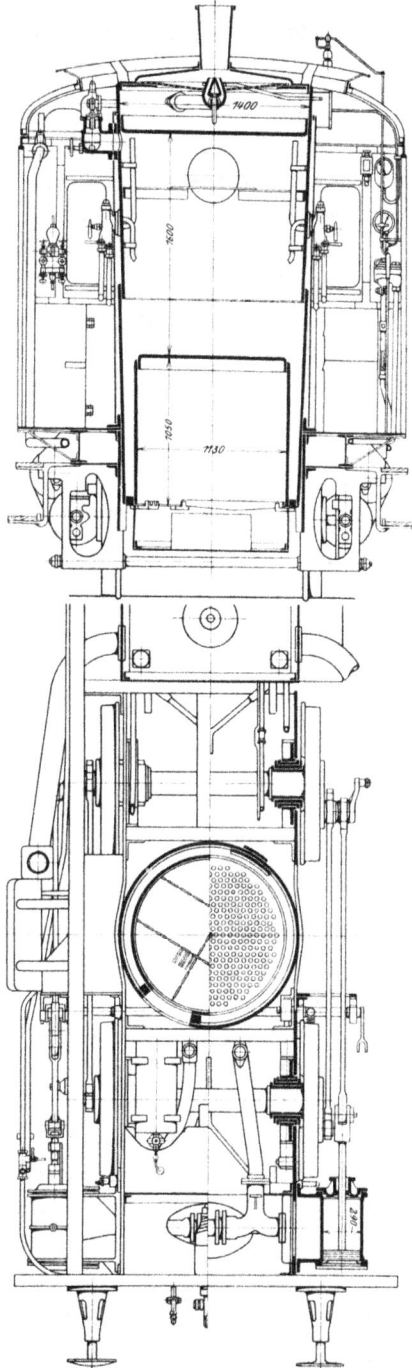

Fig. 42. Kessel und Maschine des Dampfwagens der Italienischen Staatsbahn.

6*

2. Dampfwagen mit zwei Drehgestellen, stehenden Röhrenkesseln und Lokomotivmaschinen.[1])

Dampfwagen mit zwei Drehgestellen, stehenden Röhrenkesseln und Lokomotivmaschinen sind am meisten in England und den englischen Kolonien verbreitet. Die englischen Dampfwagen sind durchweg große und schwere Wagen, welche mit einer Geschwindigkeit von 30 bis 40 englischen Meilen auf Hauptbahnen verkehren, rd. 16 bis 25 m Gesamtlänge über die Puffer gemessen besitzen und Plätze für 40 bis beiläufig 66 Reisende haben. Der Zugang zu dem Innern der Wagen erfolgt entweder von einem oder auch von beiden Enden der Wagen aus oder, falls die Wagen, wie bei der Great Central-Bahn, zwei Klassen oder getrennte Abteile für

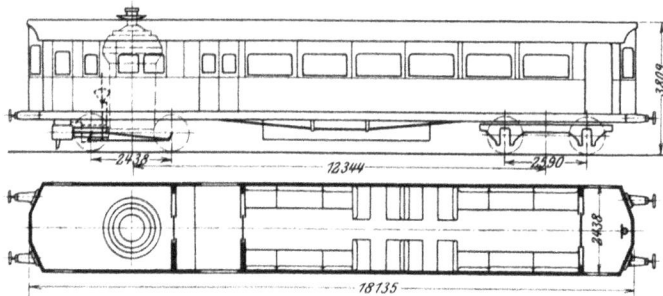

Fig. 43. Vierachsiger Dampfwagen der Great Westernbahn von Kerr, Stuart & Co. (London).

Raucher und Nichtraucher führen, von einem mittleren zwischen den beiden Klassen gelegenen Flur aus.

Als Beispiel diene der Dampfwagen der Great Western-Bahn (Fig. 43), welcher die verbreitetste Bauart darstellt, indem diese Bahn im Sommer 1907 schon 85 solcher und ähnlich gebauter Dampfwagen in Betrieb hatte. Der Zugang erfolgt hier von der hinteren Plattform aus. Bei Wagen für den Vorortverkehr fällt das Gepäckabteil weg.

Diejenigen Kessel englischer Dampfwagen, welche nicht nach Art von Lokomotivkesseln gebaut oder von solchen abgeleitet sind, haben große Verwandtschaft miteinander. Es sind fast durchweg stehende Röhrenkessel mit einer Feuerbüchse und mit einer großen

---

[1]) Mit Benutzung eines Vortrags von Riches und Haslam in dem Institut der Maschineningenieure in Cardiff vom 1. August 1906; auch veröffentlicht in Engineering vom 24. August 1906; The Engineer vom 26. Oktober 1906; Railway Gazette (London) vom 18. Januar 1907.

Anzahl, bis zu 400 und mehr, enger Feuerrohre von $1^1/_4$ bis $1^1/_2''$ englisch (32 bis 38 mm) lichter Weite. Die Kessel sind, wie Ähnliches schon bei anderen Dampfwagenkesseln erwähnt ist, im oberen Teil erweitert, um bei möglichst geringem Gewicht und Raumbedarf eine große Verdampfungsoberfläche zu gewinnen. Fig. 44 stellt den Kessel der Great Western-Bahn mit kegelförmiger Erweiterung im oberen Teile dar, Fig. 45 und 46 die Kessel der Great Central-Bahn und der Midland-Bahn mit zylindrischer ringförmiger Erweiterung. Die Heizfläche beträgt bei diesen Kesseln 63, 57 und 46 qm, die Rostfläche 1,07, 1,2 und 1,05 qm, die Dampfspannung 12,7, 10,5 und 11,3 Atm. Ein ähnlicher Kessel wie der der Great Central-Bahn wird bei der Irischen Great Northern-Bahn verwendet. Es ist hier die Heizfläche = 60,5 qm, die Rostfläche = 0,98 qm, der Dampfdruck = 12,3 Atm. Der Wagen hat Sitzplätze für 20 Reisende I. Klasse und 39 Reisende III. Klasse.

Eine Ausführung eigener Art zeigt der bei der Schottischen Großen Nordbahn und der Afrikanischen Zentral-Südbahn, sowie sonst zu Hilfsmaschinen auf Schiffen, verwendete Cochran-Kessel (Fig. 47) mit einer kleinen gewölbten, durch Schweißung hergestellten Feuerbüchse und 294 quer liegenden Feuerrohren von $1^1/_2''$

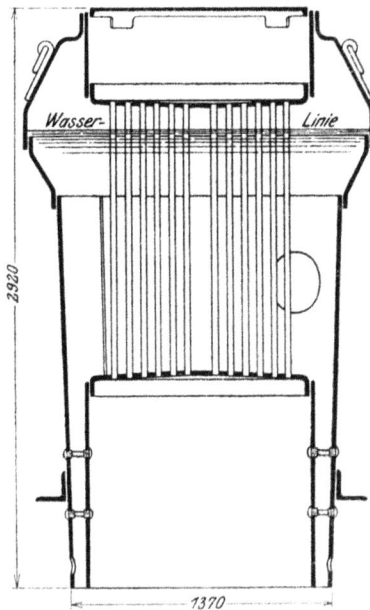

Fig. 44. Kessel der Great Westernbahn.

lichter Weite, durch deren untere Hälfte die Feuergase mittels eines vorgebauten Schamottegewölbes hin- und durch die obere Hälfte zurückgeführt werden. Die ganze Höhe des Kessels beträgt 2,8 m, die Heizfläche 46 qm, die Rostfläche 0,84 qm und die Dampfspannung 10,5 Atm.

Das Aus- und Einbringen der auf dem Drehgestell befestigten, aber in den Wagenboden eingebauten Kessel bei Ausbesserungen erfolgt in den Werkstätten der Great Western-Bahn mittels Laufkrans durch das Dach des Wagens.

Die Maschinen der englischen Dampfwagen sind gewöhnliche Lokomotivmaschinen, bei denen entweder von den außen zwischen den Achsen liegenden Zylindern aus nur die Vorderachse eines Drehgestells angetrieben wird oder beide Achsen von den dann außerhalb der Achsen, und zwar meist nach vorn, liegenden Zylindern aus. In einem Ausnahmefalle hat das Maschinendrehgestell drei Achsen, welche sämtlich angetrieben werden.

Die Kerkerbach-Bahn in Hessen-Nassau mit 1 m Spurweite besitzt einen vierachsigen Komarek-Wagen (Fig. 48) von 75 PS Leistung mit zusammen 33 Sitzplätzen I. und II. Klasse, Post- und Gepäckraum und Abort. Das Innere des Wagens ist sowohl von

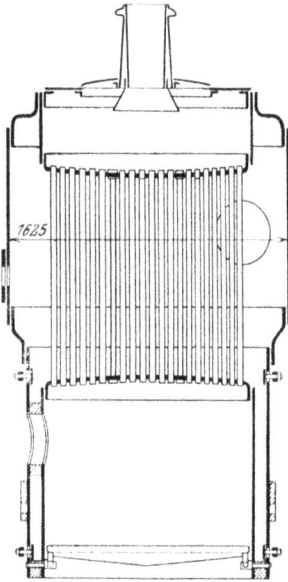

Fig. 45. Kessel der Great Centralbahn.   Fig. 46. Kessel der Midlandbahn.

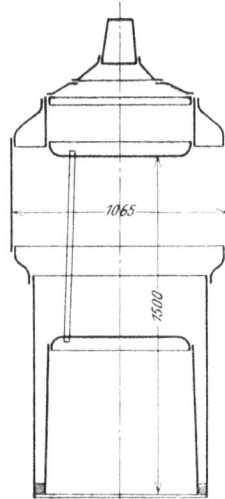

dem rückwärtigen Ende als von einem mittleren Quergang aus zugänglich. Der Gepäckraum ist von dem Abteil II. Klasse aus zugänglich, ohne den Postraum zu betreten. Die durchschnittliche Fahrgeschwindigkeit beträgt 35 km/Std., die stärkste Steigung der Strecke 1 : 44.

Die wasserberührte Heizfläche beträgt 20 qm, die Überhitzerfläche 3 qm, die Rostfläche 0,65 qm und die Dampfspannung 14 Atm.

Nur die Vorderachse ist angetrieben. Die Zylinder der Verbundmaschine haben 200 und 300 mm Bohrung und 250 mm Kolbenhub. Der gesamte Radstand beträgt 12,785 m. Das Gesamtgewicht des leeren Wagens beträgt 20 t, das Dienstgewicht 22,7 t und das Gewicht des voll besetzten und belasteten Wagens 26 t, wovon 2 × 7 t auf die Achsen des Maschinendrehgestells und 2 × 6 t auf die Achsen des Laufgestells entfallen.

Die festgesetzte größte Fahrgeschwindigkeit beträgt 40 km/Std.

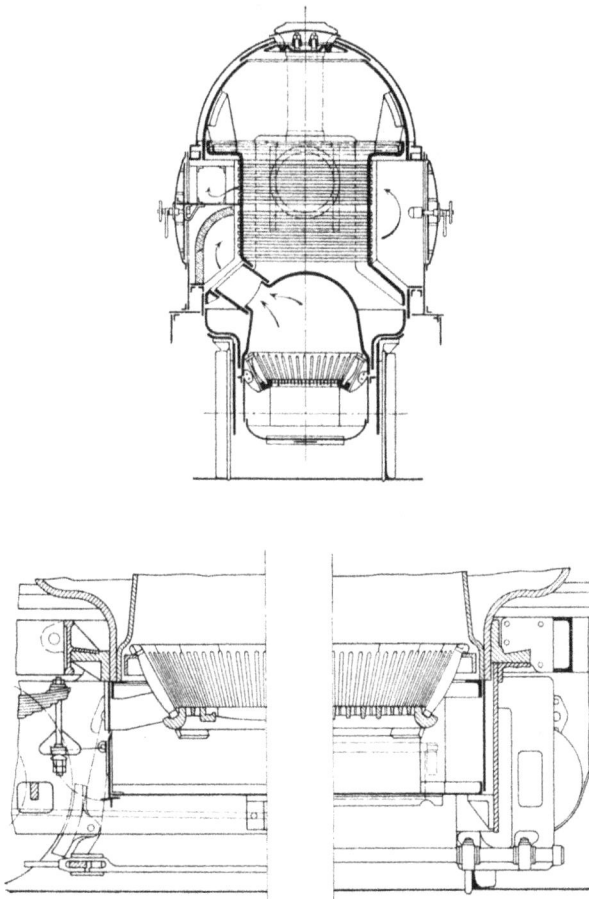

Fig. 47. Cochrankessel.

Die Bedienung der Maschine und des Kessels erfolgt durch nur einen Mann. Außerdem fährt ein Zugführer mit, der bei der Rückwärtsfahrt den Wagen unter Verständigung mit dem bei der Maschine verbleibenden Maschinenführer leitet.

Die Niederösterreichischen Landesbahnen verwenden auf einer Strecke von 0,76 m Spurweite einen fünfachsigen Wagen (Fig. 49) mit einem dreiachsigen Maschinendrehgestell,

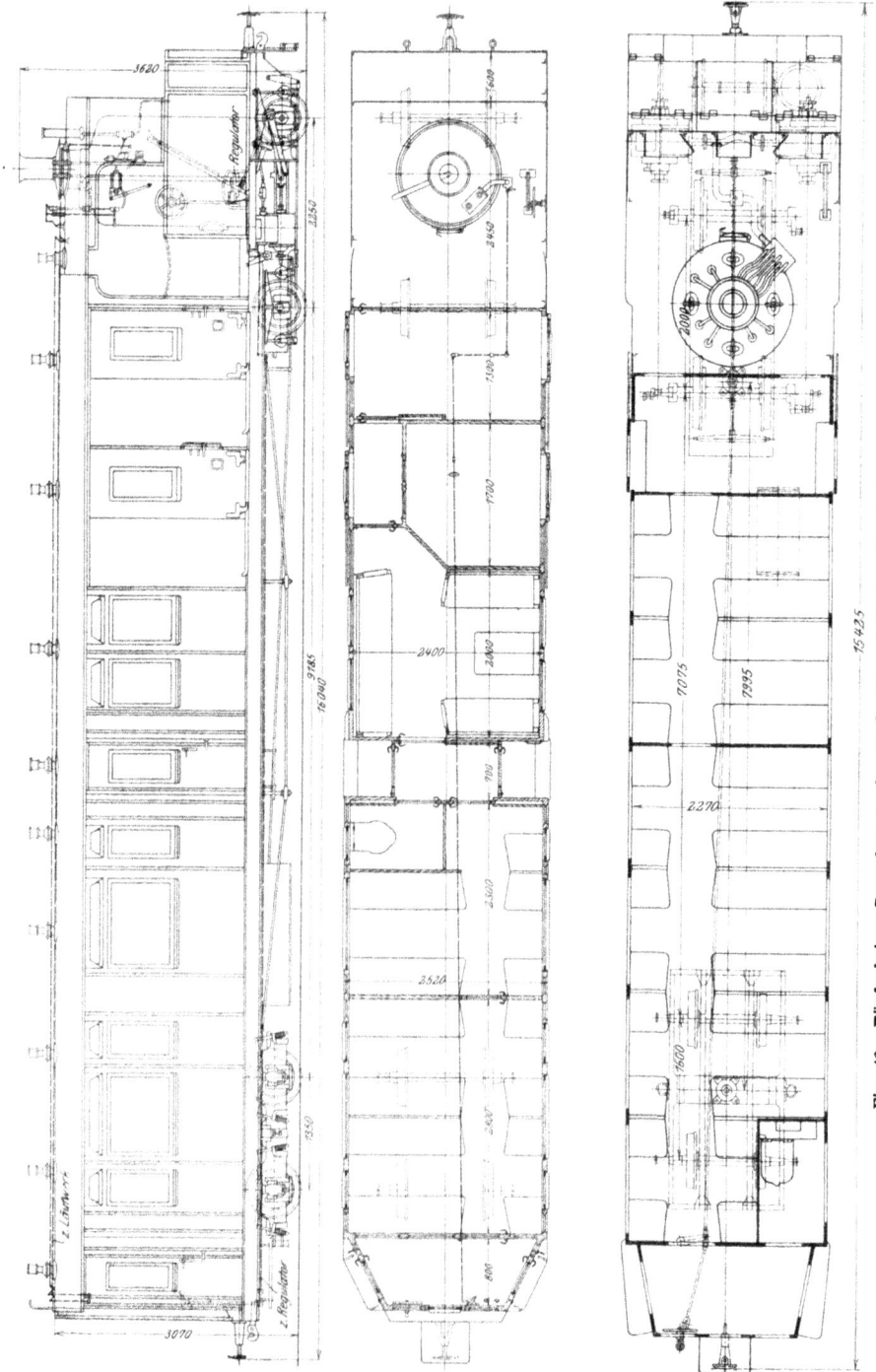

Fig. 49. Fünfachsiger Dampfwagen der Niederösterreichischen Landesbahnen von Komarek.

dessen rückwärtige Achse angetrieben und dessen mittlere Achse gekuppelt ist, während die Vorderachse eine Laufachse mit großer seitlicher Verschiebbarkeit ist.

Die wasserberührte Heizfläche des Kessels beträgt hier 29 qm, die Überhitzerfläche 2,64 qm, die Rostfläche 0,95 qm und die Dampfspannung 13 Atm. Des niedrigen Profils der Schmalspurbahn halber ist der Kessel etwas versenkt aufgestellt.

Die Maschine ist eine Zwillingmaschine mit einer normalen Leistung von 150 und einer höchsten Leistung von 220 PS zur Beförderung schwerer Züge auf der Strecke St. Pölten—Mariazell mit langen Steigungen von 15 bis 25 v. T. bei einer größten Fahrgeschwindigkeit von 35 km/Std. Die Zylinder haben 240 mm Durchmesser und 350 mm Kolbenhub.

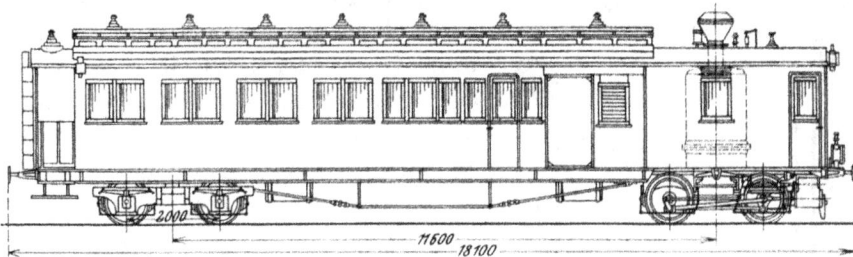

Fig. 50. Vierachsiger Dampfwagen der Portugiesischen Staatsbahn (Süd- und Südostbahn) von Borsig.

Der Gesamtradstand des Wagens beträgt 12,125 m, die Verschiebbarkeit der vorderen Laufachse 35 mm nach jeder Seite bei einem kleinsten Krümmungshalbmesser der Bahn von 60 m. Das Gesamtgewicht des Wagens beträgt leer 19 t, voll ausgerüstet unbesetzt 23 t und voll besetzt 27 t bei 44 Sitzplätzen und einem Gepäckraum. Der Wasserbehälter faßt 2000 l, der Kohlenbehälter 700 kg.

Zur Erzielung ruhigen Laufs sind die Blattfedern der Drehgestelle an Spiralfedern aufgehängt. Die Laufachse des vorderen Drehgestells ist mit der mittleren Achse durch Ausgleichhebel verbunden.

Die Strecke, auf der dieser fünfachsige Dampfwagen bisher in Benutzung war, wird jetzt für elektrischen Betrieb eingerichtet.

Von A. Borsig in Berlin in Verbindung mit der Waggonfabrik Düsseldorfer Eisenbahnbedarf sind vor kurzem für die Portugiesische Staatsbahn, und zwar für die Süd- und Südostbahn, zwei Dampfwagen nach Fig. 50 geliefert worden. Die Wagen sind für die

spanisch-portugiesische Spurweite von 1676 mm gebaut, haben Sitzplätze für 20 Reisende II. und 40 Reisende III. Klasse und einen
Gepäckraum und sollten programmgemäß imstande sein, auf ebenen
Strecken allein mit einer Geschwindigkeit von 60 km/Std., auf
längeren Steigungen von 10 v. T. allein mit einer Geschwindigkeit von 40 km-
Std. und nebst einem Anhängwagen von rd. 10 t noch mit einer Geschwindigkeit von 30 km/Std. zu fahren. Der Wasservorrat sollte für eine Fahrt von
60 km und der Kohlenvorrat für eine solche von 30 km Länge ausreichen.

Der Kessel (Fig. 51) erinnert an den Kessel der Rowanschen Wagen, an
deren Bau das Werk früher beteiligt war. Die Feuerbüchse ist geschweißt.
Der untere Teil der inneren Feuer-büchse hat, wie der ganze Feuerbüchs-mantel,
kreisrunden Querschnitt, der obere Teil der inneren Feuerbüchse,
welcher die etwas geneigt gegen die Wagerechte angeordneten, in wechseln-den
Schichten kreuzweise gegeneinander versetzten Quersieder trägt, ist dagegen
im Querschnitt quadratisch. Die Siede-rohre sind der besseren Verankerung
der Wände halber mit Gewinde in der Feuerbüchse befestigt. Der obere Teil
des Feuerbüchsmantels kann zur Reini-gung der Siederohre abgehoben wer-den.
Die Heizfläche beträgt 22 qm, die Rostfläche 0,95 qm, der Dampfdruck
13 Atm.

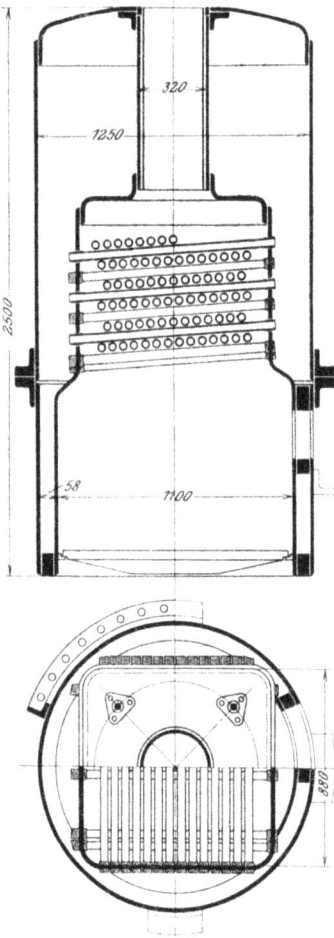

Fig. 51. Kessel des vierachsigen Dampf-wagens der Portugiesischen Staatsbahn von Borsig.

Die Maschine ist eine Zwilling-maschine mit 230 mm Zylinderdurch-messer und 400 mm Kolbenhub. Die Zylinder liegen außen vor
der Vorderachse. Beide Achsen des vorderen Drehgestells sind ge-kuppelt. Die Wagen werden für die Rückfahrt gedreht.

Das hintere Drehgestell hat einen kugelförmigen Dreh-zapfen, das vordere (Fig. 52) hat seitlich zwei umgekehrt angeordnete

Blattfedern, auf deren Bund sich der Wagenkasten mittels Gleitschuhen stützt. Das vordere Drehgestell ist mit dem Hauptrahmen
des Wagenkastens gelenkig verbunden, und zwar so, daß beim Anfahren und Halten des Wagens keine Stöße entstehen. Die Stirn-
wand des Wagens läßt sich je zur Hälfte nach den Seiten auf-
klappen und das Maschinendrehgestell alsdann aus dem Wagen
herausfahren.

Fig. 52. Maschinendrehgestell des Borsigschen Dampfwagens.

Der Schaffner kann von seinem Sitze aus die Hardysche Luft-
saugebremse und eine auf die Räder des hinteren Drehgestells wirkende Spindelbremse bedienen.

Das Gerippe des Wagenkastens und die äußere Verkleidung ist
aus Teakholz hergestellt. Das Dach ist mit Rücksicht auf das heiße
Klima doppelt ausgeführt. Die II. und die III. Klasse sind getrennt
zugänglich. Die Heizung erfolgt durch zwei Niederdruckdampf-
leitungen, von denen die eine nur vom Maschinenführer bedient
werden kann, während die Dampfabsperrhähne der zweiten den Reisenden zugänglich sind.

Das Gewicht des Maschinendrehgestells beträgt rd. 14 t, das Gewicht des vollständigen Wagens einschließlich Reisende und Gepäck etwa 41 t, wovon etwa 26 t auf das vordere und 15 t auf das hintere Drehgestell entfallen.

γ) Vierachsige Dampfwagen mit Lokomotiv- oder Schiffskesseln und Lokomotivmaschinen.

Verbreitet sind namentlich in England und in den englischen Kolonien große vierachsige Dampfwagen mit Lokomotivkesseln und daraus oder aus Schiffskesseln abgeleiteter Bauart der Kessel und mit Lokomotivmaschinen. Vielfach wird die Anordnung so getroffen, daß das zweiachsige Drehgestell des einen Wagenendes durch eine kleine,

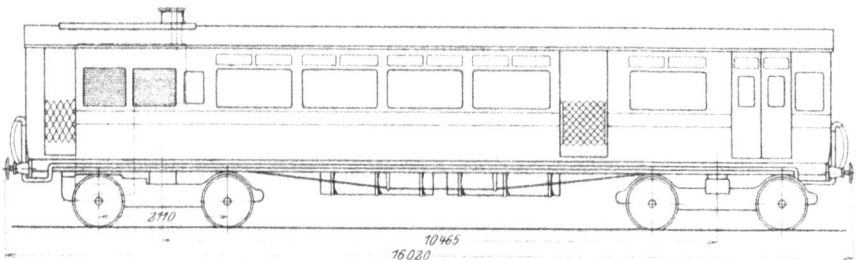

Fig. 53. Vierachsiger Dampfwagen der London und South Westernbahn.

leicht von dem Wagen zu trennende zwei- oder auch dreiachsige Lokomotive ersetzt wird.

Fig. 53 stellt einen vierachsigen Dampfwagen der London und South Western-Bahn dar, der 8 Sitzplätze I. Klasse und 33 Sitzplätze III. Klasse, sowie Raum für 1000 kg Gepäck hat. Das Rauchen ist, wie meist in den englischen Triebwagen, allgemein verboten [1]).

Der in den Wagenkasten eingebaute Kessel hat teils Wasser-, teils Feuerröhre. Es ist:

Die Heizfläche in den Wasserrohren = 11,7 qm
»   »   » » Feuerrohren   = 15,0 »
»   »   » der Feuerbüchse = 7,5 »
insgesamt = 34,2 qm
Die Rostfläche   = 0,63 qm
Der Dampfdruck = 10,5 Atm.

---

[1]) Es sei bemerkt, daß in England auf die Übertretung des Rauchverbots eine Strafe von 2 £ (40 M.) gesetzt ist. Belästigungen von Nichtrauchern kommen deshalb kaum vor.

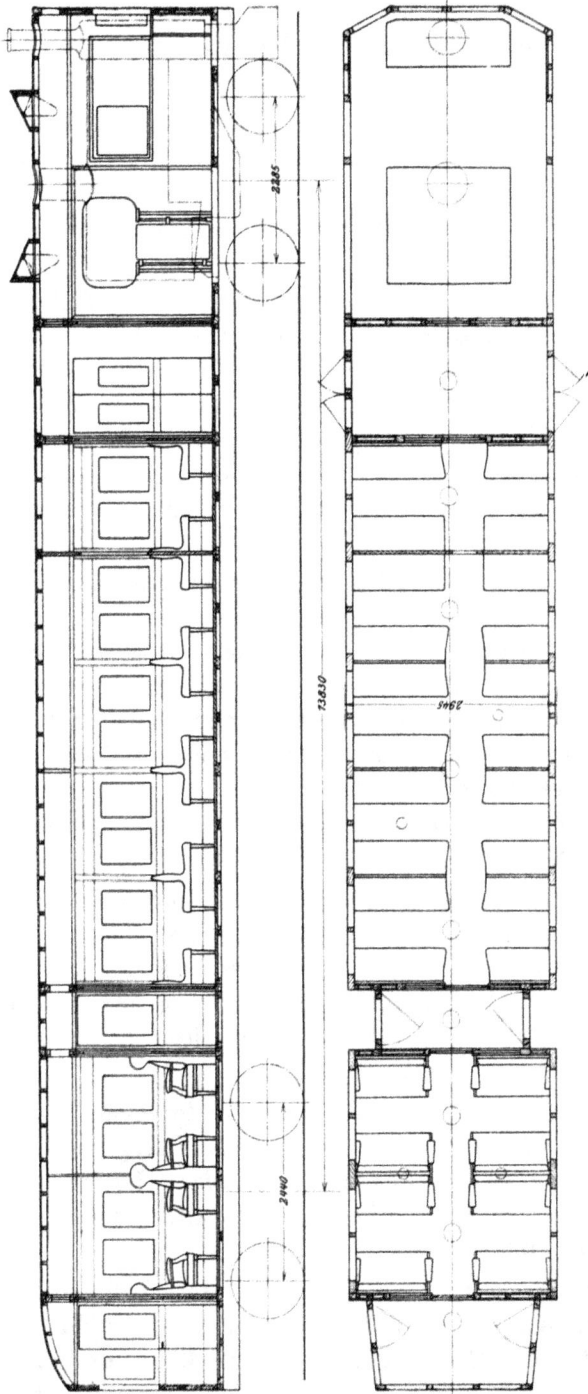

Fig. 54. Vierachsiger Dampfwagen der Italienischen Staatsbahn von Kerr, Stuart & Co. (London).

Das Ein- und Ausbringen der Kessel erfolgt durch das Wagendach.

Die **Maschine** ist leicht gebaut, nur die Vorderachse ist angetrieben. Der Zylinderdurchmesser ist = 254 mm, der Kolbenhub = 356 mm, die größte Zugkraft am Treibradumfang gemessen = 1770 kg, die höchste Fahrgeschwindigkeit = 56 km (35 Meilen)/Std.

Das **Dienstgewicht** des Triebwagens ist = 32,8 t mit 2200 l Wasser und 750 kg Kohle in den Behältern und 75 mm Wasser im Wasserstandglase. Die Kohlenbehälter können im ganzen 1 t fassen. Der Wasservorrat von 2,2 cbm reicht für eine Fahrt von 30 km Länge. Von dem angegebenen Dienstgewicht entfallen 21,7 t auf das Maschinendrehgestell und hiervon 14,3 t auf die Treibachse infolge der aus Fig. 53 erkennbaren Anordnung des Kessels.

Die **Italienische Staatsbahn** verwendet außer den früher beschriebenen dreiachsigen Gepäck-Postwagen und den Purrey-Wagen noch 12 Stück vierachsige Wagen von Kerr, Stuart & Co. in London (Fig. 54 und 55) mit zwei gekuppelten Achsen und längs stehendem Kessel und 3 Stück ähnlich gebaute Wagen, aber mit einer freien Treibachse und quer stehendem Kessel, deren Maschinenanlage ebenfalls von Kerr, Stuart & Co. in London herrührt, während die Wagen selbst von den Officine Meccaniche in Mailand hergestellt sind.

Die **Kessel** beider Wagengattungen sind gewöhnliche Lokomotivkessel, die bei der erstaufgeführten Gattung 46,6 qm Heizfläche, davon 4,5 qm in der Feuerbüchse, 0,83 qm Rostfläche und 12 Atm. Dampfdruck, bei der zweiten Gattung 38,8 qm Heizfläche, davon 4 qm in der Feuerbüchse, 0,67 qm Rostfläche und ebenfalls 12 Atm. Dampfdruck haben.

Ferner beträgt bei der ersten Gattung der Zylinderdurchmesser 254 mm, der Kolbenhub 406 mm, das Leergewicht 37 t, das Dienstgewicht ohne Reisende 41 t und das Gewicht des vollbesetzten Wagens rd. 46 t. Die Wasserbehälter fassen 2000 l, die Kohlenbehälter 1000 kg.

Bei der zweiten Gattung beträgt der Zylinderdurchmesser 228 mm, der Kolbenhub 381 mm, das Leergewicht 38,5 t, das Dienstgewicht ohne Reisende und Gepäck 42,5 t und das Gewicht des vollbesetzten Wagens rd. 47,5 t. Die Wasserbehälter fassen

1800 l, die Kohlenbehälter 1000 kg.   Der Durchmesser der Treibräder beträgt bei beiden Wagengattungen 1042 mm.

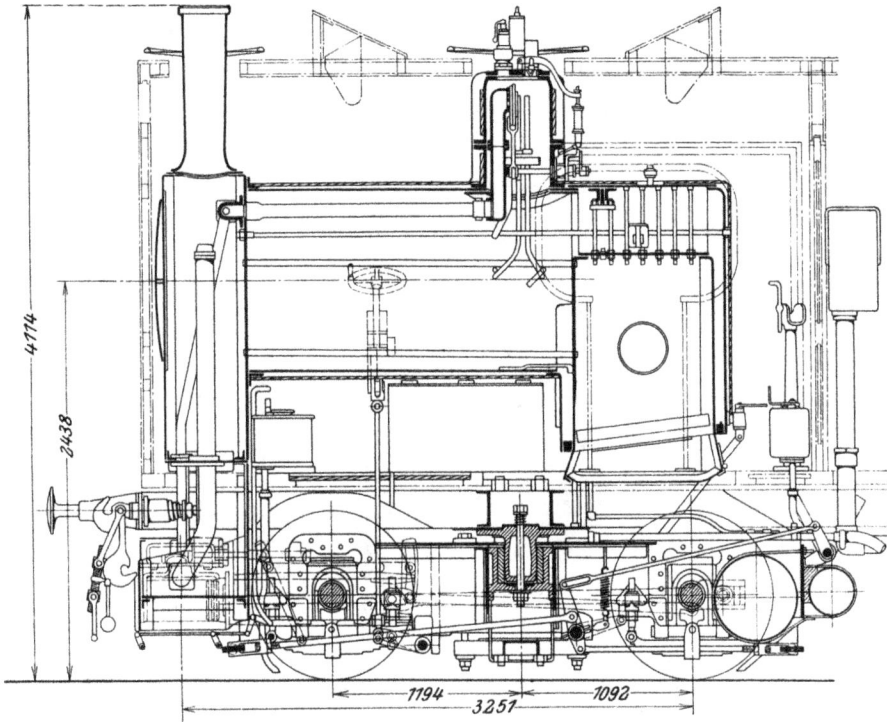

Fig. 55. Maschinendrehgestell und Kessel des vierachsigen Dampfwagens der Italienischen Staatsbahn.

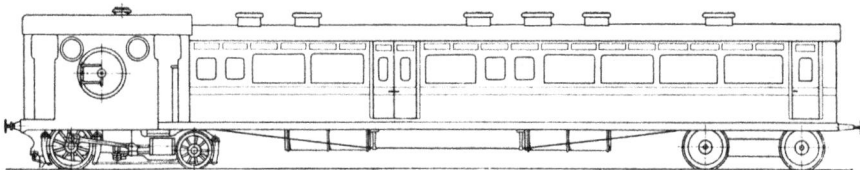

Fig. 56. Vierachsiger Dampfwagen der Taff Valebahn von Kerr, Stuart & Co. (London).

Die Anzahl der Sitzplätze beträgt 16 in der I. und 50 in der
III. Klasse.

Die neueren Dampfwagen der Taff Vale-Bahn im Kohlen-
bezirk bei Cardiff gehören neben denen der Great Western-Bahn

zu den größten in England, bei einer Gesamtlänge von 21,44 m,
16 Sitzplätzen I. und 57 Sitzplätzen III. Klasse, zusammen also
73 Sitzplätzen (Fig. 56). Die Wagen zeichnen sich aus durch eine
im Betriebe als sehr zweckmäßig befundene Bauart der Kessel
(Fig. 57), die aus einer mittleren Feuerbüchse mit seitlicher Feuerung und kurzen, nach beiden Seiten sich erstreckenden Feuerrohren nebst Rauchkammern bestehen. Die Kessel sind quer zur

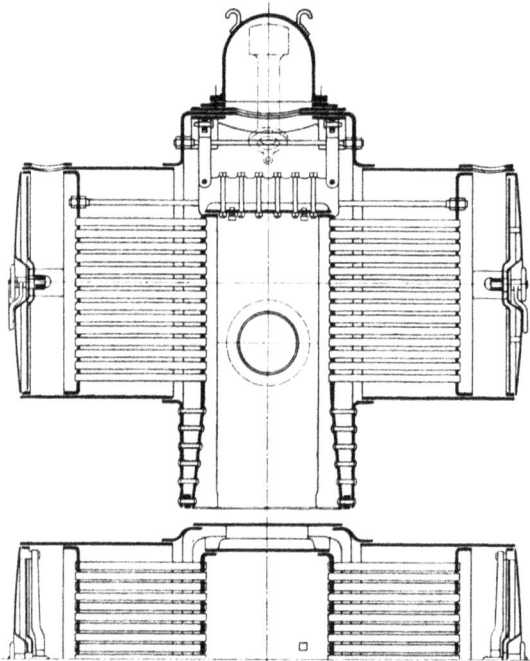

Fig. 57. Kessel des vierachsigen Dampfwagens der Taff Valebahn.

Längsachse der Wagen angeordnet und lassen sich bequem von
außen reinigen. Aus den Rauchkammern werden die Feuergase in
einen gemeinsamen Schornstein geleitet.

Die Maschine und der Kessel sind auf einem Drehgestell
eingebaut (Fig. 58), das leicht vom Wagen getrennt und bei größeren Unterhaltungsarbeiten ausgewechselt werden kann. Ausbau
und Einbau des Drehgestells beanspruchen je 20 Minuten Zeit.

Die Kessel haben 43,2 qm Heizfläche, 0,93 qm Rostfläche
und 12,7 Atm. Dampfdruck. Die im Verhältnis zu den Dampfwagen der London- und South Western-Bahn in den Triebwerk-

teilen erheblich kräftiger gebauten Maschinen arbeiten ebenfalls nur auf eine freie Treibachse, und zwar die Vorderachse, haben 267 mm Zylinderdurchmesser und 356 mm Hub. Das Dienstgewicht beträgt 42 t, wovon 30,7 t auf das Maschinendrehgestell kommen. Die

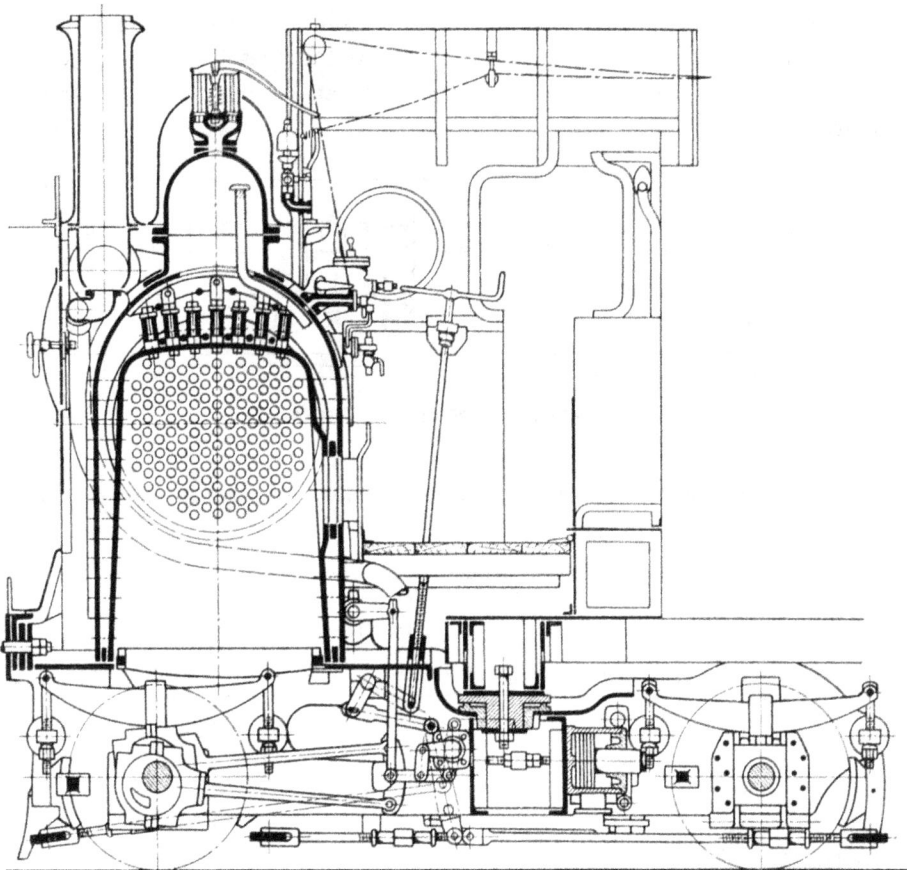

Fig. 58. Maschinendrehgestell des vierachsigen Dampfwagens der Taff Valebahn.

größte Fahrgeschwindigkeit auf ebener Strecke ist = 56 bis 64 km(35 bis 40 Meilen)/Std. und die Fahrgeschwindigkeit auf einer Steigung 1 : 40 noch 32 km/Std. Die Wagen werden nicht gedreht. Der bei der Rückfahrt mit dem Zugführer zusammen in der Fahrrichtung vorn stehende Maschinenführer kann nur den Dampf absperren, Signale zum Maschinenstand geben und die Bremse in Tätigkeit setzen. Zur Erleichterung der Bedienung der Dampfwagen

haben die Achsbüchsen selbsttätige Schmierung erhalten. Die Einrichtung besteht in zwei kleinen, durch Riemen angetriebenen Rota-
tionspumpen, deren eine beim Vorwärtsgang, die andere beim Rück-
wärtsgang der Wagen in Tätigkeit tritt.[1])

Die ersten Dampfwagen der Taff Vale-Bahn sind etwas kleiner
gebaut, mit 48 bis 52 Sitzplätzen und mit der geringeren, aber
nicht als ausreichend befundenen, größten Fahrgeschwindigkeit von
25 englischen Meilen(40 km)/Std. Die neueren Wagen erhalten einen
Gepäckraum.

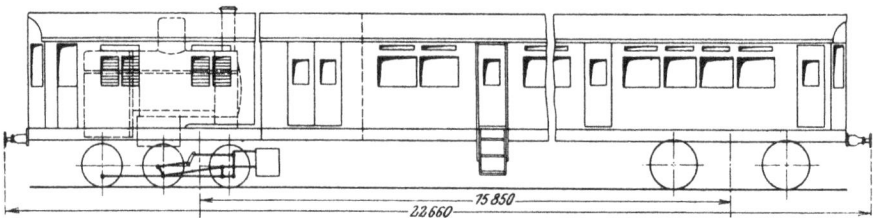

Fig 59. Fünfachsiger Dampfwagen der Port Talbotbahn.

Die Verteilung der Sitzplätze in den 16 Dampfwagen der
Taff Vale-Bahn ist folgende:

Nr. der Wagen	Anzahl der Sitzplätze				Gesamt- zahl
	I. Klasse		III. Klasse		
	Raucher	Nicht- raucher	Raucher	Nicht- raucher	
1	—	12	—	40	52
2—7	—	12	—	36	48
8—13	—	—	36	12	48
14—16	—	16	25	32	73

Eine besonders kräftige Maschine haben die großen Wagen
der Port Talbot-Bahn erhalten (Fig. 59), welche · auf der
22,5 km langen Strecke von Port Talbot in der Nähe von Cardiff
nach Pontyrhill mit einer rd. 6 km langen Steigung von 25 v. T.
(1 : 40) verkehren. Das Maschinendrehgestell ist hier dreiachsig, und zwar sind alle drei Achsen gekuppelt. Der Durchmesser
der nach hinten außerhalb der Achsen liegenden Zylinder ist

---

[1]) Engg. v. 31. Juli 1908.

= 305 mm, der Kolbenhub = 406 mm. Die größte Zugkraft der Maschine am Treibradumfang gemessen ist = rd. 4000 kg.

Die Heizfläche des Kessels beträgt 61,3 qm, die Rostfläche 1,2 qm, die Dampfspannung 12 Atm. Der Wagen hat Sitzplätze für 58 Reisende und einen Gepäckraum, in dem erforderlichenfalls noch 8 Reisende untergebracht werden können. Der Wagen hat eine Länge von 23,6 m über die Puffer gemessen, ist damit der längste von allen englischen Dampfwagen und wird überhaupt in der Länge nur noch von dem Dampfwagen der Missouri-Pacific-bahn, und zwar um 0,2 m übertroffen.

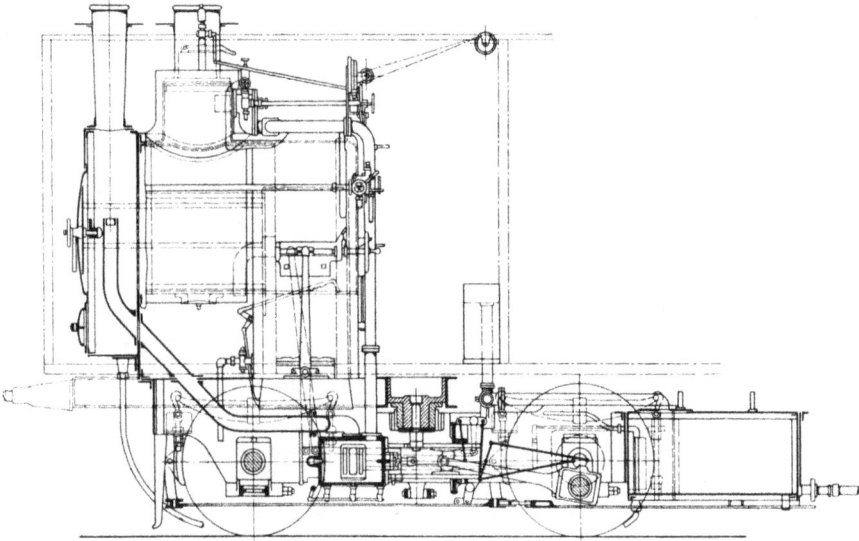

Fig. 60. Maschinendrehgestell des vierachsigen Dampfwagens der London und North Westernbahn.

Fig. 60 zeigt das Maschinendrehgestell eines Triebwagens der London und North Western-Bahn, welches einer kleinen Lokomotive mit innenliegenden Zylindern gleichsieht, ähnlich wie bei den Triebwagen englischer Herkunft der Italienischen Staatsbahn. Beide Achsen sind gekuppelt. Bei anderen Dampfwagen, z. B. bei denen der Lancashire- und Yorkshire-Bahn, tritt, wie aus Fig. 61 zu ersehen ist, die Lokomotive, als solche von außen kenntlich, ganz aus dem Wagenkasten heraus. Ähnlich diesen Dampfwagen sind diejenigen der Glasgow- und South Western-, der London-, Brighton- und South Coast-, der Nord Staffordshire-, der Great Northern-Bahn u. a.

7*

Zu erwähnen sind noch die Dampfwagen der Kanadischen Pacificbahn[1]) und der Missouri-Pacificbahn, welche durch ihr großes Gewicht auffallen. Zum Teil ist dieses bedingt durch die großen mitgeführten Wasservorräte, die Wagen sind aber auch sehr schwer gebaut. Der erstere Wagen hat ein Dienstgewicht von rd. 62 t bei 52 Sitzplätzen, der letztere hat gar ein Gewicht von 81 t bei 62 Sitzplätzen und einem Gepäckraum mit Sitzgelegenheit für 13 Personen, soweit der Raum frei von Gepäck ist[2]). In der weiter unten folgenden vergleichenden Zusammenstellung der Gewichte verschiedener Dampfwagen tritt das große Gewicht der amerikani-

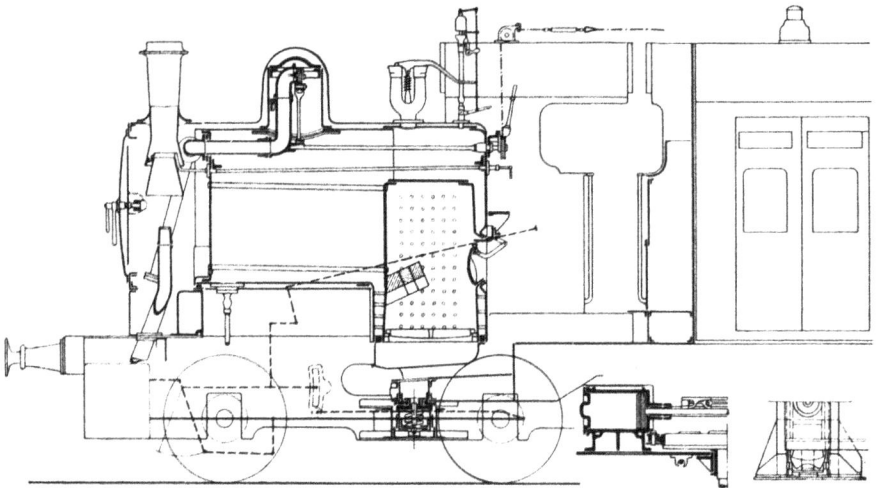

Fig. 61. Maschinendrehgestell und Kessel der Lancashire und Yorkshirebahn.

schen Wagen deutlich hervor. Beide Wagengattungen haben Feuerung mit Rohöl. Der Ölvorrat wird bei dem Wagen der Kanadischen Pacificbahn in einem innerhalb des Rahmens des Maschinendrehgestells untergebrachten Behälter von 910 kg Inhalt aufbewahrt und steht unter beständigem Luftdruck von rd. 1 Atm. Überdruck.

Der Wagen der Kanadischen Pacificbahn hat einen liegenden Kessel mit Wellrohrfeuerbüchse und 95 rückkehrenden Rauchrohren von 44 mm Durchmesser und einem Überhitzer aus 21 flußeisernen Rohren von 32 mm Durchmesser mit 5,7 qm Überhitzer-

[1]) Engineer vom 5. Oktober 1906.
[2]) Die Angaben bezüglich der amerikanischen Triebwagen sind zum Teil einem amtlichen Bericht des Eis.-Bauinsp. Gutbrod in New York entnommen.

fläche. Die Heizfläche des Kessels beträgt 49,8 qm, wovon 4,7 qm auf die mit feuerfesten Steinen ausgekleidete Feuerbüchse kommen. Der Boothsche Brenner der Ölfeuerung hat selbsttätige Regelung des Brennstoffzuflusses und des Gebläses. Die Maschinenleistung beträgt 200 PS. Nur eine Achse, und zwar die Vorderachse mit 19 t Adhäsions(Reibungs-)gewicht wird von den hinter den Achsen außen angeordneten Zylindern aus angetrieben. Der Zylinderdurchmesser beträgt 254 mm, der Kolbenhub 381 mm. Die Maschine hat Kolbenschieber mit innerer Einströmung.

Der Wagen der Missouri-Pacificbahn hat einen Kessel von 110 qm Heizfläche mit Wasserrohren, nach Art der amerika-

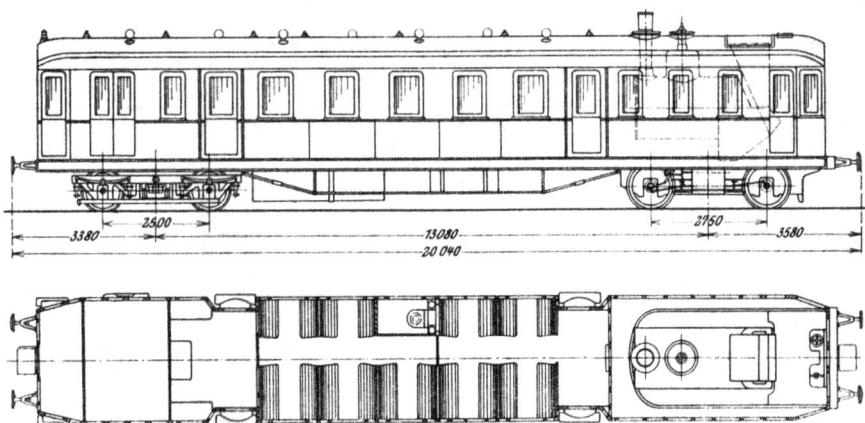

Fig. 62. Vierachsiger Dampfwagen der Bayerischen Staatsbahn von J. A. Maffei und der Masch.-Ges. Nürnberg.

nischen Schiffskessel. Die höchste Leistung der Maschine ist 275 PS. Der Vorrat an Brennöl beträgt etwa 4 cbm und der Wasservorrat angeblich 9 cbm.

Die Chicago, Rock Island und Pacificbahn hat kürzlich einen vierachsigen Dampfwagen von 17 m Länge und 45,3 t Dienstgewicht, mit Wasserrohrkessel für 18 Atm. Überdruck, Ölfeuerung und Überhitzer in Betrieb genommen. Der Wagen besitzt einen Gepäckraum und ist bis auf die innere Einrichtung ganz aus Eisen gebaut. Die höchste Fahrgeschwindigkeit beträgt 96 km/Std.[1]

Die Bayerische Staatseisenbahnverwaltung hat seit etwa zwei Jahren große vierachsige Dampfwagen von J. A. Maffei und der Maschinenbaugesellschaft Nürnberg in Betrieb. Die Wagen

---

[1] Engg. News v. 16. Juli 1908.

Zusammenstellung der wichtigsten Bauverhältnisse vierachsiger Dampfwagen.

Eigentumsverwaltung	Anzahl der Sitzplätze (Stehplätze) I./II.	III.	Gesamtlänge über die Puffer m	Zylinderdurchmesser mm	Kolbenhub mm	Schienendruck der Drehgestelle, Dienstgewicht leer vorn t	hinten t	Rostfläche qm	Gesamte Heizfläche qm	Durchmesser der Treibräder mm	Wasservorrat cbm	Größte Zugkraft in kg	Kurze Beschreibung der Kessel	Größte (norm.) Fahrgeschw. km/Std.	Gewicht der Triebwagen auf 1 m Gesamtlänge kg	auf 1 Sitzplatz (auf 1 Platz einschl. Stehpl.) kg
Great Western	61		21,3	305	406	26,9	16,25	1,07	61,0	1220	2,0	3100	Stehender Kessel von 1,37 m Durchm. mit 458 Röhren von 29 mm l. W. 11,2 Atm.	50–60 (32)	2026	707
Taff Vale I. Bauart	12	40	17,9	229	356	25,0	10,85	0,74	31,5	860	2,5	1900	Zweiteilig. Lokomotivkessel mit je 152 Röhren von 44 mm l. W. 11,2 Atm.	40	2000	690
Desgl. II. Bauart	16	57	21,4	267	356	30,7	11,25	0,93	42,2	1065	2,5	2400	Wie vor, aber mit 232 Röhren von 41 mm l. W. 12,6 Atm.	56	1960	575
Schottische Great North	46		15,2	254	406	40		0,84	46,4	1090	3,0	2000	Cochran-Kessel mit 294 Röhren von 38 mm l. W. 10,5 Atm.	50[1]	2630	870
Great Central	16	34	18,7	305	406	29,75	14,8	1,2	56,7	1140	2,5	3500	Stehender Kessel mit 450 Röhren von 32 mm äuß. Drchm. 10,5 Atm.	—	2380	890
London und North Western	48		17,4	241	381	27,4	16	0,59	29,5	1140	2,0	1900	Lokomotivkessel, 216 Röhren von 38 mm äuß. Drchm. 12,4 Atm.	—	2500	904
South Eastern u. Chatham	56		19,8	254	381	24,5	14	0,81	35,4	1090	1,8	2000	Lokomotivkessel mit Belpairescher Feuerbüchse, 167 Röhren m. 41 mm äuß. Durchm. 11,2 Atm.	—	1940	690
Irische Great Southern und Western	6	48	16,3	222	305	20,3	12,2	0,78	34,1 (36,5)	840	1,9	1070	Lokomotivkessel mit 309 (333) Röhren von 29 mm äuß. Durchm. 9,1 Atm.	(33)	2000	602
Kanadische Pacific	52		22,0 (Rahmenlänge)	254	381	37,7	24,4	—	49,8	1065	4,0	1140	Liegender Kessel mit rückkehrend. Rauchröhren. 12,7 Atm.[2]	80 (45)	2680	1200

Bahn													Kessel			
Irische Great Northern	20 | 39	18,7	305	406	25,5	15	1,07	60,7	1140	2,5	3050	Stehender Kessel mit 420 Röhren von 32 mm äuß. Drchm. 12,4 Atm.	—	2170	686
Missouri Pacific	64	23,8	280	305	58		—	—	1065	9	3160	Wasserröhrenkessel. 17,7 Atm.	—	2440	906
Port Talbot (fünfachsig)	58 bis 66	23,6	305	406	—	15,15	1,22	61,3	915	2,7	3950	Lokomotivkessel. 12 Atm.	—	—	—
Great Northern	53	20,0	254	406	27,3	10,6	0,88	35,5	1120	2,5	2330	Lokomotivkessel. 12,4 Atm.	—	2120	800
London und South Western	40	15,2	254	356	21,7	—	0,63	32,2	915	2,2	1770	Lokomotivkessel mit Wasserröhren in der Feuerbüchse.	—	2125	807
Glasgow und South Western	—	17,4	229	381	—	—	—	—	1065	—	—	Lokomotivkessel mit 142 Röhren von 41 mm äuß. Durchm.	—	—	—
London, Brighton und South Coast	48	17,4	216	356	22.05	12,07	0,65	34,3	1120	2,0	1470	Lokomotivkessel mit 242 Röhren von 35 mm äuß. Durchm.	(32)	1960	710
Lancashire u. Yorkshire	48	20,2	305	406	32,75		0,87	47,3	1110	2,5	3420	Lokomotivkessel mit 1,3 m Kesseldurchm. und 199 Röhren von 45 mm äuß. Durchm. 12,7 Atm.	—	1620	682
New Staffordshire	46	15,4	216	356	20,875	11,675	0,65	34,2	1120	2,0	1500	Lokomotivkessel. 12,7 Atm.	—	2110	708
Bayerische Staatsbahn	55 (30)	20,04	200	2 × 260	29,0	24,0	0,87	48,12[3]	990	4	—	Lokomotivkessel mit Überhitzer. 16 Atm.	75	2640	964 (624)
Italienische Staatsbahn	16	20,1	254	406	41		0,83	46,6	1042	2	—	Lokomotivkessel, längsstehend. 12 Atm.	50	2040	620
Italienische Staatsbahn	16	19,37	228	381	42,5		0,67	38,8	1042	1,8	—	Lokomotivkessel, querstehend. 12 Atm.	50	2190	644
Indische Kolonien	—	19,6	229	356	—	—	0,7	30,0	—	2,3	—	Lokomotivkessel mit 225 Röhren von 32 mm Durchm. 11,3 Atm.	—	—	—

¹) Mit zwei vierachsigen Anhängwagen. — ²) Überhitzung auf 370 bis 400° C. — ³) Einschl. 6,95 qm Überhitzerfläche.

(Fig. 62) haben Raucher- und Nichtraucherabteil, aber nur III. Klasse,
einen auch mit Sitzbänken versehenen Raum für Traglasten, einen
Post- und einen Schaffnerraum und einen Abort. Im ganzen haben
die Wagen 55 Sitz- und 30 Stehplätze. Die größte Fahrgeschwindigkeit mit zwei Anhängwagen im Gewicht von zusammen 40 t beträgt
75 km/Std.

Die feuerberührte Heizfläche der betreffenden Kessel, welche
gewöhnliche Lokomotivbauart haben, beträgt 41,2 qm, die Überhitzerfläche 6,95 qm, die Rostfläche 0,87 qm, der Dampfdruck
16 Atm. Der Zylinderdurchmesser ist = 200 mm, der Kolbenhub = 2 × 260 mm (s. u.), das Dienstgewicht des ganzen
Wagens beträgt 53 t, das Leergewicht 40,9 t, der Wasservorrat ist
= 4 cbm, der Kohlenraum = 0,7 cbm. Der Gesamtraddruck der
Treibräder ist = 29 t, das Dienstgewicht des Maschinendrehgestells
allein, ohne die Belastung durch den Wagenkasten, = 18,2 t. Die
Gesamtlänge der bayerischen Wagen ist = rd. 20 m.

Beide Achsen des Maschinendrehgestells sind gekuppelt.
Auf jeder Seite ist zwischen den Treibachsen ein Zylinderpaar,
mit dem Boden zusammengebaut, angeordnet, in dem sich die
Kolben gegenläufig zueinander bewegen und auf die um 180°
gegeneinander versetzten Kurbeln wirken. Hierdurch wird voll-
ständiger Massenausgleich erreicht. Sowohl bei Triebwagen als bei
Lokomotiven für leichte Züge ohne Gepäckwagen ist auf guten
Massenausgleich besonderer Wert zu legen wegen der unmittelbaren
Einwirkung der Erschütterungen auf den von den Reisenden ein-
genommenen Teil des Zuges.

Die Hauptverhältnisse der englischen und anderen großen vier-
und mehrachsigen normalspurigen Dampfwagen für höhere Fahrgeschwindigkeiten sind umstehend der Übersichtlichkeit halber
nochmals zusammengefaßt, auch für solche Wagen, die der Gleich-
artigkeit mit anderen beschriebenen und abgebildeten Wagen halber
nicht besonders erörtert worden sind.

δ) Dampfwagen der Französischen Nordbahn.

In keine der bisher besprochenen Gruppen passen die Dampfwagen der Französischen Nordbahn, die aus je einer kleinen
zweiachsigen Lokomotive (moteur) und zwei eng damit verbundenen
Personenwagen bestehen, in deren Mitte die Lokomotive gesetzt ist
(Fig. 63). Es sind im ganzen zwei so zusammengesetzte Fahrzeuge
vorhanden und als Reserve noch eine dritte kleine Lokomotive

(moteur), die bei Ausbesserungen ausgewechselt wird. Das ganze Fahrzeug hat in dem einen Personenwagen 8 Sitzplätze I. und 14 II. Klasse, in dem anderen 28 Sitzplätze III. Klasse, außerdem 6 Sitzplätze in dem auf der Lokomotive untergebrachten Gepäckraum und im ganzen 26 Stehplätze, so daß insgesamt 82 Personen in einem Triebwagenzuge untergebracht werden können.

Der Führerstand ist erhöht angeordnet, um dem Maschinenführer von seinem in der Mitte des ganzen Fahrzeugs gelegenen Stande aus den Überblick über die Strecke zu ermöglichen. Erleichtert wird dies dadurch, daß symmetrisch für beide Fahrrichtungen unter dem jeweiligen betreffenden Fenster in der Wand des Führerhauses, durch welches der Maschinenführer Ausschau hält, an der Seite der Personenwagen ein über die ganze Länge dieser Wagen sich erstreckender niedriger Gepäckkasten angeordnet ist, über welchen der Führer leicht hinweg auf die Strecke sehen kann.

Die Kessel und Maschinen der Triebwagen der Nordbahn sind verschiedenartig ausgeführt. Der eine Moteur hat einen Purrey-Kessel von 20 qm Heizfläche, ähnlich denen der Orléans-Bahn, und eine vierzylindrige Tandemverbundmaschine mit Kraftübertragung durch eine Gallsche Kette, der zweite den früher beschrie-

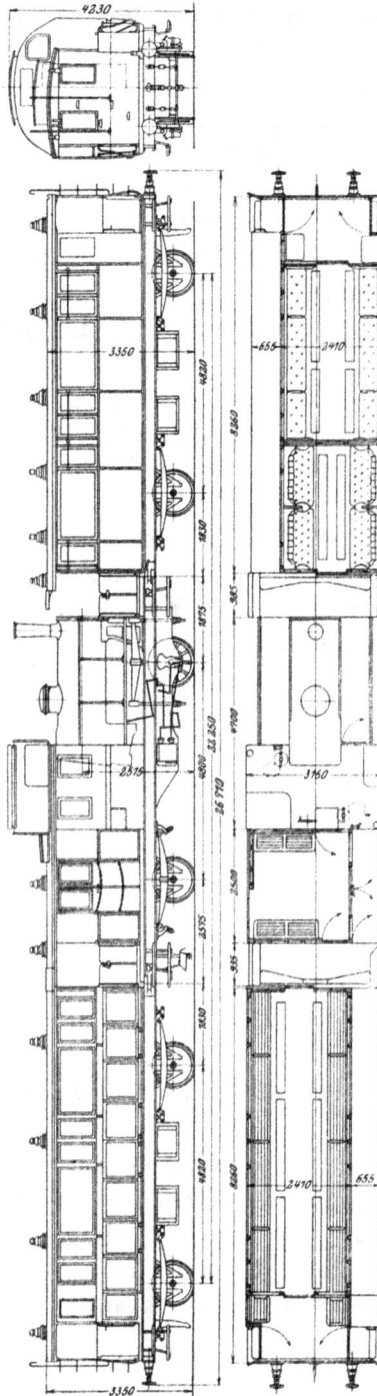

Fig. 63. Dreiteiliger Dampfwagen der Französischen Nordbahn.

benen und abgebildeten Turgan-Kessel und der dritte einen gewöhnlichen Lokomotivkessel mit 53,5 qm Heizfläche. Die beiden
letzteren Moteurs haben gewöhnliche Lokomotivverbundmaschinen.
Das Dienstgewicht beträgt 20 t bei dem ersten und 25 bis 26 t bei
dem zweiten Moteur, das Gewicht der beiden Personenwagen 11
bzw. 10 t, so daß das Dienstgewicht des ganzen Fahrzeugs ohne
Besetzung 41 bis 46 t beträgt.

Die Verbundmaschinen haben eine gut durchgebildete, aus der
Malletschen Wechselvorrichtung abgeleitete, selbsttätige Anfahrvorrichtung, die in der Art wirkt, daß im Beginn der Bewegung
des Regulators beim Öffnen zunächst durch eine entsprechende
kleine Öffnung des Regulatorschiebers auch frischer Dampf in den
Niederdruckzylinder gelangt. Bei weiterer Bewegung des Regulatorschiebers schließt sich die kleine Hilfsöffnung und der frische
Dampf gelangt nur mehr in den Hochdruckzylinder. Gleichzeitig
wird selbsttätig ein aus drei an einer gemeinsamen Stange sitzenden
Kolben bestehender Verteilungsschieber umgesteuert, dessen einer
äußerer, kleinerer Kolben stets unter Dampfdruck ist, während der
am entgegengesetzten Ende befindliche große Kolben in demselben
Augenblick Dampf erhält, in dem der Zufluß frischen Dampfes zu
dem Niederdruckzylinder abgesperrt wird. Hierdurch wird der
Schieber umgesteuert und dessen mittlerer Kolben stellt sich dabei
so, daß der Austrittkanal des Hochdruckzylinders, der früher mit
dem Schornstein in Verbindung stand, nunmehr mit dem Eintritt-
kanal des Niederdruckzylinders in Verbindung kommt. Wird der
Dampf ganz abgesperrt, so bewegt der stets auf den kleinen Kolben
des Schiebers wirkende Kesseldruck den Schieber wieder zurück
und der Austrittkanal des Hochdruckzylinders kommt wieder in
Verbindung mit dem Schornstein, so daß der Verteilungsschieber
wieder richtig zum Anfahren mit Zwillingwirkung steht. Die An-
laßhebel sind für jede Fahrrichtung besonders angebracht, die be-
schriebene Anfahrvorrichtung selbst liegt unter dem Wagenfußboden.

An jedem der beiden Standplätze für den Führer auf dem
Moteur ist ferner eine senkrechte Schraubenspindel mit Mutter zur
Änderung der Fahrrichtung und der Füllung (Steuerung) angebracht, die beide auf die gleiche Steuerwelle wirken. Die Muttern
auf diesen Spindeln sind geteilt, die nicht gebrauchte wird auf-
geklappt und dadurch ausgeschaltet.[1]

---

[1] Vgl. Rev. gén. d. ch. d. f. Juli 1903 und Januar 1904.

ε) Leichte Lokomotiven.

Die Bayerische Staatseisenbahnverwaltung verwendet auf Lokalbahnstrecken auch leichte kleine, ebenfalls von Maffei gelieferte Tenderlokomotiven, deren Kessel und Maschinen die gleiche Bauart haben wie die der Dampfwagen. Es beträgt bei den kleinen Lokomotiven der Zylinderdurchmesser 265 mm, der Kolbenhub 2 × 280 mm, der Dampfdruck 12 Atm. und die feuerberührte Heizfläche des Kessels 35,5 qm. Im übrigen sind die Bauverhältnisse gleichartig wie bei den Dampfwagen[1]). Die Bayerische Staatseisen-

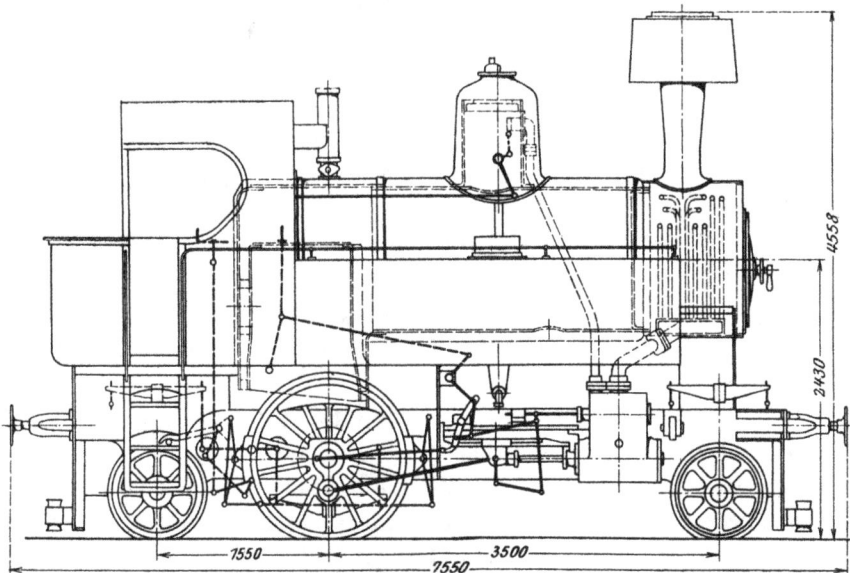

Fig. 64. Leichte Lokomotive der Österreichischen Staatsbahn von K. Gölsdorf.

bahnverwaltung benutzt noch andere kleine Lokomotiven mit innenliegenden Zylindern und einer Blindachse zum besseren Massenausgleich, von Krauss u. Co.[1]).

Die Österreichische Staatseisenbahnverwaltung besitzt kleine, von K. Gölsdorf entworfene Lokomotiven mit Holdenscher Feuerung. Die ältere dieser kleinen Lokomotiven hat zwei gekuppelte Achsen, eine wasserberührte Heizfläche von 18,8 qm und leistet dabei über 70 PS[2]). Eine neuere Bauart mit einer freien Treibachse ist in Fig. 64 dargestellt. Die dreiachsige Loko-

---

[1]) Glas. Ann. 1906. Bd. 59. Heft 10 u. Deutsch. Straß.- u. Kleinbahnztg. 1907. Nr. 2.
[2]) Mitt. d. Ver. f. d. Förd. d. Lokal- u. Straßenbahnw. (Wien) 1905. Heft 1.

motive hat eine Verbundmaschine mit 260/400 mm Zylinderdurchmesser und 550 mm Kolbenhub, 52 qm wasserberührte Heizfläche,
3,3 qm Überhitzerfläche für den Verbinderdampf und 15 Atm.
Dampfdruck. Das Leergewicht beträgt 24,1 t und das Dienstgewicht
31,6 t, gegen 12,3 bzw. 15,7 t der kleinen zweiachsigen Type. Bei
der Holdenschen Feuerung dieser kleinen Lokomotiven ist der
Petroleumhahn so von dem Dampfhahn in Abhängigkeit gebracht, daß der erstere nur nach dem Dampfhahn geöffnet werden
kann.

In England werden auch vielfach kleine besonders gebaute
oder vorhandene Lokomotiven für leichte Züge verwendet, so bei
der London und South Western, der Great Western, der Great
Central, der North Eastern u. a., auch in Schottland und Irland.
Solche kleine Lokomotiven werden auch, wie früher für Triebwagen
erwähnt, zwischen zwei, drei oder vier Wagen gestellt[1]), wie seit
kurzem bei der Taff Vale-Bahn. Es wird dabei die Vorsicht gebraucht, daß der Führer von dem Ende des Beiwagens aus den Zug
nur vorwärts, von seinem Stande gerechnet, in Gang bringen kann,
aber nicht rückwärts. Er kann den Regulator der Lokomotive von
seinem Stande aus öffnen und schließen, aber nicht die Maschine
umsteuern.

Die Great Central-Bahn benutzt Lokomotiven von 43 t
Dienstgewicht, 87 qm Heizfläche, 7 Atm. Dampfdruck, 406 mm
Zylinderdurchmesser und 609 mm Kolbenhub, die aus den vorhandenen Beständen genommen sind und nicht mehr zu den leichten
Lokomotiven gerechnet werden können, in Verbindung mit einem
sechsachsigen, 36 t schweren Wagen mit 16 Sitzplätzen I. Klasse
und 48 Sitzplätzen III. Klasse. Die Lokomotive bleibt bei Vor-
wärts- und Rückwärtsfahrt stets unverändert mit dem Wagen verbunden, ähnlich wie dies früher für die Triebwagen der Great
Western-Bahn angegeben worden ist. Die Lokomotive kann von
dem rückwärtigen Ende des Anhängwagens aus mittels zweier
Wellen vollständig gesteuert werden: Regulator und Steuerschraube
werden von den Wellen aus durch Gallsche Ketten bewegt. Der
am Wagen befestigte Wellenteil und der an der Lokomotive angebrachte Teil haben vierkantige Enden und ihre Verbindung erfolgt durch eine übergeschobene vierkantige Hülse, die mit dem
einen Teil fest verbunden ist, während das Ende des anderen

_____

[1]) Ztg. d. Ver. Deutsch. Eis.-Verw. 1907. Nr. 25.

Wellenteils sich bei den durch die Fahrt veranlaßten Bewegungen in der Hülse verschieben kann[1]).

Auch die **Ungarische Staatsbahn** macht Versuche mit zwei kleinen, von J. A. Maffei gelieferten Tenderlokomotiven der früher beschriebenen Bauart und mit zwei kleinen Lokomotiven mit Brotan-Kessel.

Zu erwähnen sind hier noch der Vollständigkeit halber drei ältere, besonders für leichte Züge gebaute kleine zweiachsige Tenderlokomotiven: die in Österreich-Ungarn noch in Verwendung stehende Elbelsche Lokomotive mit 18 t Dienstgewicht[2]) und die ähnlich gebaute kleine Lokomotive des schwedischen Ingenieurs Nydqvist, mit 11 bis 13 t Dienstgewicht[3]), welche beide mit einem Gepäckraum versehen sind und eigentlich einachsige, mit einem einachsigen Gepäckwagen zusammengebaute Lokomotiven vorstellen. Bei diesen beiden Lokomotiven wird nur die Vorderachse angetrieben, während bei der dritten zu erwähnenden, von Lenz entworfenen Hohenzollern-Lokomotive beide Achsen gekuppelt sind[4]). Das Dienstgewicht beträgt hier 14 bis 14,7 t. Die Zylinder liegen bei sämtlichen drei Lokomotivgattungen außen zwischen den Achsen.

ς) Besondere Einrichtungen der Dampfwagen.

In den nachfolgenden kleinen Abschnitten sollen die in den vorstehenden Besprechungen zerstreuten Angaben über besondere Einrichtungen von Dampftriebwagen kurz zusammengefaßt und ergänzt werden. Es kommen in Betracht: Anordnungen zur Erleichterung der Bedienung der Feuerung und der Speisung der Kessel, sowie Einrichtungen zur Verständigung des Personals untereinander bei der Rückwärtsfahrt.

1. Einrichtungen zur Feuerbeschickung.

Die einfachste Einrichtung zur Erleichterung der Bedienung des Feuers besteht in einem Fülltrichter, etwa nach Art des von v. Littrow angewendeten (Fig. 65)[5]). Der Fülltrichter ragt bis über

---

[1]) Vgl. wegen der kleinen Lokomotiven: Handb. d. Eisenbahnmaschinenw. (v. Stockert). Bd. I. unter Motorwagen und leichte Lokomotiven.

[2]) Organ Fortschr. d. Eisenbahnw. 1880. Heft 2.

[3]) Organ Fortschr. d. Eisenbahnw. 1882. Heft 5.

[4]) Organ Fortschr. d. Eisenbahnw. 1880. Heft 3 und Glas. Ann. 1880. Bd. VII.

[5]) Glas. Ann. 1906. Bd. 58. Heft 4; Zeitschr. d. Ver. Deutsch. Ing. 1906. Nr. 51.

das Dach des Führerstandes hinaus und kann so leicht aufgefüllt werden. Bei *a* ist ein Drehschieber (Fig. 66) mit Rührstiften zur Lockerung etwa festgesetzter Kohle angebracht. Die Beförderung der Kohlen auf den Rost erfolgt lediglich durch die Schwere mittels Abgleitens auf dem geneigten Boden des Trichters, unterstützt durch die Erschütterungen bei der Fahrt. Durch einen gußeisernen Rahmen sind die von dem Fülltrichter aus nicht erreichbaren Ecken des Rostes abgedeckt.

Ähnlich erfolgt bei den Purrey-Dampfwagen die Feuerbeschickung durch Abrutschen der Kohlen bei geöffnetem Schieber.

Die Dampfwagen und leichten Lokomotiven der Bayerischen Staatsbahn von Maffei haben ebenfalls Fülltrichter, und zwar mit einem durch Zahntrieb und Handkurbel bewegten Schieber (Fig. 67).

Bei Kraussschen kleinen Lokomotiven für leichte Lokalzüge wird eine Einrichtung nach Fig. 68 angewendet. Hier ist mit dem Schieber ein darunter liegender Kolben zwangläufig so verbunden, daß die beim Öffnen des Schiebers in den Füllkanal gefallenen Kohlen durch den Kolben auf den Rost geschoben werden, wenn der Schieber wieder geschlossen wird.

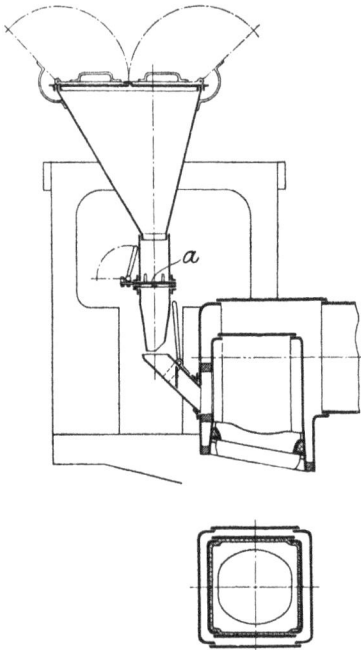

Fig. 65.
Kohlenfülltrichter nach v. Littrow.

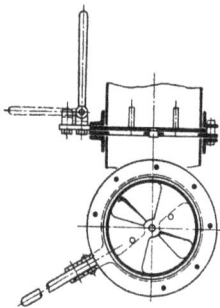

Fig. 66. Drehschieber zum Kohlenfülltrichter.

2. Einrichtungen zur Kesselspeisung.

Die Kesselspeisung erfolgt bei den de Dion-Bouton-Wagen durch eine besondere kleine Dampfpumpe, die so eingestellt wird, daß sie für den Durchschnittsbedarf genügt, während die zweite in Bereitschaft bleibt, um nach Erfordernis in Betrieb genommen zu werden; bei den Komarek Wagen durch eine vom Kreuzkopf aus mechanisch angetriebene Pumpe; bei den Purrey-Wagen ist die Speisung selbsttätig gemacht, indem der Gang der Betriebspumpe durch einen

Schwimmer geregelt wird, während eine zweite Pumpe in Bereit-schaft bleibt.

Bei den Triebwagen mit lokomotivartigen Kesseln werden ge-wöhnliche Strahlpumpen zur Kesselspeisung verwendet.

3. Einrichtungen zur Verständigung des Personals.

Für die Rückwärtsfahrt größerer Dampfwagen, die nicht gedreht werden, ist der Wagenführer von dem bei dem Kessel und der Maschine verbleibenden Maschinenführer oder Heizer getrennt. Es wird also hier eine besondere Ein-richtung zur Verständigung erfor-derlich. Gewöhnlich dienen dazu elektrische Klingelsignale, beispiels-

Fig. 67.
Feuerungseinrichtung von Maffei.

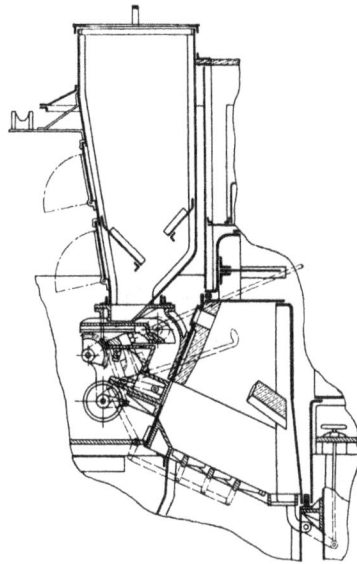

Fig. 68.
Feuerungseinrichtung von Krauss.

weise mit vier verabredeten Zeichen für vorwärts, langsam, halt und rückwärts. Auch werden Sprachrohre angewendet oder, wie auf der Debrecziner Lokalbahn, Winken mit einer Flagge bei kleineren Stoltz-Wagen. Bei Komarek-Wagen wird ein auf dem Maschinen-stand und ein gleiches auf dem rückwärtigen Führerstand angebrachtes Zeigerwerk verwendet, das den der Maschine zu gebenden Füllungs-grad anzeigt. Beide Zeigerwerke sind durch ein über das Wagen-dach geführtes Gestänge miteinander verbunden, so daß die auf dem rückwärtigen Führerstand gegebene Einstellung sich auf dem Ma-schinenstand wiederholt. Vor jeder Änderung der Einstellung wird ein Klingelsignal gegeben.

b) Triebwagen mit Verbrennungsmaschinen.

α) Vorzüge der Verbrennungsmaschinen.

Die Verwendung von Verbrennungsmaschinen bietet für Eisenbahntriebwagen mancherlei Vorteile, insbesondere den der leichten und einfachen Bedienung und Unterhaltung, sofern unnötige Verwicklungen in der Bauart vermieden werden, und empfiehlt sich deshalb da, wo ein hinreichend billiger Brennstoff vorhanden ist. Die Anlage von Wasser- und Kohlenstationen fällt weg und die Wagen können weite Strecken ohne Erneuerung der Brennstoffvorräte zurücklegen, weil der Verbrauch an Brennstoff nach der Gewichtseinheit nur ein Drittel bis ein Viertel gegenüber Kohle beträgt. Die Wagen sind stets dienstbereit, sie sind sauberer als Dampfwagen, ohne Rauch und ohne Gefahr der Zündung durch ausgeworfene Funken. Rost- und Kesselputzen entfallen, ebenso wie die Ausbesserungen und die regelmäßigen Untersuchungen der Kessel. Die Ausbesserungen an den Maschinen sind in der Regel schnell zu bewirken, bei größeren Ausbesserungen sind die Maschinen leicht auszuwechseln, der Reparaturstand der Wagen kann infolgedessen niedrig gehalten werden. Bei Wagen mit Verbrennungsmaschinen kann eher eine Ersparnis an Bedienungsmannschaft eintreten, weil eine Verbrennungsmaschine leichter zu bedienen ist als eine Dampfmaschine nebst Kessel. Insbesondere gilt dies von Triebwagen mit Verbrennungsmaschinen und elektrischer Kraftübertragung. Auch wird hier die Bedienung der Maschine durch zwei Mann weniger streng durch die Gesetze gefordert. Schließlich erfolgt die Heizung der Wagen einfach und kostenlos durch das Kühlwasser. Triebwagen mit Verbrennungsmaschinen eignen sich auch vornehmlich für hohe Fahrgeschwindigkeiten und greifen den Oberbau weniger an als Dampfwagen und Lokomotiven wegen ihres ruhigeren, stoßfreieren Laufs infolge des besseren Ausgleichs und des geringeren Gewichts der bewegten Massen, sowie deren weniger unmittelbaren Einwirkung auf den Oberbau.

β) Brennstoff.

Als Brennstoff wird in Ungarn Benzin verwendet, in Amerika meist das aus Ölrückständen gewonnene Gasolin, in England in einem vereinzelten Falle Petroleum. Bei uns kommen auch Spiritus und Benzol in Frage, das letztere namentlich seitdem es gelungen ist, bei Straßenautomobilen mittlerweile schon erprobte, neue Anordnungen für Benzolvergaser aufzufinden, durch welche eine vollkommenere Mischung der Benzoldämpfe mit der Verbrennungsluft und eine gute Regelung des Zuflusses von Brennstoff und Luft erreicht wird. Es ist auch Rohpetroleum und Ergin vorgeschlagen worden, ohne daß jedoch ausgiebige Erfahrungen bezüglich der Eignung dieser Stoffe für größere Maschinen vorlägen. Der Betrieb mit Benzol würde bei den für Ende 1907 geltenden Preisen erheblich billiger werden als der mit Spiritus. Benzollokomotiven sind seitens der Maschinenfabrik Oberursel schon im Jahre 1906 ausgeführt worden [1]).

Die von der Zentrale für Spiritusverwertung in Berlin für 1907/08 festgesetzten Preise stellen sich für Spiritus von 90 Raumprozenten auf 20 M. in den Wintermonaten (1. Nov. bis 15. Mai des folgenden Jahres) und auf 21 M. in der übrigen Zeit, für 100 l frei der dem Käufer zunächst liegenden Bahnstation, vorausgesetzt, daß 5000 kg auf einmal bezogen werden. Bei Annahme eines spezifischen Gewichts von 0,82 würden also 100 kg rd. 25 M. kosten. Benzin enthält 10000 bis 11000 WE auf 1 kg, Spiritus nur 5600 bis 6000, hat aber dem Benzin gegenüber den Vorzug voraus, daß infolge der stärkeren Zusammendrückbarkeit seiner Dämpfe eine Spiritusmaschine nur ungefähr 68 v. H. der Wärme gebraucht, deren eine Benzinmaschine für die gleiche Arbeitsleistung bedarf. Demnach ist 1 kg Spiritus für den Maschinenbetrieb gleichwertig:

$$\frac{100}{68} \cdot \frac{5800}{10500} = 0,8 \text{ kg Benzin.}$$ Ende 1907 kosteten 100 kg Benzin 38 M., 100 kg Benzol 22 bis 22,50 M. An Wärmegehalt ist Benzol dem Benzin ziemlich ebenbürtig. (Vgl. S. 117 u. 125.)

Spiritus hat den weiteren Vorteil vor Benzin, daß er die Kolben und Ventile nicht verschmutzt und daß die Abgase keinen unangenehmen Geruch haben. Um das Verschmutzen der Maschinen und den üblen Geruch zu mildern, wird deshalb beim Betrieb von Straßenautomobilen dem Benzin häufig etwas Spiritus zugesetzt. Die bei reinem Spiritusbetrieb eintretende Rostbildung im Innern der Maschine kann verhindert werden durch Überhitzen der Spiritusdämpfe oder durch Zusatz von Benzol.

Bei Motoromnibussen in Paris sind gute Erfahrungen mit einer Mischung von Benzol und Spiritus zu gleichen Teilen gemacht worden [2]).

---

[1]) Zeitschr. d. Ver. Deutsch. Ing. 1907. Nr. 27.
[2]) Zeitschr. d. Ver. Deutsch. Ing. 1908. Nr. 8.

Ergin, ein vermutlich dem Benzol verwandter, aus Steinkohlenteer gewonnener Kohlenwasserstoff, ist bisher nur für kleinere Motoren von 16 bis 25 PS verwendet worden. Ergin verträgt stärkere Kompression als Benzin ohne Gefahr der Selbstzündung, enthält 10 000 WE in 1 kg und ist erheblich billiger als Benzin. Der Bezugspreis frei Rauxel i. W. betrug im Februar 1908 nur 17,50 M. für 100 kg. Bei einem Versuch mit höchsten Kompressionsdrücken von 12 Atm. wurde folgendes ermittelt:

Leistung in Nutzpferdestärken	Umdrehungszahl in der Minute	Brennstoffverbrauch		
		in 1 Stunde g	für 1 Nutzpferdestärke g	
21,7	208	5143	236	Zylinder
18,2	208	5052	280	durchmesser
15,7	230	4286	271	249 mm,
15,6	228	4511	289	Hub 400 mm
8,9	234	3243	364	
4,4	233	2667	602	

Der höchste mittlere indizierte Druck betrug 7,6 kg/qcm. Die Versuche sind im April 1906 seitens des Instituts für Gärungsgewerbe vorgenommen worden. Bei Anwendung stärkerer Kühlung wurden bei einem Motor von etwas schwächeren Abmessungen: 240 mm Zylinderdurchmesser, 378 mm Hub und 219 Umdrehungen 27 Nutzpferdestärken erreicht. Bei dem erst versuchten Motor erreichte das Kühlwasser eine Wärme von 100°.

Die Motoren sollen auch mit Rohbenzol betrieben werden können, das nur 12 M. für 100 kg kostet. Der Verbrauch für die Nutzpferdestärke steigt dabei auf etwa 330 g, weil man genötigt ist, dann mit der Kompression etwas herunterzugehen.

Bei einem täglich zehnstündigen Betrieb mit Ergin ist alle 14 Tage eine Reinigung des Kolbens und der Ventile vorzunehmen, bei gleichem Betrieb mit Rohbenzol alle 8 Tage.

In neuester Zeit ist auch die Verwendung von Naphtalin in Aussicht genommen, das durch die von der Maschine abgegebene Wärme flüssig gemacht werden soll.[1]) Das Anlassen der Maschine geschieht durch Benzol oder Benzin mit Hilfe eines zweiten Vergasers. Naphtalin kostet zur Zeit nur 8,5 Pf. für 1 kg, die Verbrauchskosten für 1 PS-Std. betragen nur 2,5 Pf.

---

[1]) Zeitschr. d. Ver. Deutsch. Ing. 1908. Nr. 16.

γ) Bauart der Triebwagen mit Verbrennungsmaschinen.

1. Mechanische Kraftübertragung.

Eisenbahntriebwagen mit Verbrennungsmaschinen und mechanischer Kraftübertragung Daimlerscher Bauart sind bei der Württembergischen Staatsbahn, den Schweizer Bundesbahnen, den Arader und Csanáder Bahnen, den Böhmischen Landesbahnen u. a. verwendet worden. Es handelt sich dabei durchweg um Wagen für leichte Betriebsverhältnisse mit einer Maschinenleistung von 25 bis

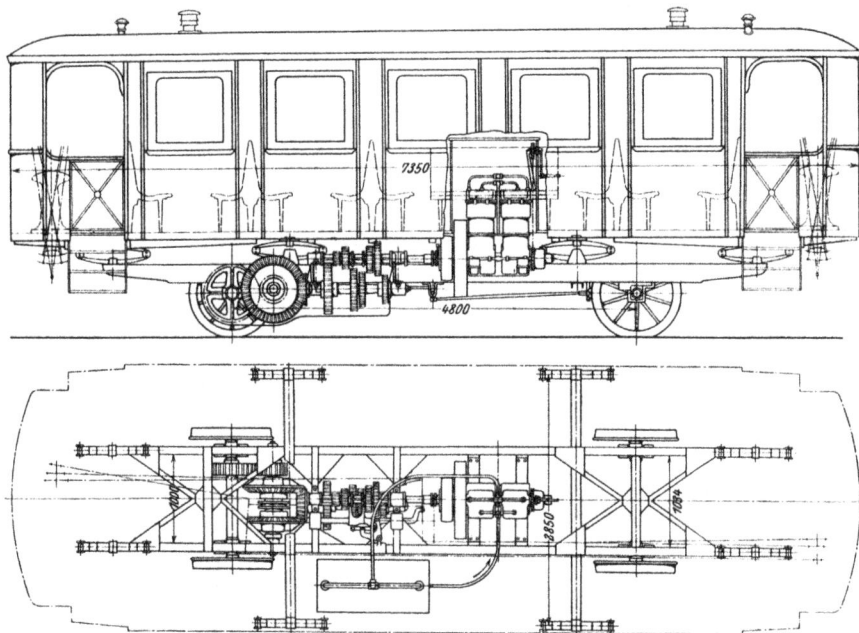

Fig. 69. Daimlerscher Benzinwagen der Württembergischen Staatsbahn.

30 P.S. Wagen anderer Bauart und in erheblich größerer Ausführung, sind in neuerer Zeit in Amerika bei der Union Pacific-Bahn in Betrieb gestellt worden.

Fig. 69 zeigt die Anordnung eines Daimlerschen Benzinwagens der Württembergischen Staatsbahn. Die Maschine mit vier stehenden Zylindern ist im Innern des Wagens so angeordnet, daß sie den Zahnrädern des Wechselgetriebes einigermaßen das Gleichgewicht hält. Die Maschinenleistung beträgt 30 PS. Die Ingangsetzung der Maschine erfolgt mittels einer Handkurbel vom Innern des Wagens aus. Das Vorgelege mit verschiebbaren Zahn-

8*

rädern gestattet vier verschiedene Fahrgeschwindigkeiten von 7,5; 13; 23 und 32 km/Std. bei normaler Umdrehungszahl der Maschinenwelle. Die Steuerung der Maschine kann von beiden Wagenenden aus erfolgen, so daß die Wagen nicht gedreht zu werden brauchen. Der Benzinvorrat reicht für eine Fahrt von rd. 350 km Länge, der Preis eines Wagens beträgt 30000 M.

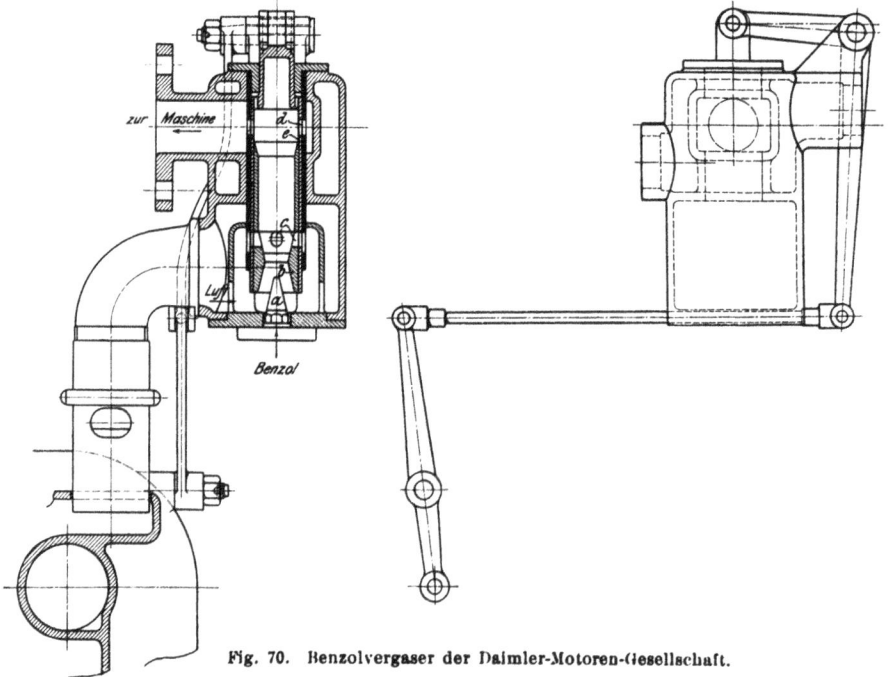

Fig. 70. Benzolvergaser der Daimler-Motoren-Gesellschaft.

Der Daimlersche Wagen der Schweizerischen Bundesbahnen hat gleiche Bauart. Das Gewicht des Wagens beträgt:

	auf der Treibachse t	auf der Laufachse t	zusammen t
leer	6,9	5,9	12,8
ausgerüstet und voll besetzt .	8,9	8,0	16,9

Die Durchmesser der 4 Zylinder sind = 134 mm, der Kolbenhub = 170 mm, der Treibraddurchmesser = 1020 mm, die Kurbelwelle macht normal 560 bis 600 Umdrehungen in der Minute. Die möglichen Fahrgeschwindigkeiten bei mittlerer normaler Umdrehungszahl der Kurbelwelle sind:

1. bei Übersetzung 1 : 14 . . 8 km/Std.
2. » » 1 : 8 . . 14 »
3. » » 9 : 44 . . 22 »
4. » » 23 : 68 37—40 »

Die Vorräte belaufen sich auf 120 kg Benzin und 200 kg Kühlwasser.

Ein neuer Benzolvergaser der Daimler-Motoren-Gesellschaft, Zweigniederlassung Berlin-Marienfelde, ist in Fig. 70 dargestellt[1]). Der Vergaser bewirkt eine selbsttätige Regelung der durch *b* eintretenden Hauptluft, der durch *c* eintretenden Nebenluft und des durch die Öffnungen *d* austretenden Gemisches von Luft und vergastem Benzin mittels Verschiebung des vom Regulator aus selbsttätig eingestellten Rohrschiebers *e*. Der Zufluß von Benzol durch die Brennstoffdüse *a* regelt sich nach dem im Vergaser herrschenden Luftunterdruck. Die ganze Reglervorrichtung bewirkt eine innige Mischung der Luft mit dem vergasten Brennstoff. Für eine Pferdekraftstunde wird ein Verbrauch von 285 g Benzol angenommen.

Die neuen Wagen der Union Pacific-Bahn (Fig. 71), deren schon 41 Stück im Betriebe und Bau sind, haben 16,76 m Kastenlänge, 75 Sitzplätze und eine Maschinenleistung von 200 bis 230 PS. Das Gewicht der Wagen beträgt 26,3 bis 27,7 t, auf einen Sitzplatz gerechnet also nur 370 kg. Die Wagen erreichen eine höchste Fahrgeschwindigkeit von rd. 100 km/Std., vermögen diese Geschwindigkeit auf einer Fahrstrecke von 100 m zu erlangen und können auf

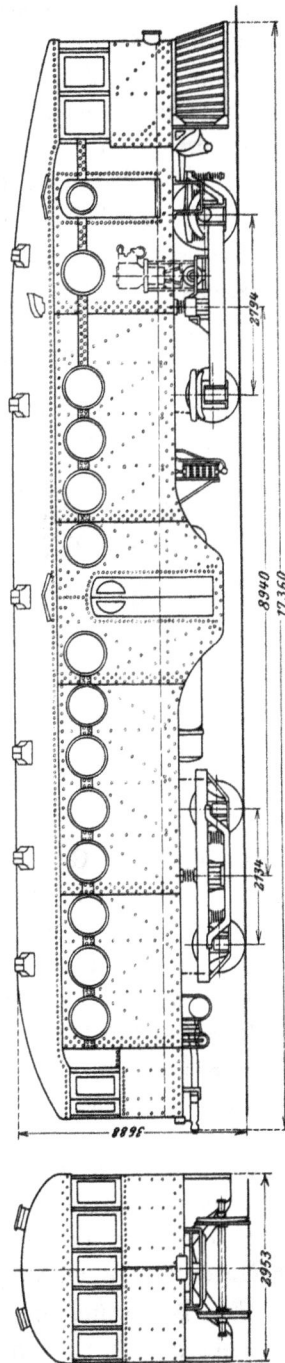

Fig. 71. Neuerer Gasolintriebwagen der Union Pacificbahn.

---

[1]) Vgl. Zeitschr. d. Ver. Deutsch. Ing. 1907. Nr. 49.

40 m Länge zum Stillstand gebracht werden. Die Wagen sind ganz
aus Stahl und Eisen gebaut, der Boden kann mit heißem Wasser
abgewaschen werden.   Die runden kleinen, die Wagenwand nicht
schwächenden Fenster sind luftdicht geschlossen.   Die Lüftung der
Wagen erfolgt durch Ventilatoren P, Q (Fig. 72), welche die Luft
unter dem Dach absaugen.   Die bewegten Massen der Maschinen sind
sorgfältig ausgeglichen, um Erschütterungen der Wagen zu vermeiden.

Das Dach ist 610 mm niedriger gehalten als gewöhnlich, um
an Gewicht zu sparen, und ist vorn stark herabgezogen.   Die

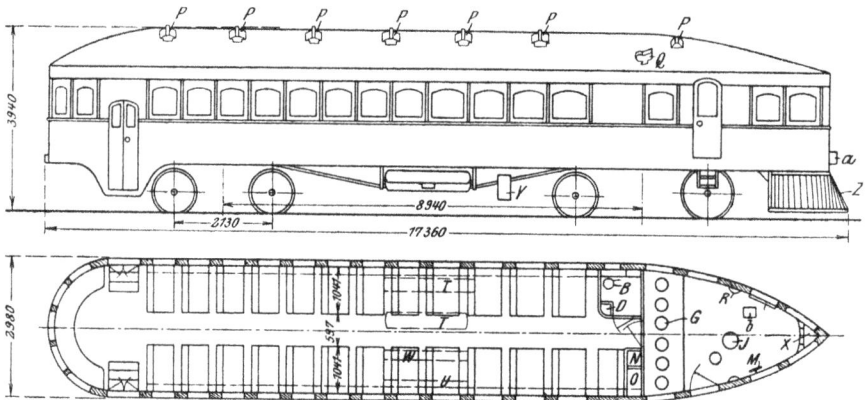

J Tritt f. Steuerventil d. Kupplung. T Luftbehälter. U Gasolinbehälter. X Regler. b Kompressor.

Fig. 72. Älterer Gasolintriebwagen der Union Pacificbahn.

Wagen sind im Grundriß vorn stark zugespitzt und hinten abge-
rundet.   Die Bänke sind quer gestellt, im Hintergrunde ist eine
halbrunde Bank angebracht (Fig. 72).

Es sind nur zwei verschiedene Fahrgeschwindigkeiten für die
Wagen vorgesehen, die größte normale Fahrgeschwindigkeit beträgt
40 Meilen(64 km)/Std.   Die Maschinen haben 6 quer zur Wagenachse aufgestellte Zylinder G und machen 150 bis 600 Umdrehungen in der Minute, die wirtschaftlichste Umdrehungszahl ist
400.   Die Übertragung der Bewegung von der Kurbelwelle auf die
einzige Treibachse erfolgt mittels einer durch Druckluft gesteuerten
Reibungskupplung.   Das Anlassen der Maschine erfolgt ebenfalls
durch Druckluft, die Einrückung der Kupplung bei vollem Gange
der Maschine.   Beim Aufenthalt des Wagens läuft die Maschine leer.

Die Bedienung der Maschine erfolgt entgegen der sonstigen
allgemeinen gesetzlichen Vorschrift durch nur einen Mann.

Die Southern Pacific-Bahn in Kalifornien beabsichtigt
die Einstellung von 60 gleichgebauten Wagen auf der Strecke Los
Angeles—Passadena im Wettbewerb mit elektrischen Überlandbahnen
und auf kurzen Nebenstrecken mit schwachem Fahrverkehr.

2. Triebwagen mit Verbrennungsmaschinen und elektrischer Kraftübertragung.

Die Wechselgetriebe der mechanischen Kraftübertragung mit
ihren verschiedenen aus- und einzurückenden Übersetzungen und
ihrem unangenehmen Geräusch lassen sich vermeiden durch Anwendung elektrischer Kraftübertragung an Stelle der mechanischen.
Die Einrichtung wird dann so getroffen, daß eine mit einer Dynamomaschine gekuppelte Verbrennungsmaschine die erstere antreibt
und der so erzeugte elektrische Strom mittels einer oder zweier
Elektromotoren eine oder zwei Wagenachsen antreibt. Solche
Motorwagen sind bei zweckentsprechender Bauart einfach zu bedienen.

Der von der Dynamomaschine erzeugte elektrische Strom wird
entweder unmittelbar zu den Elektromotoren geschickt, deren Umdrehungsgeschwindigkeit dann mit Hilfe von Vorschaltwiderständen
oder auch lediglich durch Regelung des Ganges der Verbrennungsmaschine dem Bedürfnis angepaßt wird, oder es werden elektrische
Speicherbatterien verwendet, die den für Verbrennungsmaschinen
besonders großen Vorteil bieten, daß die Umdrehungszahl der letzteren dadurch, trotz den wechselnden Belastungen während der
Fahrt, stets nahe an der wirtschaftlich günstigsten Umdrehungszahl
gehalten werden kann. Wird die Einrichtung so getroffen, daß der
ganze Strom durch die Batterien geschickt wird, so läßt sich die
wirtschaftlich günstigste Umdrehungszahl vollständig einhalten.
In anderen Fällen werden die Batterien nur als Pufferbatterien verwendet.

a) Triebwagen mit Verbrennungsmaschinen und elektrischer Kraftübertragung ohne Arbeitsbatterie.

Am bekanntesten sind die beiden Wagen der Englischen
North Eastern-Bahn (Fig. 73), große vierachsige, gut ausgestattete
und deshalb auch teuere Triebwagen, welche zwischen zwei vornehmen Badeorten verkehren. Eine kleine Batterie von 38 Zellen
ist hier wohl vorhanden, sie dient aber nur zum Anlassen der
Dynamomaschine, die dann als Motor läuft. Die mit Petroleum

betriebene Verbrennungsmaschine hat vier liegende, einander paar-
weise gegenüber angeordnete Zylinder. Fig. 74 zeigt eine ähnliche
sechszylindrige Verbrennungsmaschine der Wolseley Tool & Motor
Car Works, die für die Delaware & Hudson-Bahn in Amerika ge-

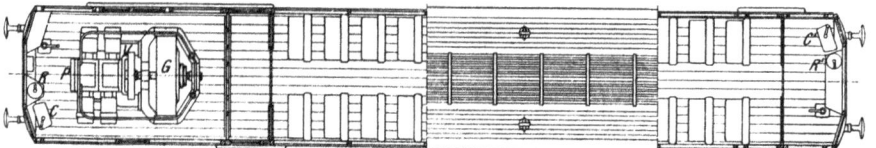

C = Controller; R = Reversierhebel; P = Petrolmaschine; V = Voithkupplung: G = Generator.

Fig. 73. Petrolelektrischer Wagen der North Easternbahn.

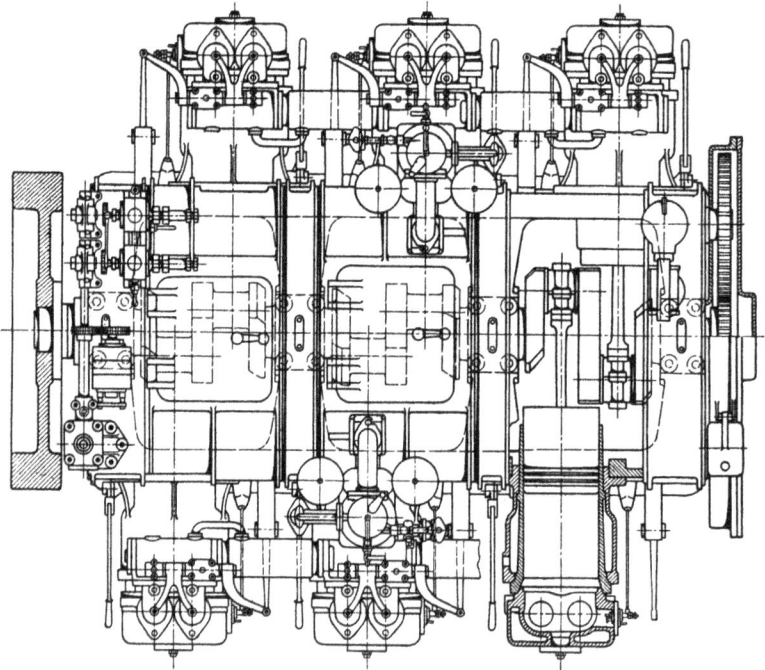

Fig. 74. Petrolmaschine der Wolseley Tool und Motor Car Works.

liefert worden ist. Bei der letzteren findet das Anlassen durch
3 Pulverpatronen mit je 18 bis 20 g Schwarzpulver statt. Die
erste dieser Patronen wird von Hand abgefeuert, während die
beiden anderen selbsttätig durch die Abreißzündung der Maschine
abgefeuert werden [1]).

---

[1]) Zeitschr. d. Ver. Deutsch. Ing. 1906. Nr. 10.

Bei den Wagen der North Eastern-Bahn findet die Erregung der Dynamomaschine durch eine zweite, kleinere Dynamo von 3,75 KW Leistung und 72 V Spannung statt, welche mittels Riemen von der Verbrennungsmaschine angetrieben wird. Außerdem wird durch diese kleine Erregerdynamo auch die Beleuchtung besorgt. Die Regelung der Fahrgeschwindigkeit der Wagen erfolgt durch die Regelung der Spannung der Betriebsdynamo zwischen 400 V beim Anlassen und 550 V bei der höchsten Fahrgeschwindigkeit von 58 km/Std., sowie durch Schaltung der Elektromotoren in Reihe oder parallel. Die Leistung der Dynamomaschine beträgt 55 bis 60 KW, die beiden Elektromotoren können je 55 PS leisten. Der Betrieb des Wagens kann von jedem Ende aus erfolgen, die kleine Akkumulatorenbatterie ist mitten unter dem Wagen untergebracht. Die Wagen haben ein sehr gutes Aussehen bei vornehmer Ausstattung innen wie außen und haben im ganzen 52 gepolsterte Sitzplätze in nur einer Wagenklasse bei einem Dienstgewicht von 35 t. Die Motoren sind beide in dem einen Drehgestell untergebracht, so daß das andere nur schwach belastet ist. Die Wagen zeichnen sich durch schnelles Anfahren aus. Bei den kurzen Aufenthalten von etwa $1/4$ Minute unterwegs läuft die Maschine leer weiter. Die Länge der Fahrt beträgt jedesmal 10 Meilen hin und 10 Meilen zurück, zusammen also 20 Meilen oder 32 km. Der Preis des Wagens beträgt, zum Teil infolge seiner vornehmen Ausstattung, 87 500 Frcs. (70 000 M.), also rd. 1350 M. auf einen Sitzplatz.

Während es sich bei den vorstehend beschriebenen beiden Wagen um Luxusausführungen für den Badeverkehr handelt, ist bei den Arader und Csanáder Bahnen eine große Anzahl benzinelektrischer Wagen in Betrieb, mit denen ein erheblicher Teil des Personenverkehrs bewältigt wird. Es ist dies zurzeit der bei weitem größte Betrieb von Eisenbahnmotorwagen mit Verbrennungsmaschinen und elektrischer Kraftübertragung.

Die Wagen werden in zwei verschiedenen Ausführungen verwendet. Die eine hat Triebmaschinen von 30 PS Leistung, die bei einem Teil der Wagen dem wachsenden Verkehrsbedürfnis entsprechend gegen solche von 40 PS ausgewechselt worden sind, die andere solche von 70 PS Leistung. Die erste Gattung dient für langsam fahrende leichte Triebwagenzüge mit nur einem Mann Besetzung auf dem Führerstande, die zweite für schnell fahrende leichte und für langsam fahrende schwerere Züge. Bei den schnell

fahrenden Zügen bis zu 60 km/Std. Fahrgeschwindigkeit wird der
Führerstand mit zwei Mann besetzt.

Die Regelung der Fahrgeschwindigkeit erfolgte früher mittels
Vorschaltwiderständen, jetzt nur noch durch Regelung des Ganges
der Verbrennungsmaschine und durch Schaltung der beiden Elektromotoren in Reihe oder parallel.

Die erste Gattung der Arader Wagen für normale Spurweite
hat 42 Sitzplätze und kann bei einer Fahrgeschwindigkeit von
35 km/Std. und einem eigenen Dienstgewicht von 13 t noch einen
Anhängwagen von 6,3 t Eigengewicht mit 48 Sitzplätzen schleppen.
Der ganze Zug wiegt dann voll besetzt 27 t.

Die zweite Gattung hat ein Dienstgewicht von 16,4 t und kann
bei einer Fahrgeschwindigkeit von 55 bis 60 km/Std. einen Anhängwagen von 10 t Eigengewicht mit 34 Sitzplätzen oder bei einer

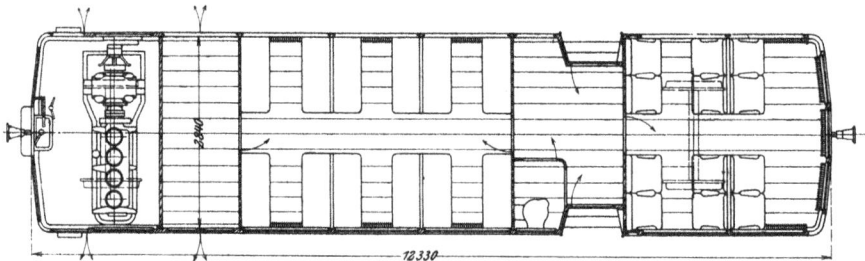

Fig. 75. Benzinelektrischer Wagen der Arader und Csanáder Bahnen mit 70 PS Maschinenleistung,
gebaut von J. Weitzer (Arad).

Fahrgeschwindigkeit von 35 km/Std. vier Anhängwagen schleppen. Im
letzteren Falle hat der ganze Zug 186 Sitzplätze und voll besetzt
ein Gesamtgewicht von 57 t.

Die Maschinen haben vier stehende, in einer Reihe nebeneinander quer zur Wagenlängsachse aufgestellte Zylinder. Das
Andrehen der leer laufenden Benzinmaschine erfolgt mittels einer
Handkurbel. Das Kühlwasser wird bis auf 75° erwärmt, während
dessen Wärme bei dem Wagen der North Eastern-Bahn nur 45°
beträgt. Die mit Strahlblechen versehenen Kühlrohre sind auf dem
Dache der Wagen untergebracht, der Umlauf erfolgt durch eine
kleine Kreiselpumpe. Das Kühlwasser wird je nach Bedarf ganz
oder teilweise zur Heizung der Wagen verwendet.

Fig. 75 zeigt einen der neueren Arader benzinelektrischen
Wagen von 70 PS Leistung im Grundriß, Fig. 76 einen benzin

elektrischen Tracteur (Lokomotive) gleicher Leistung im Längs-
schnitt und zwei Querschnitten[1]).

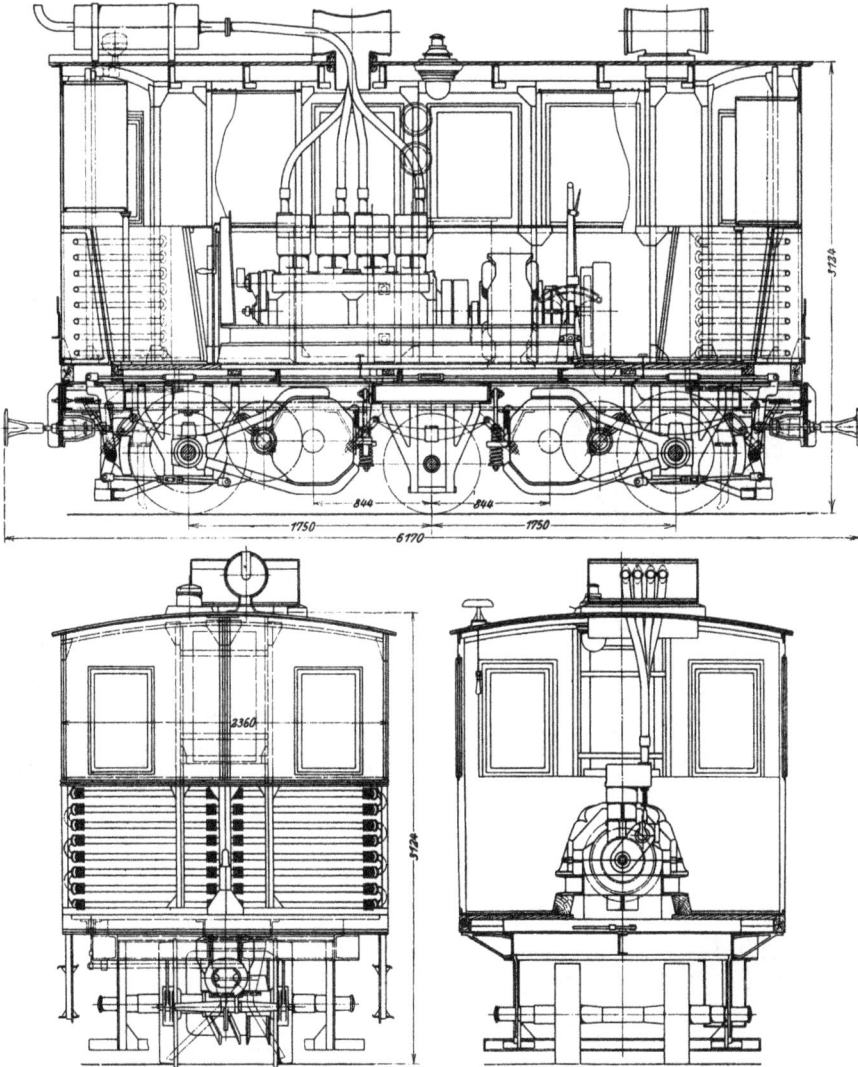

Fig. 76. Benzinelektrischer Tracteur der Arader und Csanáder Bahnen mit 70 PS Maschinenleistung, gebaut von J. Weitzer (Arad).

Die Preußische Staatseisenbahnverwaltung hat kürzlich einen großen vierachsigen Triebwagen (Fig. 77) mit Benzol-

---

[1]) Vgl. im übrigen wegen der Arader und ähnlicher Wagen: Ztg. d. Ver.
Deutsch. Eis.-Verw. 1907 Nr. 55 und Handb. d. Eisenbahnmaschinenw. (v. Stockert).
Bd. I: Motorwagen und leichte Lokomotiven.

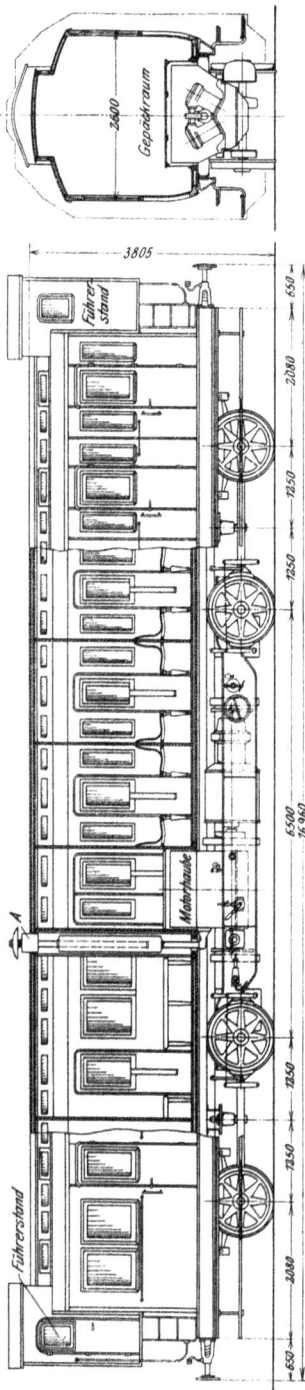

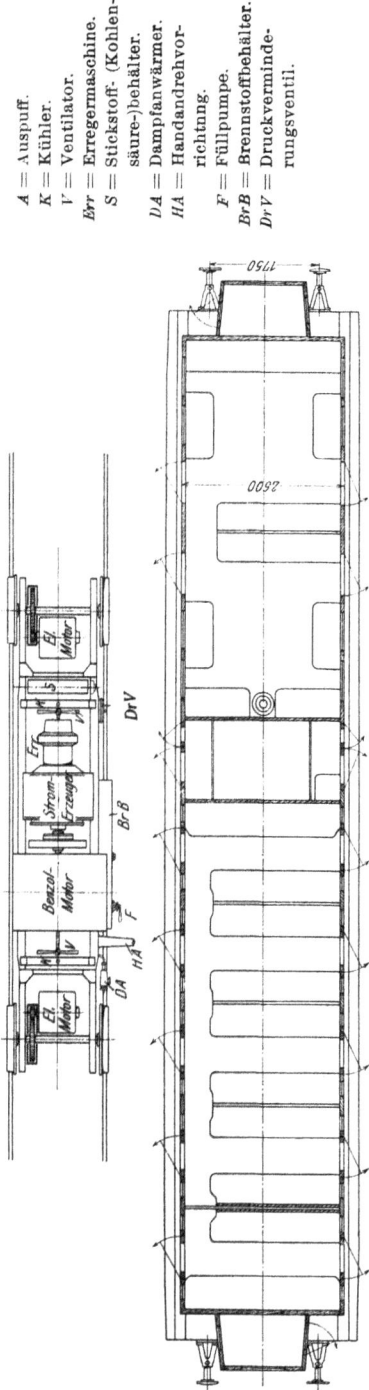

A = Auspuff.
K = Kühler.
V = Ventilator.
Err = Erregermaschine.
S = Stickstof- (Kohlen-
säure-)behälter.
DA = Dampfanwärmer.
HA = Handandrehvor-
richtung.
F = Füllpumpe.
Br·B = Brennstoffbehälter.
Dr·V = Druckverminde-
rungsventil.

Fig. 77. Benzolelektrischer Triebwagen der Preußischen Staatseisenbahn (Eis.-Dir. Saarbrücken), gebaut von der Gasmotorenfabrik Deutz und der Allgemeinen Elektrizitätsgesellschaft (Berlin), der Waggonfabrik Falkenriede (Hamburg) und Trelenburg (Breslau).

maschine und elektrischer Kraftübertragung beschafft, der 7 Sitzplätze II., 33 Sitzplätze III., 40 Plätze IV. und einen Gepäckraum
enthält. . Im ganzen lassen sich einschließlich Stehplätze bis zu
97 Personen in dem Wagen unterbringen, wenn auf Plätze II. Klasse
verzichtet wird. Anhängwagen sind nicht vorgesehen.

Die bei den Probefahrten des Wagens technisch bewährte Verwendung von Benzol, und zwar unvollständig gereinigtem sogenannten
Rohbenzol, hat außer dem billigen Bezugspreise desselben den Vorteil, daß die Maschine mit hoher Verdichtung (Kompression), wie
bei Leuchtgas, Sauggas und Spiritus, arbeiten kann. Hierdurch wird
sowohl gute Ausnutzung des Brennstoffs als hohe Leistung bei verhältnismäßig geringen Zylinderabmessungen erreicht. Dazu ist Benzol
ein inländisches, in großen Mengen zur Verfügung stehendes und
von Einfuhrzöllen unabhängiges Erzeugnis.

Die Maschine verbraucht bei voller Belastung 280 g Benzol
auf die PS-Std. im Werte von 5,6 Pf., bei einem Benzolpreise von
20 Pf. für 1 kg, während eine entsprechende Benzinmaschine auf
die PS-Std. 350 g Benzin im Werte von 12 Pf. verbrauchen würde,
bei einem Benzinpreise von 34 Pf. für 1 kg.

Das Dienstgewicht des unbesetzten Wagens beträgt 42 t, die
Fahrgeschwindigkeit soll auf wagerechter Strecke bis zu 50 km/Std.
betragen. Bei den Probefahrten sind Fahrgeschwindigkeiten von
etwas mehr als 60 km/Std. auf der Wagerechten und solche von
38 km/Std. auf einer langen Steigung von 1 : 153 erreicht worden.
Der Brennstoffverbrauch betrug knapp 500 g Benzol auf 1 Wagenkilometer in einem Werte von 20 Pf. für 1 kg, also etwa von 10 Pf.
für 1 Wagenkilometer.

Die beiden zweiachsigen Drehgestelle des Wagens sind nach
der Bauart Krauss ausgeführt. Auf den beiden inneren, stets parallel
zueinander geführten Achsen ruht ein aus gepreßten Blechen und
Formeisen zusammengesetzter, besonders abgefederter Rahmen, in
den die Verbrennungsmaschine nebst Dynamomaschine
eingebaut ist (Fig. 78a bis d). Auf diese Weise sind die Maschinen
fast vollständig unter dem Wagenfußboden untergebracht. Nur die
Verbrennungsmaschine ragt noch etwas in den Gepäckraum hinein
und ist von hier aus nach Abnahme der umhüllenden Haube gut
zugänglich, namentlich die Ventile und Steuerungsteile, die oben an
den Zylindern angebracht sind. Die übrigen Maschinenteile sind
nach Öffnung von Klappen im Fußboden, sowie von unten aus einer
Arbeitsgrube bequem zu erreichen.

Durch diese Anordnung der Maschinenanlage ist bewirkt, daß
1. der ganze Raum des Wagenkastens für Reisende und Gepäck
verfügbar bleibt, 2. die von der Verbrennungsmaschine erzeugten,

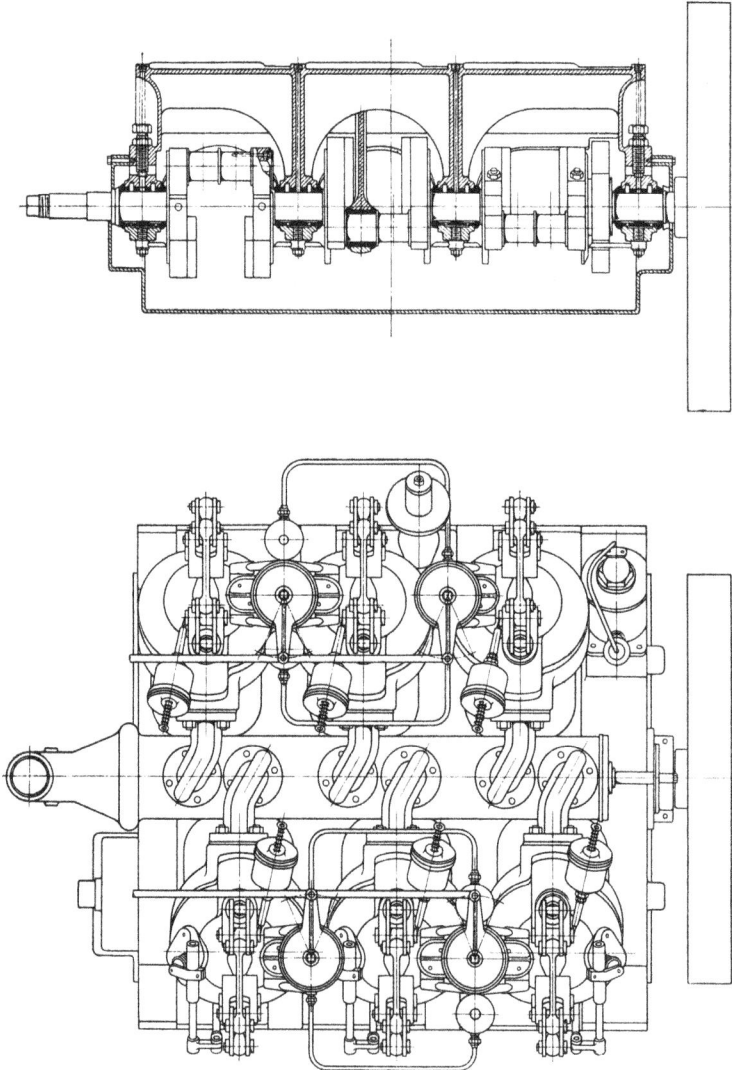

Fig. 78a. Verbrennungsmaschine des benzolelektrischen Triebwagens der Preußischen Staatseisenbahn. (Gasmotorenfabrik Deutz in Cöln-Deutz.)

nicht ganz zu vermeidenden Erschütterungen nicht unmittelbar auf
den Wagenkasten übertragen werden, 3. die Feuergefahr stark vermindert ist, indem etwa durch Undichtheiten ausfließendes Benzol

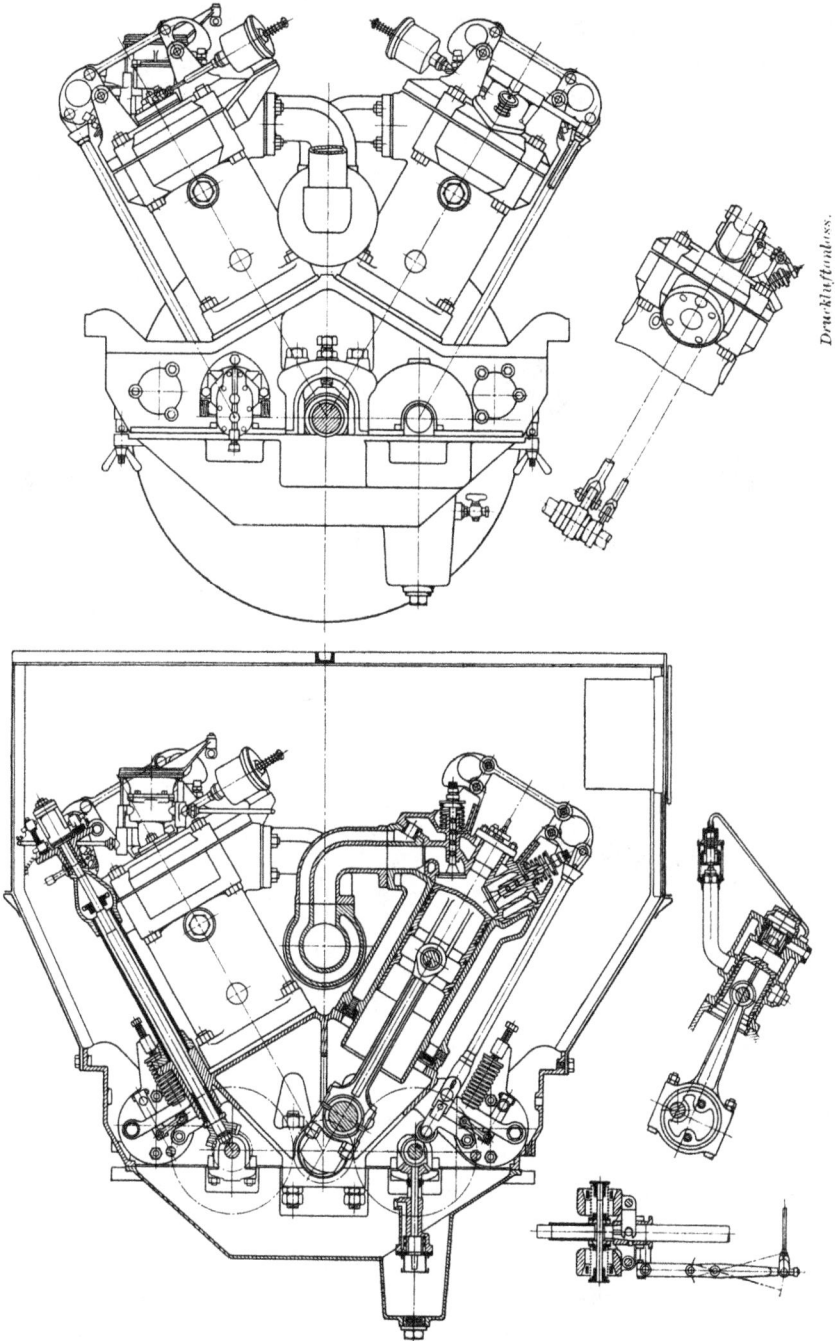

Fig. 78b. Verbrennungsmaschine des benzolelektrischen Triebwagens der Preußischen Staatseisenbahn. (Gasmotorenfabrik Deutz in Cöln-Deutz.)

nur auf die Strecke gelangen kann und dort verdunstet. Zur völligen Vermeidung von Feuergefahr sind besondere Maßregeln getroffen. Die Bedienung der Maschinenanlage ist durch die Anordnung unter dem Fußboden nicht behindert.

Die Benzolmaschine mit einer Dauerleistung von 90 PS besitzt sechs Zylinder von 150 mm Durchmesser und 180 mm Hub und macht 700 Umdrehungen in der Minute. Die Zylinder sind so angeordnet, daß je zwei Flügelstangen nebeneinander auf einen

Fig. 78 c. Einbau der Maschine des benzolelektrischen Triebwagens der Preußischen Staatseisenbahn.

Fig. 78 d. Einbau der Maschine des benzolelektrischen Triebwagens der Preußischen Staatseisenbahn.

Kurbelzapfen wirken, während die Zylinderachsen einen Winkel von 60° miteinander einschließen. Hierdurch wird der Ausgleich der auf- und niedergehenden Massen gleich günstig wie bei einer Dreizylindermaschine, die Kreuzkopfdrücke werden gering, die Inbetriebsetzung wird erleichtert, die Maschine beansprucht geringen Raum und die Kurbelwelle erhält nur drei Kröpfungen und vier Lager.

Die Maschine hat, abgesehen von dem Leerlauf bei dem Stillstande des Wagens und von dem ersten Teile des Anfahrens, stets gleiche Umdrehungszahl, wird also voll ausgenutzt und arbeitet stets mit ihrem günstigsten Wirkungsgrade.

Die Kolben der Maschine sind sehr lang ausgeführt, die Flächendrücke sind überall gering gehalten. Im Gegensatz zu Automobilmaschinen, bei denen in erster Linie auf möglichst große Gewichtsersparnis gerücksichtigt wird, ist bei der Anordnung der Verbrennungsmaschine des benzolelektrischen Triebwagens, ebenso wie bei der elektrischen Einrichtung, vornehmlich auf Betriebssicherheit, einfache Anordnung, Dauerhaftigkeit, leichten Ersatz und billige Unterhaltung hingearbeitet.

Um einen möglichst kleinen Verbrennungsraum zur Erzielung starker Verdichtung unter günstiger Lage der Zündvorrichtung zu erzielen, sind die Ein- und Ausströmventile schräg gestellt. Die Rohrleitungen sind an die Zylinderkörper angeschlossen, um die Abnahme der Deckel zu erleichtern.

Die Steuerung der Ein- und Auslaßventile erfolgt durch unrunde Scheiben, welche auf zwei Steuerwellen angebracht sind. Das Auslaß- und das Einlaßventil desselben Zylinders wird durch nur eine unrunde Scheibe gesteuert, indem das erstere (Fig. 78b) sich öffnet, wenn die an dem Rollenhebel angebrachte Rolle über eine Erhöhung der unrunden Scheibe läuft, während das zweite sich bei dem Laufe der Rolle über eine Abflachung derselben Scheibe öffnet. Durch einen Zentrifugal-Federregulator wird eine an der Steuerung jedes Zylinders angebrachte Zwischenrolle verschoben, welche sich zwischen dem Rollenhebel und dem Lenker der Ventilstange bewegt und die Ventilstange mehr oder weniger behindert der Belastung der Maschine entsprechend der Steuerscheibe zu folgen. Durch die Zwischenrolle kann indessen nur der Hub des Einströmventils beeinflußt werden, während für das Ausströmventil der Rollenhebel stets eine solche Lage einnimmt, daß die Zwischenrolle nicht zur Geltung kommt, indem das Ende der Ventilstange unmittelbar auf dem Rollenhebel aufruht, solange die an dem letzteren angebrachte Rolle nicht über die Abflachung der Steuerscheibe läuft. Die Öffnung des Austrittventils ist deshalb unabhängig von der Stellung des Regulators.

Durch das Einströmventil werden je nach der Öffnung desselben größere oder kleinere Mengen von zerstäubtem (vergastem) Benzol und Luft in gleichmäßigem Mischungsverhältnis angesaugt. Eine mit feinen Bohrungen versehene Brause im Vergaser steht mit dem Schwimmer in Verbindung, der für gleichmäßige Höhe des etwas tiefer als die Bohrungen der Brause liegenden Brennstoff-spiegels sorgt. Über der Brause ist eine genau eingestellte und un-veränderliche Verengung angebracht. Durch den um die Brause herum entstehenden, von der Öffnung des Einströmventils abhängigen Unterdruck wird mehr oder weniger Brennstoff und in gleichem Maße mehr oder weniger Luft angesaugt. Der Brennstoff wird durch die Brause in feine Strahlen zerteilt, die von der vorbeistreichenden angesaugten Luft zerrissen und zerstäubt werden.

Die ganze Verbrennungsmaschine ist durch eine an den Ma-schinenrahmen anschließende Haube vollständig eingekapselt und gegen Staub geschützt. Die Verbrennungsluft tritt durch ein Filter in diese Haube ein und unterstützt die Kühlung der Maschinenzylinder. Die Aus-puffgase werden durch einen Schalldämpfer abgeführt, der in einem doppelwandigen Ge-schränk des Abteils IV. Klasse untergebracht ist. Der Hohl-raum dieses Geschränks ist ent-lüftet zur Verhinderung der Be-lästigung der Reisenden durch Wärmestrahlung.

Für die Zündung ist die zur Notbeleuchtung im Wagen vorhandene Speicherbatterie nutzbar gemacht, weil die üb-lichen magnetelektrischen Zünd-vorrichtungen beim Inbetrieb-setzen der Maschinen infolge

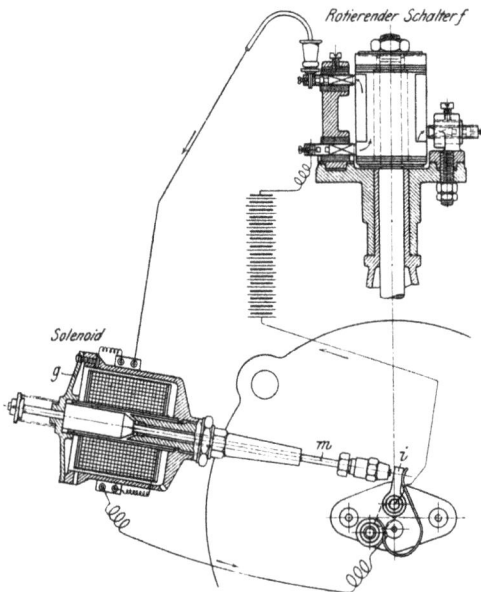

Fig. 79. Einzelheiten der Steuerung des benzol-elektrischen Triebwagens.

der geringen Umdrehungszahl zu schwache Zündfunken ergeben. Auf Zündkerzen mußte schon deshalb verzichtet werden, weil diese bei der starken Verdichtung der Ladung nicht anwendbar sind. Die getroffene Einrichtung ist folgende: Der Batteriestrom wird durch einen umlaufenden Schalter (f) jeweils auf einen Ma-schinenzylinder geschaltet. Der Strom fließt dann durch die Spule eines Solenoids (g) zu dem elektrisch isolierten Zündstift und durch den anliegenden Zündhebel zur Batterie zurück (Fig. 78b und 79). Durch diesen Stromkreislauf wird aber sofort nach dem Einschalten

ein Weicheisenstück im Solenoid angezogen, das durch die Stoß-
stange *m* das Abreißen des Zündhebels *i* veranlaßt. Hierdurch ent-
steht der Zündfunke, der noch durch den im Solenoid erzeugten
Extrastrom verstärkt wird. Der Extrastrom findet an der Zündstelle
einen Ausgleich und der Schalter läuft deshalb funkenfrei. Diese
Zündvorrichtung arbeitet demnach mit niedriger Spannung, dem
Verschleiß unterliegende Schneiden und Klinken sind bei der Abreiß-
bewegung vermieden und der Zeitpunkt der Zündung kann leicht
eingestellt werden, indem dieser für jeden einzelnen Zylinder durch
Verstellen einer einzelnen Bürste und für sämtliche Zylinder gleichzeitig durch Verstellen der Bürstenbrücke verändert werden kann.

Die Zylinder werden durch je eine Preßpumpe mit Öl versorgt.
Die Schmierung der übrigen Maschinenteile erfolgt ebenfalls fortlaufend selbsttätig, indem das in der unteren Ölschale angesammelte
Öl durch eine Pumpe hochgefördert und auf die einzelnen Lauf-
stellen verteilt wird. Die verbrauchte Ölmenge ist täglich nachzu-
füllen, von Zeit zu Zeit wird die gesamte Ölmenge filtriert.

Die reichlich bemessenen Kühlwasserräume der Benzolmaschine sind so miteinander verbunden, daß das Kühlwasser im
Winter durch Öffnen nur eines Hahns abgelassen werden kann.
Die Rückkühlung des Wassers erfolgt durch Röhrenkühler (Waben-
kühler), die sehr kräftig in den Wandstärken gehalten, mit dem
Maschinenrahmen elastisch verbunden und durch eine Querversteifung
gegen Beschädigung geschützt sind. Die Kühler sind in dem durch
eine Umlaufpumpe bewirkten Kreislauf des Kühlwassers hintereinander geschaltet, ein oben im Gepäckraum angebrachter Behälter
wirkt als Ausgleich und ersetzt die geringen Verluste an Kühlwasser.
Ventilatoren auf den Enden der Maschinenwelle bringen den Kühlern
die namentlich beim Stillstande des Wagens erforderliche Kühl-
luft zu.

Die Inbetriebsetzung der Maschine erfolgt in der Regel
durch Druckluft, die durch eine von der Maschinenwelle aus mittels
Zahnradvorgeleges und Exzenters angetriebene Pumpe beschafft wird.
Diese liefert gleichzeitig die Druckluft für die Knorr-Bremse und die
Luftpfeife. Zum Anlassen der Maschine wird die Druckluft drei
Zylindern durch zwangläufig gesteuerte Ventile zugeführt, während
die übrigen drei Zylinder von Anfang an als Verbrennungsmaschinen
arbeiten. Außer der Drucklufteinrichtung ist noch eine Vorrichtung
angeordnet, mittels deren die Maschine im Notfalle durch drei Mann
von Hand in Gang gebracht werden kann.

9*

Zur Vermeidung von Feuergefahr sind besondere Maßregeln getroffen, die darauf hinauslaufen, den Zutritt von Luft zum
Brennstoff außerhalb der Maschinenzylinder zu verhindern. Es wird
zu diesem Zweck in den unterhalb des Wagenkastens am Maschinenrahmen befestigten Brennstoffbehälter Kohlensäure oder Stickstoff
unter geringem Druck eingeleitet, weiterhin sind alle Brennstoff-

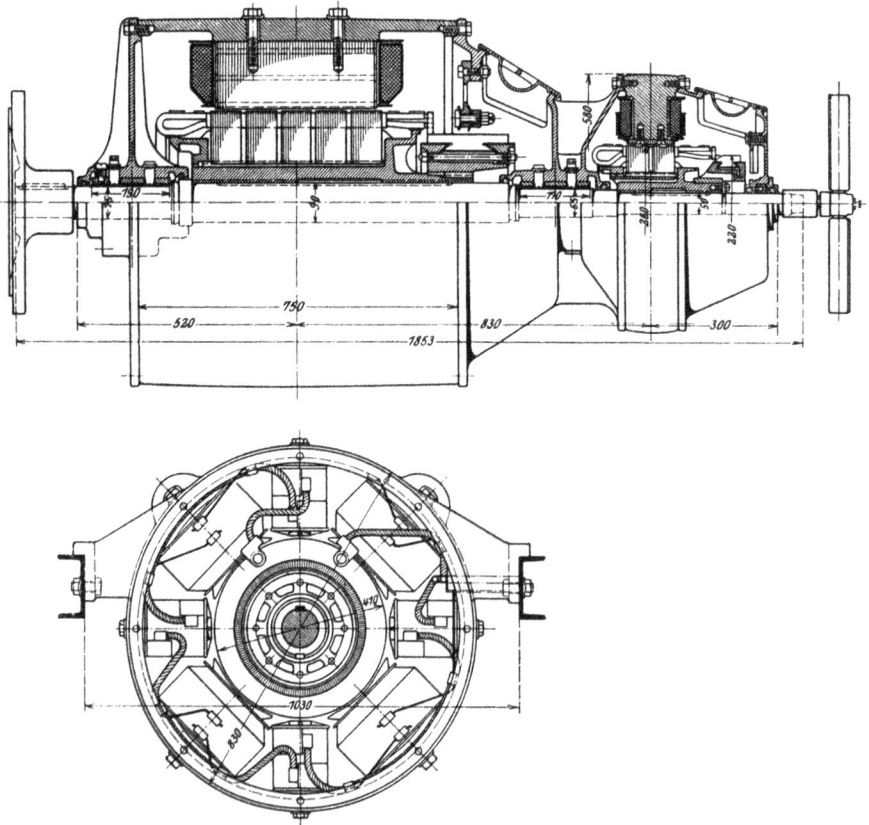

Fig. 80. Dynamo des benzolelektrischen Triebwagens (Allgemeine Elektrizitätsgesellschaft).

leitungen nach dem durch Patent geschützten Verfahren von Martini
und Hüneke in Hannover mit einem zweiten Rohr umgeben und
der ringförmige Zwischenraum zwischen dem inneren und dem
äußeren Rohr durch Verbindung mit dem entsprechenden Raum
des Brennstoffbehälters ebenfalls mit der unter Druck befindlichen
Kohlensäure oder Stickstoff angefüllt. Reißt nun das innere Rohr,
so fließt der Brennstoff in den Zwischenraum zwischen diesem und

dem äußeren Rohr und durch diesen Zwischenraum in den Brenn-
stoffbehälter zurück, weil die Leitungen von dem letzteren aus an-
steigend ausgeführt sind. Bei eintretender Undichtheit des äußeren
Rohres entweicht der Druck und der im inneren Rohr enthaltene
Brennstoff fließt wiederum in den Brennstoffbehälter zurück. Der
Verbrauch an Kohlensäure oder Stickstoff ist gering. Die betreffende
mit einem Druckminderungsventil versehene Stahlflasche ist am
Maschinenrahmen angebracht.

Die Stromerzeugungsanlage kann dauernd 55 KW =
75 PS leisten. Die Dynamo ist mit der treibenden Verbrennungs-

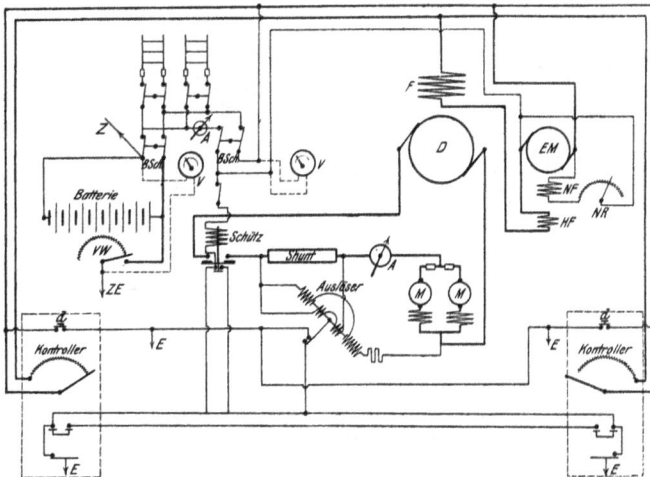

Fig. 81. Vereinfachtes Schaltungsschema des benzolelektrischen Triebwagens.

maschine unmittelbar gekuppelt und arbeitet daher wie diese mit
stets gleichmäßiger Umdrehungszahl. Eine kleine, von der gleichen
Welle angetriebene, vollständig gekapselte Erregermaschine mit Ver-
bundwicklung und Wendepolen gibt deshalb Strom von gleichmäßiger,
und zwar 35 V, Spannung. Der Strom der Erregermaschine wird
auch zur Beleuchtung des Triebwagens und zum Aufladen der kleinen,
zur Notbeleuchtung dienenden Speicherbatterie mit dreistündiger
Entladezeit verwendet.

Die stromerzeugende Dynamo (Fig. 80) ist eine ganz gekapselte
Gleichstrom-Nebenschlußmaschine mit Wendepolen, die bei allen
Belastungen funkenfreies Arbeiten ermöglichen. Die Verbindung der
Verbrennungsmaschine mit der Dynamo erfolgt durch eine Zodel-

Voithsche Lederbandkupplung, deren eine Hälfte als Schwungrad
ausgebildet ist.

Die Kraftübertragung von der Dynamo auf die beiden
Motoren erfolgt nach der Leonhardschen Anordnung. Durch die
Stellung des vom Wagenführer bedienten Fahrschalters wird der in
den Erregerstrom eingeschaltete Regulierwiderstand beeinflußt und dem-
gemäß der stromerzeugenden Dynamo (D) eine größere oder kleinere
Menge von Erregerstrom durch die kleine Erregermaschine (EM) zugeführt (vgl. das vereinfachte Schaltungsschema Fig. 81). Hierdurch
läßt sich die Feldstromstärke und damit die Klemmenspannung der

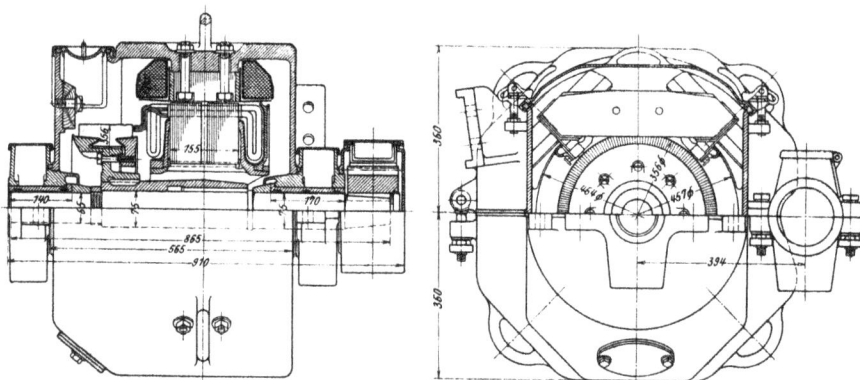

Fig. 82. Elektromotor des benzolelektrischen Triebwagens (Allgemeine
Elektrizitätsgesellschaft, Berlin).

Dynamo innerhalb weiter Grenzen verändern. Der Stärke der Erregung entsprechend liefert der Stromerzeuger größere oder geringere
Mengen elektrischer Leistung unmittelbar, ohne Zwischenschaltung
von Widerständen, an die normal gebauten und an den Maschinenrahmen federnd angehängten Bahnmotoren (Fig. 82), welche die inneren
Achsen mittels je eines Zahnräderpaares antreiben. Abgesehen von
dem Erregerstrom fließen deshalb alle erzeugten Elektrizitätsmengen,
ähnlich wie bei den petrolelektrischen Wagen der North Eastern-
Bahn, den Motoren zu. Durch die Regelung wird lediglich der Er-
regerstromkreis beeinflußt und es findet keine Vernichtung von elektrischer Energie durch Widerstände statt. Die höchste Klemmenspannung der Dynamo beträgt 500 V. Die Bahnmotoren können
jeder bis zu 60 PS leisten, ergeben also eine große Anzugskraft.
Bei einer bestimmten Höchstleistung tritt selbsttätig ein Auslöser in

Wirksamkeit (Fig. 81), der ein Schütz betätigt und dadurch den Hauptstromkreis unterbricht.

Die ganze elektrische Einrichtung ist sehr einfach und deshalb ihre Bedienung durch den Wagenführer leicht. Es darf angenommen werden, daß das Güteverhältnis der elektrischen Kraftübertragung nicht schlechter ist als das der mechanischen. Die Betriebssicherheit ist groß und es sind wenige dem Verschleiß unterliegende Teile vorhanden.

Auf der Fahrkurbel ist ein Sicherheitsdruckknopf (d) angebracht, den der Führer während der Fahrt niederdrücken muß. Sollte dem Führer während der Fahrt ein Unfall zustoßen, so wird er die Kurbel und damit den Druckknopf loslassen und es erfolgt selbsttätige Unterbrechung des Erregerstroms und damit auch des Hauptstroms. Auf diese Weise erscheint es nicht ausgeschlossen, daß bei leichten Betriebs- und Verkehrsverhältnissen ein solcher Triebwagen durch nur einen Mann bedient werden kann. Einstweilen ist die Bedienung durch zwei Mann, einen Führer und einen Schaffner, vorgesehen.

Soll der Wagen rückwärts laufen, so muß ein neben der Kurbel der Meisterwalze des Fahrschalters (Kontroller) angebrachter Fahrtwender umgelegt werden, der mit der Kurbel zwangläufig verbunden ist, so daß er nur betätigt werden kann, wenn die Fahrkurbel sich in der Nullstellung befindet.

Die Führerstände sind in der Art von Bremserhäusern erhöht angeordnet.

Die Beleuchtung des Wagens erfolgt durch Metallfadenglühlampen mittels des Stroms der Erregermaschine oder, beim Stillstand derselben, mittels des Stroms der kleinen von ihr geladenen Speicherbatterie.

Die Heizung des Wagens im Winter erfolgt durch das mit etwa 70° C von der Benzolmaschine abfließende Kühlwasser. Es ist auch eine Einrichtung getroffen, um den Wagen mittels Dampfes vorwärmen zu können.

Die elektrische Einrichtung des benzolelektrischen Triebwagens ist von der Allgemeinen Elektrizitätsgesellschaft, die Verbrennungsmaschine von der Gasmotorenfabrik Deutz geliefert. Der Beschaffungspreis beträgt 63 500 M. Der Wagen ist für die Kgl. Eisenbahndirektion Saarbrücken bestimmt.

b) Triebwagen mit Verbrennungsmaschinen und elektrischer Kraftübertragung und mit Arbeitsbatterie.

Der oft erwähnte Triebwagen der St. Joseph's Valley Traction Co. (Fig. 83) ist nur eine als Wagen eingekleidete benzinelektrische Lokomotive[1]. Die Maschinenleistung beträgt 70 PS, die höchste Fahrgeschwindigkeit 40 km/Std. Der Wagen ist vierachsig.

Der Strang-Wagen[2], der es indessen nicht über Versuchsausführungen hinaus gebracht hat, ist ein gasolinelektrischer Wagen mit Speicherbatterie. Die Maschine hat sechs Zylinder, die oben im Maschinengestell zu je drei einander gegenüber und unter 90° zueinander angeordnet sind. Die Leistung der Dynamomaschine beträgt 50 KW, die der beiden Elektromotoren je 50 PS. Die Speicherbatterie von 112 Zellen hat eine Kapazität von 200 Amperestunden

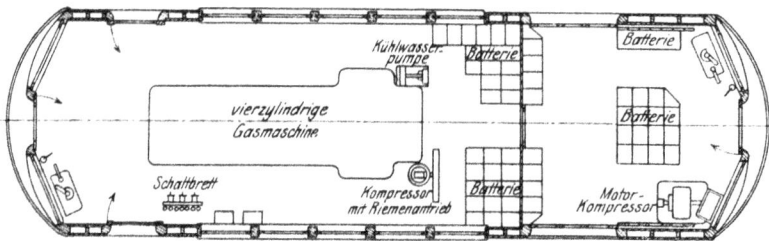

Fig. 83. Benzinelektrischer Triebwagen der St. Joseph's Valley Traction Co.

und unterstützt die Dynamomaschine bei der Fahrt auf stärkeren Steigungen, während sie bei der Fahrt im Gefälle, beim Anhalten und beim Stillstand des Wagens geladen wird. Bei der Fahrt auf ebener Strecke geht der elektrische Strom unmittelbar von der Dynamomaschine zu den Elektromotoren. Die größte Fahrgeschwindigkeit beträgt 50 engl. Meilen(80 km)/Std., der mittlere Verbrauch an Brennstoff 1,3 l auf 1 km. Der mitgeführte Brennstoffvorrat von 100 Gallonen (454 l) reicht für eine Fahrtlänge von 362 km. Die Wagen haben 41 Sitzplätze.

Einen solchen Wagen von Brill u. Co. in Philadelphia besitzt die Missouri & Kansas Interurban Ry.

---

[1] Eisenbahntechn. Zeitschr. 1905. Nr. 11.

[2] Railr. Gaz. 1906. Nr. 8; vgl. wegen der amerikanischen Wagen: Elektr. Bahnen und Betriebe vom 24. April 1906. Engg. v. 10. April 1908. Street Railw. Journ. v. 11 April 1908. Railw. Gaz. v. 14. Febr. 1908. Ztg. d. Ver. Deutsch. Eis.-Verw. 1908. Nr. 18.

Bei einem etwas älteren gasolinelektrischen Wagen der Chicago und Alton-Bahn geht der ganze von der Dynamo erzeugte Strom durch die Speicherbatterie, deren Ladung selbsttätig eingeleitet und wieder abgestellt wird.

Bei den amerikanischen Wagen mit Verbrennungsmaschinen und elektrischer Kraftübertragung wird durchweg über zu große und ganz unnötige Verwicklung der maschinellen Einrichtung geklagt, die nur durch das Bestreben herbeigeführt ist, möglichst viel patentierte Teile an dem Wagen zu haben. Hierdurch werden häufige Betriebsstörungen veranlaßt und die Verwendung von besonders gut ausgebildetem und umsichtigem Personal wird erforderlich. Es verlohnt sich deshalb nicht mehr, näher darauf einzugehen.

In Amerika wird im allgemeinen bei Lokomotiven, wie bei Motorwagen, auch bei der Fahrt ohne Anhängwagen, die Begleitung durch einen Führer, einen Maschinisten und einen Schaffner, also durch drei Angestellte, von dem Gesetz verlangt. Für elektrische Wagen mit Stromzuführung durch Oberleitung genügt die Begleitung durch zwei Mann.

c) Triebwagen mit Antrieb durch elektrische Speicherbatterien.

1. **Pfälzische Eisenbahnen.**[1]) Die Pfälzischen Eisenbahnen verwenden vorwiegend vierachsige Wagen mit Speicherbatterien, die bei einem Eigengewicht von 45 t 114 Sitzplätze nur

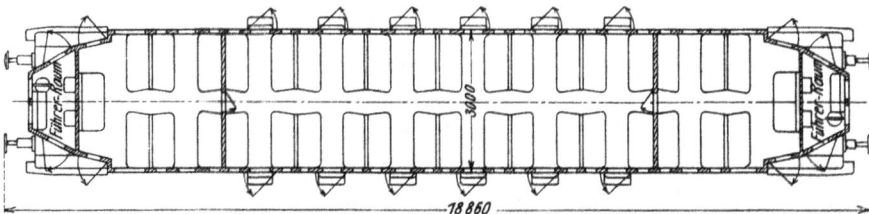

Fig. 84. Triebwagen der Pfälzischen Eisenbahnen mit elektrischen Speicherbatterien.

III. Klasse haben (Fig. 84), also 395 kg auf einen Sitzplatz wiegen, daneben auch dreiachsige Wagen von 38 t Eigengewicht mit nur 68 Plätzen. Bei den letzteren kommen also 558 kg Gewicht auf jeden Sitzplatz. Neben dem geringeren Gewicht haben

---

[1]) Vgl. Glas. Ann. 1901. Bd. 48. Heft 6 und 1903. Bd. 52. Heft 12; Z. V. D. E.-V. 1907. Nr. 80 u. 81; E. T. Z. 1907. Heft 32.

die vierachsigen Wagen noch den Vorzug, daß der durch den
ganzen Wagen durchgeführte Mittelgang noch eine große Anzahl
Stehplätze bietet. Auf jeden Sitzplatz kommt nur eine Breite von
425 bis 430 mm, was mit Rücksicht auf die Kürze der Fahrstrecken
statthaft erscheint. Die Batterien sind in den dreiachsigen und
vierachsigen Wagen gleich groß und haben ein Gesamtgewicht von
15 t für jeden Wagen. Die Kapazität beträgt, solange die Batterien noch neu sind, 250 Amperestunden. Die 156 Elemente jeder
Batterie sind, in den Fußboden eingelassen, unter den Sitzen möglichst nach den Drehgestellen zu, untergebracht. Während der
Fahrt werden sämtliche Batterien in Reihe geschaltet, beim Laden
werden sie in zwei Gruppen zu je 78 Elementen parallel geschaltet.

Die Wagen haben eine Breite von 3 m erhalten, trotzdem
sind aber die einzelnen Abteile durch Außentüren zugänglich. Die

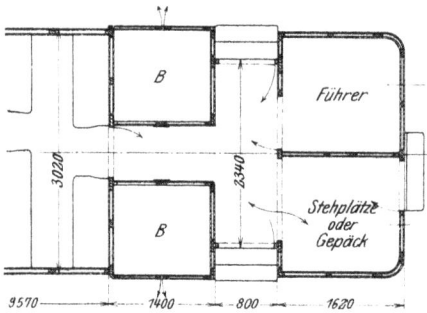

Fig. 85. Führerstand des Triebwagens der Belgischen
Staatseisenbahn mit elektrischen Speicherbatterien.

Fußtritte kommen, ähnlich wie
bei den englischen Dampfwagen,
aus der festgesetzten Umgren-
zungslinie heraus, ebenfalls die
geöffneten Türen. Die Fußtritte lassen sich deshalb durch
einen Handhebel einziehen, wodurch gleichzeitig die Türen
verriegelt werden. An den
Kopfenden der Wagen sind
ebenfalls Eingangstüren vorhanden.

Der Antrieb der pfälzischen Wagen erfolgt durch zwei Haupt-
strommotoren, welche mittels einer Zahnradübersetzung von 1 : 3
die beiden Achsen eines Drehgestells antreiben. Das andere Drehgestell ist zum Gewichtausgleich etwas stärker mit Batteriekästen
belastet. Die Fahrgeschwindigkeit der im besetzten Zustande etwa
50 t wiegenden vierachsigen Wagen ist auf 45 km/Std. festgesetzt.
Die Fahrgeschwindigkeit kann, und zwar durch Schwächung des
Magnetfeldes, auf 50 bis 55 km/Std. gesteigert werden.

Die an den Klemmen der Motoren verfügbare Spannung beträgt 300 V, die dauernde Stromstärke für jeden Motor beläuft sich
bei Parallelschaltung auf 65 Amp., kann aber auf 100 Amp.
und, falls bei Schadhaftwerden eines Motors der zweite den Betrieb
allein übernehmen muß, auf 120 Amp. wachsen.

2. Die Belgische Staatsbahn besitzt einen Wagen mit elektrischen Speicherbatterien, der auf einer 18 km langen Nebenbahnstrecke bei Antwerpen verkehrt. Der Wagen enthält 29 Sitzplätze II. und 35 Sitzplätze III. Klasse und kann mit zwei Anhängwagen und einer gesamten Zugbelastung von $10^1/_2 + 2 \times 4^1/_2 = 19^1/_2$ Einheiten zu 4000 kg, also mit einem gesamten Zuggewicht von 78 t, eine Fahrgeschwindigkeit von 80 km/Std. erreichen. Bei Einhaltung einer Grundgeschwindigkeit von 55 km/Std. kann der Wagen allein eine Fahrstrecke von 110 km zurücklegen, bis er einer Aufladung der Batterie bedarf. Das Gewicht des vierachsigen Wagens ohne Batterie beträgt 30 t, das Gewicht der Batterie 13 t. Das Aufladen der Batterie von 192 Elementen mit einem Ladestrom von 160 Amp. nimmt eine Stunde in Anspruch. Die Entladung erfolgt mit 80 bis 400 Amp. Stromstärke.

Die Batterie B ist an den Seitenwänden des Wagens über der Mitte des Drehgestells aufgebaut (Fig. 85). Es ist je ein Motor von 100 PS Höchstleistung auf je einer Achse des betreffenden Drehgestells angebracht, und zwar

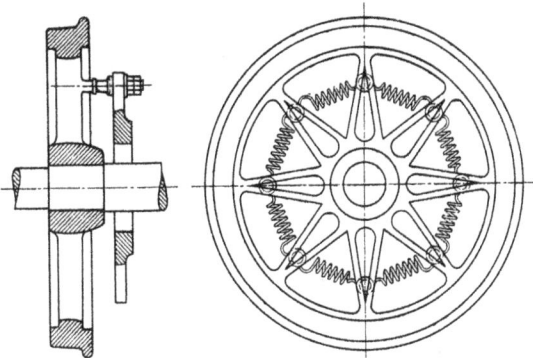

Fig. 86. Kupplung der Dynamo und der Treibachse (Belgische Staatseisenbahn).

sitzen die Anker lose um die Achsen und sind mit dem betreffenden Rade ohne Zahnradvorgelege unmittelbar durch Spiralfedern elastisch gekuppelt (Fig. 86). Diese Einrichtung eignet sich besonders für hohe Fahrgeschwindigkeit, die Motoren werden ziemlich schwer und umfangreich.

Die belgische Verwaltung macht auch Versuche mit einer Akkumulatorenlokomotive und mit einer benzinelektrischen Lokomotive Bauart Pieper[1]) im Rangierdienst.

3. Die Preußische Staatseisenbahnverwaltung hat eine größere Anzahl von im ganzen 63 Wagen mit Antrieb durch elektrische Speicherbatterien teils in Bestellung gegeben, teils seit kurzem in Betrieb genommen. Die ersten, dreiachsigen Wagen

---

[1]) Zeitschr. d. Ver. Deutsch. Ing. 1907. Nr. 5.

Triebwagen der Preußischen Staatseisenbahnverwaltung mit elektr. Speicherbatterien.

	1.	2.	3.	4.
Zahl der Wagen . . .		5	1	57
Triebmaschinen . . .		2 Elektromotoren von je 25 bis 30 PS Dauerleistung	3 Elektromotoren von je 32 PS Dauerleistung	2 Elektromotoren von je 50 PS zweistünd. Höchstleistg.
Achsenanordnung . .		3 Einzelachsen	2 Drehgestelle mit je 2 Achsen	Doppelwagen mit $2 \times 2 = 4$ Achsen
Anzahl Sitzplätze II. Kl.		8	8	8
» » III. »		50 bis 52 [1])	40	38
Anz. Stehplätze III. Kl.		—	8 bis 10 [1])	8 bis 20 [2])
Anzahl Plätze IV. »		—	40	60
Anzahl Plätze insgesamt		58 bis 60	96 bis 98	114 bis 126
Gewicht der besetzten Triebwagen		38 t	etwa 55 t	etwa 54,2 t
Beschaffungskosten für einen Wagen . . .		—	66 400 M.	75 200 M.
Umbaukosten desgl. .		32 700 M.	—	—
Höchste Dauergeschwindigkeit . km/Std.		45	50	50
Fahrstrecke für eine Ladung der Batterie km		60	—	100
Unterbringung der Batterie		unter den Sitzbänken	unter den Sitzbänken	vor den Führerständen
Kapazität der Batterie in Amperestunden .		200	290	368
Begleitmannschaften .		1 Wagenführer, 1 Schaffner	desgl.	desgl.
Direktionsbezirk . . .		Mainz	Saarbrücken	nicht bestimmt
Strecken		Mainz—Oppenheim Ingelheim—Gaualgesheim Rüsselsheim—Raunheim	Conz-Ehrang	nicht bestimmt
Indienststellung . . .		März 1907	November 1907	voraussichtl. zweite Hälfte 1908
Lieferer:				
Wagenkasten u. Untergestell		Hauptwerkstätte Tempelhof, Umbau	Waggonfabrik Rastatt	Breslauer Akt.-Ges. v.d.Zypen u.Charlier Gebr. Gastell
Batterie		Akkum.-Fabr.Berlin	desgl.	desgl.
Elektrische Ausrüstung		Siemens-Schuckert-Werke	desgl.	Allg. Elektr.-Ges. Siemens-Schuckert-Werke, Felten u. Guilleaume-Lahmeyer-Werke

[1]) Zu Sp. 2 u. 3: Die beiden Stehplätze mehr kommen hinzu für den Fall, daß das Abteil II. Kl. als III. Kl. benutzt wird. Alsdann sind auch die 8 Sitzplätze II. Kl. als III. Kl. zu rechnen.

[2]) Sp. 4: Von den 12 Sitzplätzen mehr kommen 2 auf das als III. Kl. benutzte Abteil II. Kl., die 10 anderen auf den Gepäckraum.

Die Stehplätze sind in dem Längsgang der Wagen vorgesehen. — Für IV. Kl. sind auf jede Person 0,35 qm gerechnet, entsprechend dem für gewöhnliche Personenwagen üblichen Mindestmaß (0,35 bis 0,4 qm). — Die Mitführung von Anhängwagen ist für den Betrieb nicht vorgesehen.

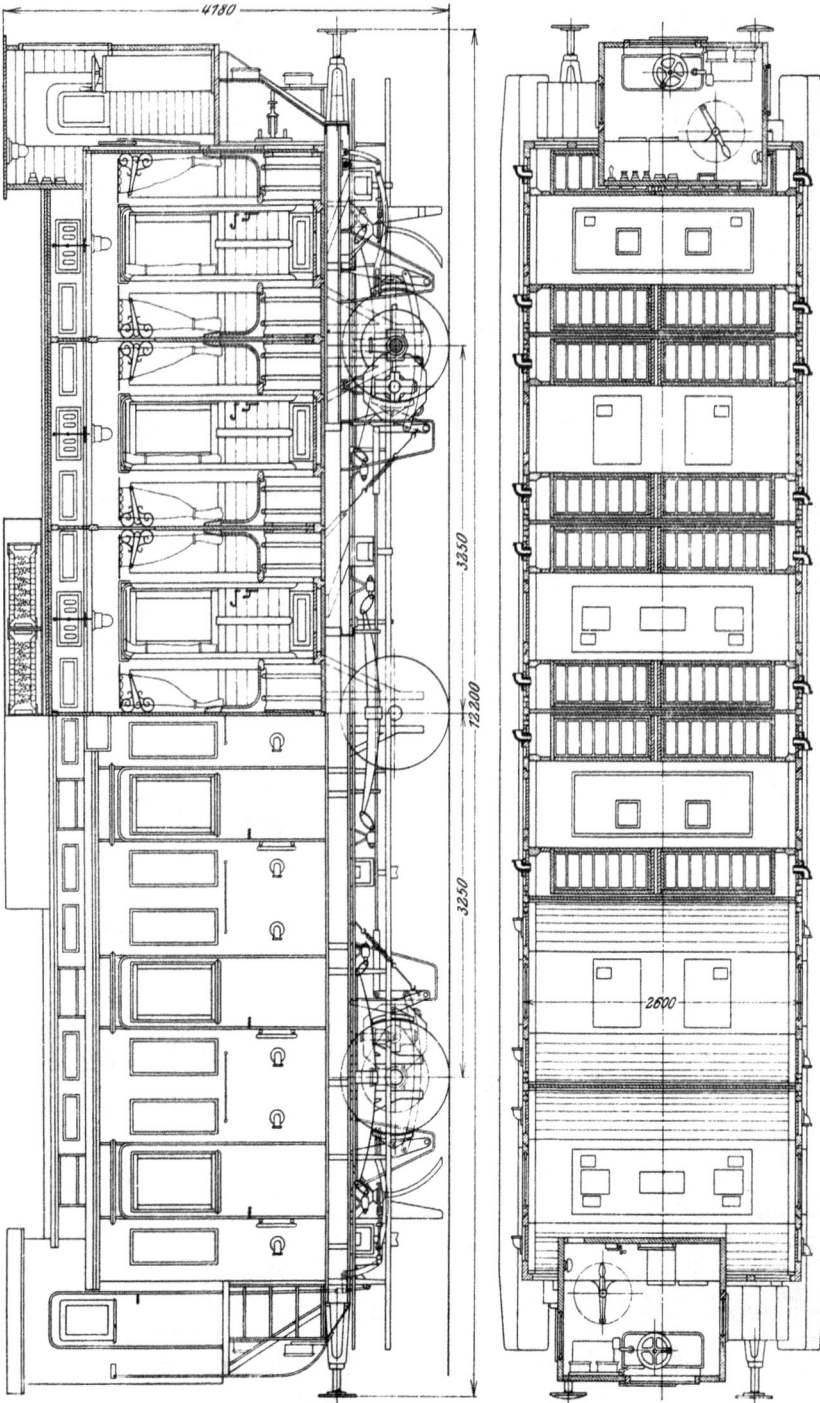

Fig. 87. Dreiachsiger Triebwagen der Preußischen Staatsbahn (Eis.-Dir. Mainz), mit elektrischen Speicherbatterien (Umbau der Werkstätte Tempelhof).

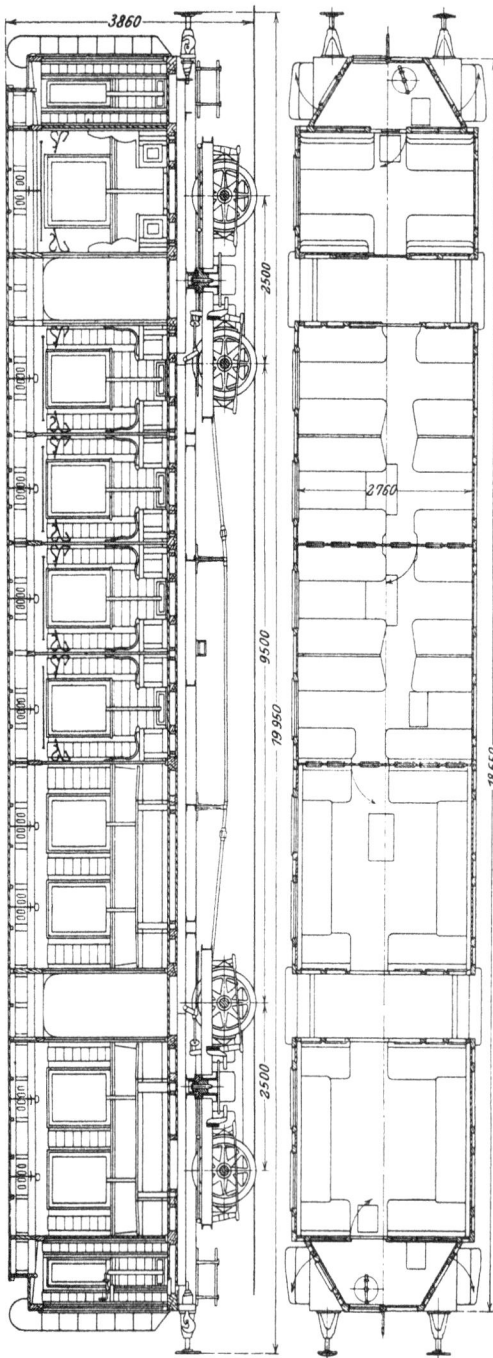

Fig. 88. Vierachsiger Triebwagen der Preußischen Staatseisenbahn (Eis.-Dir. Saarbrücken), mit elektrischen Speicherbatterien (Waggonfabrik Rastatt, Akkum.-Fabr. Berlin, Siemens-Schuckertwerke).

sind durch den Umbau von vorhandenen Personenwagen gewonnen worden[1]). Der Entwurf zu den 57 neu beschafften vierachsigen Doppelwagen ist von der Breslauer Akt.-Ges. für Eisenbahnwagenbau ausgearbeitet worden, nach Angabe der gesamten Bauart durch die Staatseisenbahnverwaltung. Die baulichen Verhältnisse der Wagen und sonstige Angaben sind aus der auf S. 140 befindlichen Zusammenstellung zu entnehmen.

Die drei verschiedenen Wagengattungen sind in den Fig. 87 bis 89 dargestellt. Fig. 87 gibt den in der Hauptwerkstätte Tempelhof umgebauten dreiachsigen Abteilwagen wieder, Fig. 88 den von der Waggonfabrik Rastatt gelieferten vierachsigen Wagen und Fig. 89 zeigt die Bauart der neuen Doppelwagen.

[1]) Glas. Ann. 1907. Bd. 61. Heft 3.

Bei den umgebauten dreiachsigen, sowie bei dem vierachsigen Wagen ist die Batterie unter den Sitzbänken untergebracht, während sie bei den neuen Doppelwagen in besonderen Räumen an den beiden Wagenenden aufgestellt ist. Die Fahrerstände der im Direktionsbezirk Mainz in Betrieb befindlichen fünf dreiachsigen Wagen sind an beiden Enden der Wagen erhöht, nach Art von Bremserhäusern, aber geräumiger und bequem zugänglich angeordnet. Die Sicherungen liegen unter den Fahrerständen, die Widerstände auf dem Wagendach. Die beiden Motoren von je 25 PS Leistung treiben in Reihen- oder Parallelschaltung mittels einfacher Zahnradübersetzung je eine Endachse an. Die größten Raddrücke der Endachse betragen etwa 7 t, die der Mittelachse etwa 5 t, das gesamte Wagengewicht beläuft sich auf rd. 33,5 t im betriebsfähigen Zustande ohne das Gewicht der Reisenden und auf rd. 38 t mit diesem. Die Endachsen sind deshalb aus Nickelstahl, die Federn aus Spezialstahl angefertigt worden. Die Beleuchtung der Wagen einschließlich der Signallaternen erfolgt durch

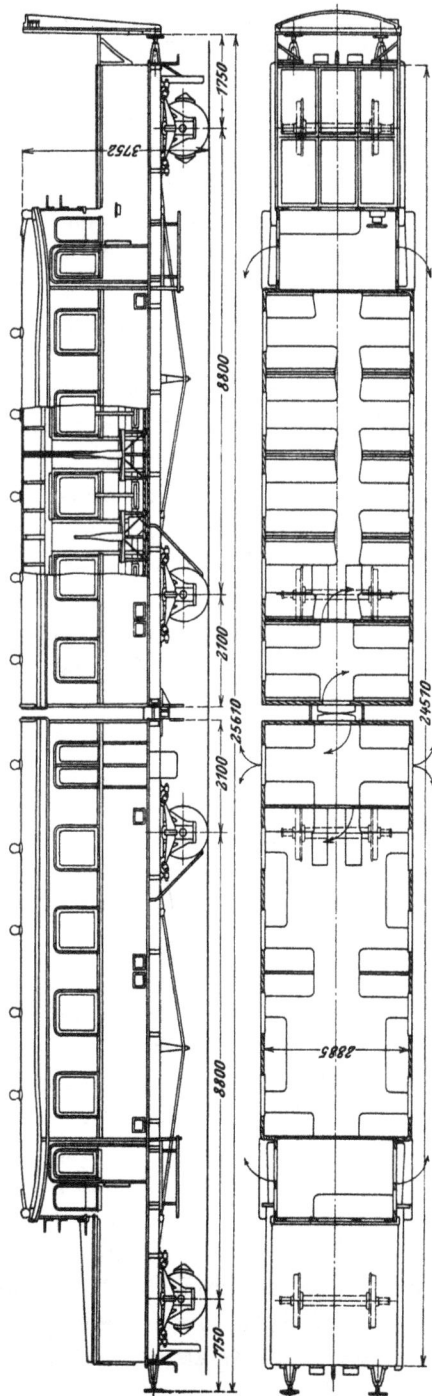

Fig. 89. Vierachsiger Doppelwagen der Preußischen Staatseisenbahn mit elektrischen Speicherbatterien (Breslauer Akt.-Ges. für Eisenbahnwagenbau, Breslau).

elektrische Glühlampen.   Die Blenden der Signallaternen lassen
sich von den Fahrerständen aus umstellen.

Die dreiachsigen Wagen haben Luftheizung mit Preßkohlen-
feuerung, deren Heizkörper unter dem Fußboden liegen. Die
warme Luft tritt zwischen den Sitzbänken aus dem Fußboden aus.
Zwei elektrische Huppen, die im Notfalle von den Abteilen aus
betätigt werden können, dienen, wie auch bei den übrigen Wagen
mit Speicherbatterien, als hörbare Signale. Der Fahrer ist durch
eine elektrische Klingel mit dem in dem hinteren Fahrraum mit-
fahrenden Zugführer verbunden. Dieser kann den Wagen im Notfalle anhalten.

Der im Direktionsbezirk S a a r b r ü c k e n in Betrieb befindliche
vierachsige Wagen mit elektrischen Speicherbatterien hat drei
Nebenschlußmotoren von je 48 PS Höchstleistung und 32 PS
Dauerleistung. Vor den Nebenschlußwicklungen sind regelbare
Vorschaltwiderstände angebracht, um auch bei ungleichmäßiger
Abnutzung der Radreifen eine möglichst gleichförmige Belastung
der drei Elektromotoren herbeiführen zu können. Der Wagen
kann mit voller Besetzung und einem mit Besetzung 19 t wiegenden
Anhängwagen dauernd mit einer Geschwindigkeit von 50 km/Std.
fahren. Die Batterien sind in gleicher Weise wie bei dem dreiachsigen Wagen unter den Sitzen untergebracht, auch die Heizung
und Beleuchtung erfolgt in gleicher Art.

Die ganze Batterie ist in acht Gruppen von je 22 Elementen
eingeteilt, die beim Anfahren unter dauernder Parallelschaltung der
drei Triebmaschinen nacheinander eingeschaltet werden. Das
Bremsen des Wagens erfolgt durch Zurückschaltung von der
zuletzt innegehabten Fahrstellung auf die jeweilig nächst niedere
Fahrstufe.

Der Wagen hat drei Klassen: II., III. und IV. und im ganzen
88 Sitz- und 10 Stehplätze.

In den neuen D o p p e l w a g e n der P r e u ß i s c h e n S t a a t s -
e i s e n b a h n v e r w a l t u n g können im ganzen bis zu 126 Personen
untergebracht werden. Die ohne Aufladung der Batterie zurückzulegende Fahrstrecke soll bei einer dauernden Höchstgeschwindigkeit von 50 km/Std. auf gerader wagerechter Strecke auch bei
ungünstiger Witterung mindestens 100 km betragen. Jeder Doppelwagen besteht aus zwei durch Kurzkuppelung miteinander verbundenen Einzelwagen, deren jeder je eine Treibachse und eine Laufachse hat, die beide als Lenkachsen ausgebildet sind. Der Raddruck

darf höchstens 7,5 t betragen. Der eine der beiden Wagen, aus denen der Doppelwagen sich zusammensetzt, hat zwei Abteile IV. Klasse mit zusammen 60 Plätzen, der andere zwei Abteile III. Klasse mit zusammen 38 Sitzplätzen. Das kleinere Abteil IV. Klasse hat Klappsitze und Doppeltüren und kann als Gepäckraum benutzt werden, das größere ist so eingeteilt, daß es gegebenenfalls in III. Klasse umgeändert werden kann; das kleinere Abteil III. Klasse kann als II. Klasse benutzt werden. An den einander zugekehrten Kurzkuppelenden der Wagen sind die Stirnwände mit Türen versehen. Sämtliche Radsätze erhalten die Abmessungen von Tenderradsätzen.

Die Batterie besteht aus 168 Zellen und soll eine Kapazität von mindestens 368 Amperestunden haben. Je 14 Zellen sind in einem Holzkasten von 1278 mm Länge, 760 mm Breite, 760 mm Höhe und je 1430 kg Gewicht untergebracht. Die Schalteinrichtung gestattet das Aufladen in einer oder in zwei Reihen. Die Anschlüsse für die Ladekabel liegen an den Längsseiten in der Nähe der Kurzkuppelung.

Die beiden Mittelachsen werden durch je einen Hauptstrommotor von 50 PS zweistündiger Dauerleistung mittels Zahnradvorgelege angetrieben. Die Fahrschalter erhalten Druckknopfunterbrechung mit einem durch Schwachstrom betätigten Ausschalter. Eine Solenoidbremse ist vorgesehen, welche den Wagen ohne Mitwirkung der Handbremse und ohne Heranziehung der Triebmaschine zum Stillstand bringen kann.

Die Heizung der Wagen erfolgt durch Preßkohlen, die Beleuchtung durch Metallfaden-Glühlampen, die zu je zwei hintereinander geschaltet an eine Batteriehälfte angeschlossen sind. Beim Laden der Batterie werden Nernstwiderstände selbsttätig zugeschaltet.

Die Sächsische Staatseisenbahnverwaltung hat ebenfalls Versuche mit einem durch eine elektrische Speicherbatterie angetriebenen Wagen gemacht. Der vierachsige, 44 t schwere Wagen bestand aus zwei kurz gekuppelten zweiachsigen Wagen, jede Achse war durch einen Elektromotor angetrieben, und zwar mit einer Übersetzung von 2,21 : 1. Der Wagen hatte zusammen 98 Plätze. Die Batterie hatte 184 Doppelzellen, die unter den Sitzen angeordnet waren, die Kapazität betrug 430 Amperestunden, die regelmäßige Entladung 140 Amperestunden, die mittlere Spannung 365 V. Außer einer Handbremse war eine magnetische Solenoidbremse vorhanden.

d) Heizung und Beleuchtung der Triebwagen.

Die Heizung und Beleuchtung der Triebwagen erfolgt vielfach in ähnlicher Weise wie bei gewöhnlichen Eisenbahnwagen. Für die Heizung wird zuweilen der Auspuffdampf der Maschine verwendet, bei längerem Stillstand des Triebwagens erfolgt dann die Heizung durch frischen Kesseldampf. Außerdem wird warmes Wasser. Ofenheizung und Heizung durch essigsaures Natron verwendet, welch letzteres dem hineingeleiteten Dampf als Wärmespeicher dient. Eine Besonderheit bildet die Heizung durch das Kühlwasser von Verbrennungsmaschinen, das je nach Bedarf ganz oder teilweise in das Innere der Wagen geleitet wird. Bei Daimlerschen Benzinwagen wird mittels Ventilatoren Luft an den Rückkühlvorrichtungen vorbei und hierdurch erwärmt in das Innere der Wagen geleitet.

Die Beleuchtung erfolgt durch Öl, Gas, Azetylen oder Elektrizität. In Ungarn ist die Beleuchtung durch Azetylen üblich, das in einem von den Triebwagen mitgeführten einfachen Entwickler erzeugt wird. Die Beiwagen haben entweder ebenfalls Entwickler oder sie erhalten das Azetylen durch eine enge eiserne Rohrleitung mit Schlauchverbindung von dem Triebwagen aus. Die Entwickler sind so eingerichtet, daß beim Ausdrehen der Hähne im Wagen der steigende Druck das Wasser aus dem Entwickler verdrängt, wodurch die Azetylenentwicklung aufhört.

e) Ausstattung der Triebwagen.

Die Ausstattung der Triebwagen ist durchweg ihrem Zweck, eine möglichst billige Beförderung zu ermöglichen, entsprechend einfach. Die Abmessungen der Abteile und der Sitze sind allgemein etwas geringer als bei sonstigen Personenwagen. Die I. Klasse fehlt meist ganz, und wenn sie vorhanden ist, so ist in ihr, wie in der häufiger vorhandenen II. Klasse, die Polsterung und die sonstige Ausstattung einfach gehalten.

Indessen gibt es doch Ausnahmen. So erfreuen sich die beiden zwischen zwei vornehmen Badeorten verkehrenden benzinelektrischen Wagen der englischen North Eastern-Bahn einer besonders guten Ausstattung, auf die zum Teil der hohe Beschaffungspreis der Wagen zurückzuführen ist. Auch ist vielfach das Bestreben bemerkbar, durch freundliches Aussehen der Wagen, gute Beleuchtung und lebhaften Anstrich den Reisenden für die entgangene sonstige Bequemlichkeit Ersatz zu bieten. So ist die innere Ausstattung, ebensowohl wie der äußere Anstrich, der neueren benzinelektrischen Triebwagen in Arad sehr ansprechend. In der I. Klasse sind die Sitze mit olivenfarbigem Bockleder überzogen, die Sitzgestelle bestehen aus mahagonifarben gebeiztem Ulmenholz, die Befestigung des Überzugs erfolgt durch verzierte Messingnägel. Die Fenstervorhänge sind aus olivenfarbigem Wollenstoff, die breiten Lüftungsklappen über den Fenstern aus lebhaft grün durchscheinendem Kathedralglas gefertigt, die Ummantelung der Heizrohre ist mit Goldbronze gestrichen, der Boden mit einem dicken bunten Teppich belegt. Die Decken sind in beiden Klassen einfach weiß gehalten, die Fenster sind sehr breit und nehmen in beiden Wagenklassen die ganze Wandbreite ein, bis auf die zwischen den Fenstern belassenen Pfosten. In der III. Klasse bestehen die Sitze aus durchlochtem hellen polierten Holz mit Leisten aus nußbaumfarben gebeiztem Ulmenholz. Die Schutzmäntel der Heizung sind hier dunkelgrün gestrichen.

4. Betriebsverhältnisse, Leistungen und Betriebskosten.

a) Dampfwagen.

α) Zwei- und dreiachsige Wagen mit Kleinmaschinen und Kleinkesseln.

1. Serpollet-Wagen.

Serpollet-Dampfwagen, die sich als Straßenfahrzeuge mit geringen Maschinenleistungen bis heute behauptet haben, sind auch als Eisenbahntriebwagen mit kleinen Leistungen eine Zeitlang verwendet worden.

Zuerst ist die Bauart Serpollet überhaupt im Jahre 1883 an einem leichten Dreirad versucht worden. Von zwei weiteren derartigen Dreirädern war eines im Jahre 1889 in Paris ausgestellt. Diese Dreiräder hatten zwei Sitzplätze bei einem Gewicht von rd. 350 kg. Im Jahre 1890 wurde die erste Dauerfahrt von Paris nach Lyon mit einem solchen Fahrzeug ausgeführt[1]. Im Jahre 1893 wurde dann der erste Straßenbahnwagen der Bauart Serpollet in Paris in Betrieb gesetzt und wurde für diesen Wagen die behördliche An-

---

[1] Zeitschr. d. Ver. Deutsch. Ing. 1907. Nr. 9.

ordnung, der zufolge den Dampfstraßenbahnwagen der Verkehr im Innern der Stadt verboten war, aufgehoben. Später wurde eine größere Anzahl solcher Wagen auf den Pariser Straßenbahnen verwendet. Die mit überdeckten Sitzen auf dem Dache versehenen Wagen hatten Raum für insgesamt 50 Fahrgäste und beförderten bei einem Eigengewicht von 8 t noch einen Anhängwagen von 3,5 t Eigengewicht mit ebenfalls 50 Plätzen auf Steigungen von 50 v. T. (1 : 20). Das gesamte Zuggewicht betrug dann einschließlich 7,9 t für das Gewicht der Reisenden und der Zugbegleitmannschaften 19,4 t. Der Radstand der Wagen, die durch Krümmungen von 25 m Halbmesser fahren mußten, betrug nur 1,9 m. Die Wagen wurden später auf behördliche Anordnung wieder außer Betrieb gesetzt wegen ihres starken Geräusches.

Im Jahre 1894 hat die Gesellschaft zur Förderung der Nationalindustrie Serpollet eine goldene Medaille verliehen.

Im Frühjahr 1895 sind auf der Straßenbahn in Wien zufriedenstellende Versuche mit einem Serpolletwagen vorgenommen, aber bald wieder aufgegeben worden infolge eines Unfalls durch Versagen der Bremse in starkem Gefälle. Der Koksverbrauch wird für diesen Wagen zu 2,3 kg, der Wasserverbrauch zu 10 l auf 1 Wagen-km angegeben.

Für schmalspurige Straßenbahnwagen in Thessalien sind 10 Stück vierachsige Serpollet-Wagen beschafft worden. In den letzten Jahren hat sich Serpollet bis zu seinem im Februar 1907 erfolgten Tode mit Darracq zusammen mit dem Bau von schweren Straßenfahrzeugen befaßt.

Die Leistungsfähigkeit der Kessel und Maschinen der Serpollet-Wagen hat sich für den Eisenbahnbetrieb meist als zu gering erwiesen, die Wagen mußten häufig zur Vornahme von kostspieligen Unterhaltungsarbeiten an den Kesseln und Maschinen außer Betrieb gesetzt werden. Die Arbeiten bestanden für die Kessel vornehmlich in der Auswechslung der unteren dem Feuer stark ausgesetzten Rohrteile, der Reinigung und Auswechslung der Brenner und der Ausbesserung und Auswechslung durchgebrannter Vergaserrohre. Es erscheint auch an sich schwierig, einen Serpollet-Kessel mit einer für Eisenbahnzwecke ausreichenden Leistung auszuführen.

Die Paris—Lyon—Mittelmeerbahn hatte deshalb im Sommer 1907 ihre beiden Serpollet-Wagen aus dem Betrieb genommen, um versuchsweise Koksfeuerung einzurichten. Kondensation des austretenden Dampfes durch eine unter dem Wagenkasten angebrachte Luftkühleinrichtung ist hier auch versucht worden, aber mit ungünstigem Erfolg, weil das stets wieder benutzte Wasser verfettet und die engen Rohrquerschnitte verstopft. Die Schwei- zerischen Bundesbahnen haben ihren im Jahre 1902 be- schafften Serpollet-Wagen später an die Uerikon—Bauma-Bahn verkauft, woselbst der Serpollet-Kessel gegen einen Kittelschen Kessel ausgewechselt worden ist. Die Württembergische Staatsbahn, welche sieben Serpollet-Wagen besaß, läßt diese ebenfalls mit Kittelschen Kesseln versehen. Der erste aus Frank- reich bezogene Serpollet-Wagen ist hier im Jahre 1898 in Dienst gestellt worden, in der Folge sind sechs weitere solche Wagen be- schafft worden, deren Kessel von Serpollet geliefert sind, während die Wagen im übrigen durch die Maschinenfabrik Eßlingen her- gestellt wurden. Als Hauptmängel der Serpollet-Wagen, namentlich bei erschwerter Beaufsichtigung durch Indienststellung mehrerer Wagen an verschiedenen Stationsorten, haben sich gefunden: unzu- reichende Betriebskraft von höchstens 40 PS bei vielfach vorhan- denen starken Steigungen, zu geringer Energievorrat im Kessel bei plötzlichen Kraftanforderungen, unverfolgbare Wärmeschwankungen im Kessel, Betriebsstörungen infolge empfindlicher Kesselbauart, die Benötigung besonders geschulter Mannschaft, teuere und schwie- rige Unterhaltung, Abhängigkeit von empfindlichen Dampfpumpen.

Leistungen, Materialverbrauch und Betriebskosten der fünf noch vorhandenen Serpollet-Wagen der Württembergischen Staats- bahn in 1906/07 sind aus der Tabelle auf S. 150/151 ersichtlich.

Bei den Böhmischen Landesbahnen wurde auf der Lokalbahn Laun—Libochowitz ein kleiner zweiachsiger Serpollet-Dampfwagen von 25 PS Leistung erprobt, aber wieder zurückgezogen, weil er den Personenverkehr nicht bewältigen konnte. Der Wagen hatte 8 Sitzplätze II. und 30 Sitzplätze III. Klasse, das Dienstgewicht war 18,5 t, wovon 12,5 t auf die Treibachse kamen. Die durch- schnittlichen Betriebskosten betrugen bei diesem Wagen:

an Lohn des Wagenführers und
Schaffners sowie an Ausgaben für
Schmierung, Heizung und Beleuch-
tung . . . . 23 h auf 1 Wagen-km,
für Unterhaltung . . . . 20 » » »   »
insgesamt 43 h auf 1 Wagen-km,
gegen 43,3 h bei Lokomotivbetrieb.

Leistungen, Materialverbrauch und Betriebskosten der Serpollet-

Bezeichnung des Fahrzeugs	Kesselsystem	Leergewicht t	Dienstgewicht t	Zahl der Sitzplätze	Zahl der Stehplätze	Verkehrsstrecken	Besetzung der Wagen	Zahl der Betriebstage	Leistungen in Nutzkm auf den Betriebstag
Dampfwagen Nr. 1 ...		19,0	20,3	30	8	Friedrichshafen – Ravensburg	mittel	59	98
Nr. 2 ...	Serpollet	16,68	17,9	40	8	Metzingen—Rottenburg	gut	161	100
Nr. 3 ...		16,68	17,9	40	8	Metzingen—Rottenburg	gut	101	107
Nr. 4 ...		16,68	17,9	40	8	Friedrichshafen—Ravensburg	mittel	260	130
Nr. 5 ...		16,68	17,9	40	8	Ulm—Biberach u. Schelklingen	gut	301	174
Durchschnitt								176	122

Die hohen Unterhaltungskosten des Serpollet-Wagens werden in diesem Falle dem für Eisenbahnzwecke zu fein gebauten und deshalb Beschädigungen stark ausgesetzten Mechanismus zur Last gelegt.

Die Bedienung der Maschine und des Kessels kleiner Serpollet-Wagen wie auch anderer kleiner Triebwagen erfolgt bei leichten Streckenverhältnissen durch nur einen Mann. Bei der Rückwärtsfahrt stellt sich dann der Schaffner in der Fahrrichtung vorn in dem Wagen auf und gibt dem Maschinenführer erforderlichenfalls Zeichen oder bedient auch die Dampfabsperrung und die Bremse. Die Anzahl von Bedienungsmannschaften hängt mehr von der Größe der Triebwagen, den Streckenverhältnissen, der Fahrgeschwindigkeit und den gesetzlichen Vorschriften als von der Bauart der Triebwagen im einzelnen ab. Auch kleine Lokomotiven können bei leichten Betriebsverhältnissen durch nur einen Mann bedient werden, indem entweder der Führer die Ausgabe und Kontrolle der Fahrkarten mitbesorgt oder der Führer auch den Heizerdienst versieht und ein besonderer Schaffner (Zugführer) die Fahrkarten ausgibt oder kontrolliert.

Die Sächsische Staatseisenbahn hat ihren Serpollet-Wagen aus dem Betrieb gezogen wegen unzuverlässiger Dampferzeugung, obschon der Betrieb sich billiger stellte als bei dem Daimler-Wagen und bei dem Wagen mit elektrischen Speicherbatterien. Es betrugen auf 1 km: die Unterhaltungskosten 9,18 Pf.,

Wagen der Württembergischen Staatseisenbahn 1906/07.

Von 100 Nutz-km sind zurückgelegt worden mit				Verbrauch auf 1 km		Aufwand auf 1 km		Gesamtaufwand auf 1 km für Material	Aufwand auf 1 km für Unterhaltung		Gesamtaufw. auf 1 km für Material und gew. Unterh.	Auslagen auf 1 km für den Führer	Gesamtaufwand auf 1 km
0	1	2	3	Heiz-	Schmier-	Heiz-	Schmier-		gewöhnl.	außergew.			
Anhängwagen				Material		Material							
km	km	km	km	kg	kg	₰	₰	₰	₰	₰	₰	₰	₰
100	0	0	0	1,79	0,0066	3,59	0,28	3,87	3,72	—	7,59	4,90	12,49
91	9	0	0	3,97	0,009	7,45	0,38	7,83	13,73	—	21,56	6,87	28,43
90	10	0	0	3,31	0,009	6,27	0,36	6,63	3,54	—	10,17	6,53	16,70
92	8	0	0	1,97	0,0068	3,97	0,27	4,24	3,50	—	7,74	4,74	12,48
83	15	2	0	2,10	0,006	4,83	0,25	5,08	1,55	—	6,63	5,54	12,17
91	8,4	—	—	2,63	0,007	5,22	0,31	5,53	5,2	—	10,7	5,7	16,5

die Kosten für Brenn- und Schmierstoff, Löhne, Heizung und Beleuchtung 21,31 Pf., insgesamt die Ausgaben: 30,49 Pf. auf 1 km.
Der Serpollet-Wagen hatte 40 Sitz- und 8 Stehplätze und fuhr ohne
Anhängwagen. Das Eigengewicht betrug 17,5 t, die durchschnittliche Leistung an einem Betriebstage 113 km, die Anzahl der Betriebstage in einem Jahre: 202. Von den übrigen 163 Tagen ver-
brachte der Wagen 60 Tage in der Werkstätte.

2. de Dion-Bouton-Wagen.

Die Waggonfabrik Ganz & Co. als Lizenzträgerin hat schon
über 100 Motorwagen mit Kesseln und Maschinen der Bauart
de Dion-Bouton in etwa 80 verschiedenen Anordnungen ausgeführt.
Die betreffenden Wagen sind teils auf schmal- oder vollspurigen
Lokalbahnen als Hauptträger des Personenverkehrs, teils im
Zwischenverkehr auf Hauptbahnen oder als Salonwagen im Betrieb
und haben sich durchweg gut bewährt. Erfordernis ist, wie für
alle Kleinkessel, weiches Kesselspeisewasser. Die Wagen sind
namentlich in Ungarn auf Lokal- und Hauptbahnen, ferner in
Norddeutschland bei der Preußischen Staatseisenbahnverwaltung,
bei der Hildesheim-Peiner Kreisbahn und bei Lenz & Co. seit
mehreren Jahren in Verwendung und wurden hier von der Hannoverschen Waggonfabrik in Hannover-Linden im Verein mit Ganz
& Co. ausgeführt.

Nach den Erfahrungen bei den Arader und Csanáder
Bahnen darf das Speisewasser bei de Dion-Bouton-Kesseln nicht
über 4 bis 5° deutsche Härte (Teile Kalk CaO auf 100 000 Teile
Wasser) haben, wenn möglich nicht mehr als 2 bis 3°. Bei der
Speisung der Kessel mit Wasser von 20° Härte traten schon nach
drei Tagen Betriebsstörungen ein. Nicht hinreichend weiches Wasser
wird in der Weise weich gemacht, daß die zur Füllung der Vorrats-
behälter der Triebwagen jedesmal erforderliche Menge von 400 bis
500 l Wasser in einem Bottich mit Kalk und Soda zusammen von
Hand verrührt wird. Die Kessel werden ferner täglich ausgewaschen
bei einem Dienst der Triebwagen von 5 Uhr morgens bis 6 Uhr
abends. Auch bei sehr weichem Wasser wird hier mindestens
zweimal wöchentlich Auswaschen für erforderlich gehalten. Dadurch
ist aber auch der Erfolg erreicht worden, daß innerhalb 14 Monaten
keine Undichtheiten an Rohren zu verzeichnen waren. Es muß
durchaus vermieden werden, daß die unteren Rohre in Kessel-
steinschlamm zu liegen kommen. Anderweitig ist bei Wasser von
16 bis 19° deutscher Härte mit unzureichendem Erfolg versucht
worden unter Verzicht auf künstliches Weichmachen des Wassers,
lediglich durch teilweises Ausblasen der Kessel unterwegs und Auswaschen nach je 200 bis 300 km Fahrt, Unzuträglichkeiten vorzu-
beugen. Es hat sich aber dabei nicht vermeiden lassen, daß häufig
Undichtheiten an den Rohren eintraten.

Die in Öl laufenden Zahnräder des Antriebs der Maschine
sind nach vier Jahren noch in gutem Zustande befunden worden.

Wagen mittlerer Größe mit Maschinen von 35 PS Leistung
verbrauchen für sich allein auf günstigen Strecken bei größten
Fahrgeschwindigkeiten von etwa 30 km/Std. 2 bis 2,5 kg Brennstoff auf 1 Wagen-km, ein leichter vierachsiger Wagen von 8,6 t
Eigengewicht und 25 PS Maschinenleistung verbrauchte auf einer
schmalspurigen flachen Strecke von 0,76 m Spurweite bei einer
Fahrgeschwindigkeit von 25 km/Std. für sich allein 1 kg Holzkohle
auf 1 Wagen-km und bei der Beförderung von sechs kleinen oder
drei größeren zweiachsigen Personenwagen mit 18 t Bruttogewicht
1,5 kg Holzkohle auf 1 Wagen-km.

Bei der Ungarischen Staatseisenbahn haben die de Dion-Bouton-
Wagen mit 38 bis 40 Sitzplätzen, 22,1 bis 26,1 t Dienstgewicht und
Maschinenleistungen von 50 bis 80 PS bei größten Fahrgeschwindigkeiten von 50 bis 60 km/Std. im Mittel 7,73 kg Kohlen verbraucht. Die Leistung von fünf Wagen des Heizhauses Debreczin

betrug im Jahre 1905 im ganzen 161 967 km, auf einen Wagen also durchschnittlich 32 393 km, die Leistung der auf den Durchschnitt des Jahres gerechneten 5,8 Wagen in 1906 im ganzen 156 091 km oder auf 1 Wagen durchschnittlich 26 774 km, mithin auf den Tag und Wagen 89 bzw. 73 km.

Während die Arader und Csanáder Bahnen zunächst de Dion-Bouton-Dampfwagen von 13,5 t Eigengewicht, später etwas größere, aber trotzdem leichtere Dampfwagen von nur 13 t Eigengewicht verwendet haben und in beiden Fällen Beiwagen von nur 6,3 t Eigengewicht benutzten, betrug das Gewicht der Dampfwagen gleicher Bauart und Größe der Ungarischen Staatsbahn bei gleicher Fahrgeschwindigkeit 18 bis 24,4 t und das der Beiwagen 9 bis 12 t. Bei 80 bis 90 Sitzplätzen betrug deshalb das Eigengewicht eines Triebwagenzuges der Ungarischen Staatsbahn 30 bis 35 t gegen nur 19,3 t bei den Arader und Csanáder Bahnen.

Es betrugen bei den Triebwagenzügen der Ungarischen Staatsbahn die Kosten auf 1 Wagen-km:

		1905	1906
1. Für Brennstoff	. . . .	6,26 h	6,06 h
2. » Schmierstoff	. . .	1,36 »	1,09 »
3. » Verschiedenes	. . .	0,09 »	0,15 »
4. » Bezüge des Personals		8,03 »	8,74 »
5. » Unterhaltungskosten	.	11,10 »	11,73 »
	Zusammen	26,84 h	27,77 h

Bei den Arader und Csanáder Bahnen betrugen in den Jahren 1903 bis 1906 die Zugförderungskosten der 35 pferdigen de Dion-Bouton-Wagen auf 1 Zug-km bei einer Gesamtleistung von 662 773 km:

Für Brennstoff (2,44 kg Holzkohle)	.	7,84 h
» Schmierstoff	. . . .	1,15 »
» Verschiedene Betriebsstoffe	. .	0,18 »
» Bezüge des Personals	. . . .	5,04 »
» Unterhaltungskosten	. . . . .	4,10 »
	Zusammen	18,31 h

Mit den letzteren Angaben stimmen die unter ähnlichen Betriebsverhältnissen mit einem vierachsigen de Dion-Bouton-Wagen von 14 t Eigengewicht und 35 PS Maschinenleistung, bei 0,75 m Spurweite, seit dem 21. Mai 1905 auf der Bleckeder Kreisbahn gemachten Erfahrungen gut überein. Die Leistung des

Wagens betrug im Jahre 1905: 3668 km oder rd. 16 km im täglichen Durchschnitt. Es sind hierfür verausgabt worden:

1. An Bezügen des Personals

  für 1 Wagenführer . . . . 98,33 M.

  » 1 Heizer . . . . 60,00 »

  » Kranken- und Altersversicherung 2,88 »

  » Kilometergelder 3668 × 0,21 = 77,03 »

                    Zusammen 238,24 M.

2. Für Betriebsstoffe:

  8250 kg Koks zu 25,60 M. für
    1000 kg . . . . = 211,20 M.

  85 kg Öl für den Motor . . . = 38,17 »

  und 26,5 kg Zylinderöl für die
    Pumpe zu 44,90 M. für
    100 kg . . . . = 11,90 »

  34 kg Öl für die Achsen zu
    26 M. für 100 kg . . . = 8,84 »

                    Zusammen 270,11 M.

  Insgesamt zu 1. und 2. . . . . 508,35 M.

oder für 1 Triebwagen-km: $\dfrac{508,35}{3668} = 14$ Pf.

Demgegenüber betrugen die Ausgaben bei Lokomotivbetrieb
durchschnittlich 29 bis 30 Pf. auf 1 Zug-km, also rund das Doppelte, abgesehen von den in beiden Fällen nicht berücksichtigten
Unterhaltungskosten.

Aus der vorstehenden Berechnung ergibt sich ferner, daß an
Brennstoff auf 1 Triebwagen-km verbraucht worden sind: $\dfrac{8250}{3668}$
= 2,25 kg Koks, bei dem Lokomotivbetrieb dagegen durchschnittlich 4 kg Kohle auf 1 Lokomotiv-km und 0,6 kg Kohle auf 1 Personenwagen, für einen leichten Zug, bestehend aus einer Lokomotive
und einem Personenwagen, also 4,6 kg Kohle oder wieder rund
das Doppelte des Triebwagens.

Die staubdichte Einkapselung der Maschine hat sich auf der
Bleckeder Kreisbahn mit Rücksicht auf das stark zur Staubbildung
neigende Bettungsmaterial als sehr vorteilhaft erwiesen. Das Gehäuse der Maschine wird alle 10 bis 14 Tage zum Nachpassen der
Lagerschalen geöffnet, größere Ausbesserungen sind bis August 1907
nicht erforderlich gewesen. Durch die hohen Einfuhrzölle für die

aus Budapest zu beziehenden Ersatzteile für Maschinen und Kessel
sind dagegen die de Dion-Bouton-Wagen in Deutschland anderen
vollständig im gleichen Lande gebauten Triebwagen gegenüber etwas
im Nachteil.

Bei der Preußischen Staatseisenbahnverwaltung
sind im Bezirk der Eisenbahndirektion Hannover im Jahre 1906
drei de Dion-Bouton-Wagen mit einer Maschinenleistung von 50 PS
in Betrieb gestellt worden, nachdem sich eine Leistung von 35 PS
als zu gering erwiesen hatte. Die drei Wagen haben auf der
Strecke Soltau—Uelzen—Salzwedel in der Zeit vom 1. Januar bis
31. Dezember 1907 zusammen 36561 km geleistet. Die stärksten
Steigungen betragen 1 : 200. Die Höchstgeschwindigkeit für einzeln fahrende Triebwagen ist = 60 km/Std., für die Züge
45 km/Std.

Die Ausgaben beliefen sich für die drei Wagen auf:

			insgesamt	auf 1 km
1.	Für	Kohlen	1 538,88 M.	4,2 Pf.
2.	»	Schmieröl	300,50 »	0,8 »
3.	»	Wasser	24,70 »	0,07 »
4.	»	Putzen	715,40 »	2,0 »
5.	»	Gehalt des Lokomo-		
		tivpersonals . . .	4 521,68 »	12,4 »
6.	»	Unterhaltungskosten	8 127,04 »	22,2 »
		Zusammen	15 228,20 M.	41,7 Pf.

Im Wettbewerb mit den Triebwagen, die mit einem Anhängwagen III. Klasse fuhren, sind auf derselben Strecke leichte Lokomotivzüge, bestehend aus einer Tenderlokomotive, einem Wagen
II./III. Klasse und einem Wagen IV. Klasse, verwendet worden.
Von diesen leichten Lokomotivzügen wurden im Jahre 1907 im
ganzen 40143 Zug-km geleistet.

Die durchschnittliche Besetzung der leichten Züge, Triebwagenzüge und Lokomotivzüge zusammengerechnet, betrug:

In der II. Klasse . . . . . 0,72 Reisende
» » III. » . . . . . 4,50 »
» » IV. » . . . . . 6,75 »

Die Einnahmen der leichten Züge betrugen im Jahre 1907
im ganzen 14 647,70 M. oder $\frac{1464770}{76704}$ = rd. 19 Pf. für 1 Zug-km.
Es handelt sich demnach um einen sehr schwachen Verkehr, der

nur im öffentlichen Interesse aufrechterhalten worden ist Den
schwachen Einnahmen von 19 Pf. steht eine Ausgabe von 41,7 Pf.
auf 1 km gegenüber.

3. Dampfwagen von Stoltz.

Dampfwagen von Stoltz in Berlin sind schon seit mehreren
Jahren bei der Ungarischen Staatsbahn und der Debrecziner Lokalbahn, seit kurzem auch bei der Preußischen Staatsbahn in Betrieb.
Für die Strecke Budapest—Kecskemét—Lajosmizse der Ungarischen
Staatsbahn sind im Jahre 1905 von der Ungarischen Waggon-
und Maschinenfabrik in Raab (Györ) sieben Stoltzsche Dampfwagen von 80 PS Maschinenleistung, 15 t Leergewicht und 17,7 t
Dienstgewicht für eine größte Fahrgeschwindigkeit von 50 km/Std.
geliefert worden. Die Wagen sind imstande, auf einer Steigung
von 10 v. T. drei beladene Wagen mit einer Fahrgeschwindigkeit
von 35 km/Std. zu schleppen, einige Kilometer weit auch auf einer
Steigung von 25 v. T. (1 : 40). Die Regelung des Dampfdrucks
erfordert einige Aufmerksamkeit, läßt sich aber gut durchführen.
Für den Notfall ist außer den Sicherheitsventilen noch ein Dampf-
auslaßventil vorhanden. Während der Fahrt bei starker Belastung
beträgt der Druck, mit erheblichen Schwankungen, im Mittel etwa
40 Atm., bei leichten Betriebsverhältnissen nur 15 bis 20 Atm.
Eine Dampfspannung von 20 Atm. läßt sich innerhalb 2 Minuten
auf eine solche von 50 Atm. erhöhen. Der Wasserverbrauch betrug
auf der 22 m langen flachen Strecke von Budapest nach Vecsés
bei einer Fahrgeschwindigkeit von 40/45 km/Std. 450 l, einschließlich
eines längeren Aufenthaltes in Budapest. Der Dampf wird auf
450 bis 470° überhitzt.

Zur Bedienung der Maschine werden zwei Mann, ein Führer
und ein besonderer Heizer, verwendet. Bei der Rückwärtsfahrt
bleiben Führer und Heizer auf dem Führerstand, der Zugführer
stellt sich in der Fahrrichtung vorn auf und kann von hier aus
den Dampf absperren, Signale geben und bremsen.

Bei der Debrecziner Lokalbahn von Debreczin nach
Hajdusámson wird der ganze Betrieb durch zwei Stück zweiachsige
Stoltzsche Dampfwagen mit 4,95 m Radstand und 13 600 kg Eigen-
gewicht versehen, die mit zwei Anhängwagen und im ganzen
$33 + 2 \times 24 = 81$ Sitz- und 50 Stehplätzen fahren. Die höchste
Fahrgeschwindigkeit für den einzelnen Wagen ist 60 km/Std. Bei
der Rückwärtsfahrt des Wagens bleibt auch hier der Heizer beim

Kessel, der in der Fahrtrichtung vorn stehende Zugführer gibt alsdann Signale zum Führerstand hin mittels einer Flagge.

Auf Steigungen bis zu 8 v. T. können drei Anhängwagen bei einem gesamten Bruttogewicht des vollbesetzten Zuges von rd. 40 t mit einer Fahrgeschwindigkeit von 35 km/Std. befördert werden. Ein Wagen ist im Winter 1906/07 durch eine 200 m lange Schneewehe von 1 m Tiefe hindurchgefahren. Bei Probefahrten wurde ein gesamtes Zuggewicht von 52,5 t mit einer Geschwindigkeit von 30 km/Std. befördert.

Die Rohrplatten geben im Betriebe keinen Anlaß zu Klagen, sofern sie genau gebohrt sind, was jetzt durch Spezialbohrmaschinen sicher erreicht wird.

Die beiden Wagen der Debrecziner Lokalbahn sind von Juni 1905 bis zum August 1906 auf der städtischen Straßenbahn in Debreczin und von da an auf der neu eröffneten Lokalbahnstrecke Debreczin—Hajdusámson in Betrieb gewesen. Die Länge der Fahrstrecke beträgt auf der städtischen Straßenbahn 3,8 km, auf der Lokalbahn 14,3 km, zusammen 18,1 km. Jeder Wagen legte nach der Fahrordnung des Sommers 1907 je an einem Tage 176 km zurück und wurde jedesmal am folgenden Tage von dem zweiten Wagen abgelöst. Zuweilen bleibt ein Wagen indessen auch 4 bis 5 Tage ohne Unterbrechung im Dienst. Die Kessel bestehen aus 15 Rohrplatten von 600 × 507 mm Plattengröße mit zusammen rd. 10 qm feuerberührter Heizfläche. Die Rostfläche ist = 0,48 qm, die Maschinenleistung 40 PS bei 86/146 mm Zylinderdurchmesser, 200 mm Hub und 600 Umdrehungen der Maschine in der Min.

Das verfügbare Kesselspeisewasser muß wegen seiner zu großen Härte vor der Verwendung chemisch gereinigt werden. Absetzung von festem Kesselstein findet alsdann in den Platten nicht mehr statt, infolge des sehr lebhaften Wasserumlaufs. Der in den Platten abgelagerte Schlamm wird durch teilweises Abblasen der Kessel nach Beendigung des Dienstes entfernt. Nach je 4 bis 5 Betriebstagen werden die Kessel durch Auswaschen gereinigt. Sämtliche Kesselplatten haben im Betriebe ohne bemerkbare Abnutzung gehalten bis auf drei Platten, die gleich im Anfang des Betriebs wegen ungenauer Bohrung ausgewechselt werden mußten.

Die Kessel werden bei der Debrecziner Lokalbahn für gewöhnlich mit 30 Atm., im Höchstfalle mit 50 Atm. betrieben. Das Anheizen von 0 bis auf 40 Atm. Dampfdruck erfolgt in 15 bis 18 Minuten.

Die beiden in Debreczin verwendeten Wagen haben von Juni 1905 bis Ende Juli 1906 auf der städtischen Straßenbahn je 14788 bzw. 19553 km geleistet und dabei im Durchschnitt 3,7 kg Koks auf 1 Wagen-km verbraucht. Vom 1. August 1906 bis Ende März 1907 betrug die Leistung auf der Lokalbahn 12780 bzw. 13977 km und der Koksverbrauch im Mittel 2,8 kg auf 1 km einschließlich Anheizen und 7 Stunden langes Dampfhalten zwischen den Fahrten. Die Verdampfung ist infolge der starken Überhitzung des Dampfes nur 4,8 fach.

Bei der Preußischen Staatseisenbahnverwaltung liegen noch keine Betriebserfahrungen mit Stoltzschen Dampfwagen vor.

β) Zwei- und mehrachsige Dampfwagen mit stehenden Röhrenkesseln und Maschinen von etwa 100 bis 200 PS.

1. Zwei- und dreiachsige Wagen.

a) Dampfwagen von Komarek.

Zwei- und dreiachsige Komarek-Wagen sind namentlich bei den Niederösterreichischen Landesbahnen, versuchsweise auch bei der Österreichischen Staatseisenbahn in Verwendung. Bei ersteren fahren die Wagen auf flachen Strecken mit mehreren Anhängwagen und haben sich durchweg gut bewährt. Die Kessel sind nicht sehr anspruchsvoll bezüglich der Beschaffenheit des Speisewassers. Das Güteverhältnis des Kessels ist günstig, der Wasserumlauf lebhaft. Bei einer Probefahrt auf schwach geneigten und ebenen Strecken betrug der Kohlenverbrauch im Mittel 1,45 kg für 1 km Fahrt, wenn das verbrauchte Petroleum der gemischten Feuerung als gleichwertig der anderthalbfachen Menge Kohle angenommen wird.

Bei den vergleichenden Fahrten der Österreichischen Staatseisenbahn mit Dampfwagen verschiedener Bauart und kleinen Lokomotiven hat sich von den in den Versuchsbetrieb eingestellten Dampfwagen nur ein Komarek-Wagen als genügend leistungsfähig erwiesen. Es war dabei die Forderung aufgestellt, daß die Dampfwagen bis zu 60 PS leisten und nebst einem Anhängwagen Raum für etwa 90 Reisende bieten sollten. Auf einer Steigung von 16 v. T. (1 : 62,5) sollte die Fahrgeschwindigkeit 20 km/Std. betragen.

Bei der Betriebsleitung Mistelbach der Niederösterreichischen Landesbahnen sind vom April bis August 1906 folgende Beobachtungen an Komarek-Dampfwagen gemacht worden: (s. Tabelle I.)

Tabelle I.

Bezeichnung der Strecke	Bruttogewicht in Tonnen des ganzen Zuges		Länge der Strecke (einfach gemessen) km	Stärkste Steigung hin / zurück v. T.	Öfter vorkommende Krümmungen m	Mittlere Maschinenleistung an den Schienen gemessen PS hin / zurück	Mittlere Fahrgeschwindigkeit km/Std. hin / zurück	Dampfüberdruck Atm.	Verbrauch auf 1 km an Kohlen kg	Verbrauch auf 1 km an Wasser in l hin / zurück	Brennstoff
	Triebwagens allein	ganzen Zuges (mit Anhängewagen)									
St. Pölten—Obergrafendorf—Kirchberg a./Pielach und zurück	9,6	16,3	29,5	14 / 15	80 bis 300	27 / 15	26	16	1,68	15 / 6,8	Ostrauer Kohlen
Gmünd—Langschlag und zurück	8,8	—	36,5	25 / 20	—	23 / 9	26	20	1,98	17 / 5,2	—
Gänserndorf—Gaunersdorf und zurück	21,8	56,6	22,6	19 / 12,5	—	56 / 33	20—48 / 20—25	—	3,7	39 / 22	—
Gänserndorf—Matzen und zurück	21,8	84,7 (8 Anh.-Wagen)	8	9,9 / 0	—	86 / 34	32—21 / 27—26	—	4,6	40 / 29	—
Korneuburg—Ernstbrunn und zurück	27,3 / 27,3	58,8 / 54,5	30	24 / 20	150 bis 300	71 / 54	30	13	4,35	37 / 31	—

Tabelle II.

Zusammenstellung der Leistungen und Betriebskosten von zwei Komarek-Wagen und einer Tenderlokomotive der Niederösterreichischen Landesbahnen.

Bezeichnung der Triebwagen und der Lokomotive	Betriebszeit	Zurückgelegte Zug-km	Im Monatsdurchschnitt verbrauchte Kohlen t	Kohlen Geldwert K (M.)	Schmiermittel kg	Schmiermittel Geldwert K (M.)	Entstandene Kosten für Unterhaltung K (M.)	Löhne des Fahrpersonals K (M.)	Insges. Kosten (ohne Kilometergelder) K (M.)	Kohlenverbrauch auf 1 Zug-km kg	Kohlenverbrauch auf 1 Zug-km h (Pf.)	Öl-verbrauch auf 1 Zug-km kg	Öl-verbrauch auf 1 Zug-km h (Pf.)	Unterhaltungskosten auf 1 Zug-km h (Pf.)	Löhne des Fahrpers. auf 1 Zug-km h (Pf.)	Kilom.-Gelder u. sonst Zulagen auf 1 Zug-km h (Pf.)	Gesamtkosten auf 1 Zug-km h (Pf.)
Triebwagen Nr. 20 und 21	April bis einschl. Aug. 1906	3522	16,7	278 (236)	51,3	15,25 (13,0)	62,44 (53,08)	114,49 (97,30)	470 (399,30)	4,7	7,6 (6,5)	0,015	0,43 (0,37)	1,77 (1,55)	3,25 (2,8)	1,7 (1,45)	14,75 (12,6)
Tenderlokomotive der Gattung II 125 Dl	desgl	4245	33,6	539 (458)	99,3	31,50 (26,8)	150,78 (128,1)	287,86 (245)	1009 (858)	8,0	12,8 (10,9)	0,023	0,74 (0,63)	3,78 (3,21)	6,89 (5,86)	4,4 (3,74)	28,6 (24,3)

Im Vergleich mit kleinen Tenderlokomotiven sind bei den Niederösterreichischen Landesbahnen im Durchschnitt auf einen Monat berechnet folgende Betriebsergebnisse gefunden worden: (s. Tabelle II, S. 159.)

Auf normalspurigen Lokalbahnstrecken der Böhmischen Landesbahnen in der Nähe von Prag haben sich nur zwei Komarek-Wagen von je 100 PS als hinreichend leistungsfähig für den Verkehr erwiesen, indem sie auf einer Steigung von 17 v. T. (1 : 60) noch einen Anhängwagen von 17 t Gewicht mit einer Geschwindigkeit von 28 km/Std. fortbewegen konnten. Auf einer Steigung von 10 v. T. (1 : 100) konnten noch drei leichte Anhängwagen von je 6 t Eigengewicht mit je 40 Sitzplätzen bei einer Fahrgeschwindigkeit von 25 km/Std. befördert werden. Auch ein Teil des Güterverkehrs ist mit Hilfe der Komarek-Wagen besorgt worden. Ein damit in Vergleich gestellter Serpollet-Wagen und ein Daimler-Benzinwagen von je 25 PS Leistung ist dagegen als zu schwach befunden worden. Wegen näherer Angaben, betreffend die Betriebskosten, vgl. die nachstehende Zusammenstellung:

Bezeichnung der Vergleichslokomotive und der Triebwagen	Bezeichnung der Versuchsstrecke	Lohn für den Motorführer, den Schaffner, Brenn- u. Schmierstoff, Reinigung u. Beleuchtung auf 1 Zug-km Heller	Unterhalt.-Kosten auf 1 Zug-km Heller	Zusammen auf 1 Zug-km Heller	Bemerkungen
1. Tenderlokomotive von 30 t Dienstgewicht . .	Modřan—Cerčan—Dobřisch u. Laun—Libochowitz	35,5	7,8	43,3	Nach dreijährigem Durchschn.
2. Komarek-Wagen von 100 PS, 24 t Dienstgewicht, 24 Pl. III., 8 Pl. II. Kl.	desgl.	21,0	4,0	25,0	—
3. Daimler-Wagen von 25 PS, 12 t Dienstgewicht, 28 Plätzen . . .	Laun—Libochowitz	19,0	12,0	31,0	Zu schwach
4. Serpollet-Wagen von 25 PS, 18,5 t Dienstgewicht, 30 Pl. III., 8 Pl. II. Kl.	desgl.	23,0	20,0	43,0	

Bei den Triebwagenzügen wurde Aufnahme von Personen nur nach Maßgabe der verfügbaren Plätze gewährleistet.

b) Dampfwagen mit Kesseln von Purrey.

Dampfwagen mit Kesseln von Purrey sind in größerer Anzahl bei der Orléans-Bahn, ferner bei der Paris-Lyon-Mittelmeerbahn und der Italienischen Staatsbahn in Betrieb. Auch die Französische Staatsbahn hat eingehende Versuche damit angestellt. Bei sämtlichen vier genannten Verwaltungen sind zweiachsige Wagen der älteren Bauart in Verwendung, bei der Orléans-Bahn und der Paris-Lyon-Mittelmeerbahn auch eine größere Anzahl neuerer dreiachsiger Wagen mit Maschinenleistungen bis zu etwa 150 PS. Die Französische Nordbahn hat Versuche mit einem Purrey-Kessel vorgenommen.

Technisch haben sich die Purrey-Wagen durchweg bewährt, die Überhitzung bis auf 475° hat sich indessen als zu hoch erwiesen, weil die Überhitzerrohre zu stark angegriffen wurden. Infolgedessen sind die Überhitzerrohre später gerade gestreckt und dadurch gekürzt worden, um die Überhitzerfläche zu vermindern.

Bei der Orléans-Bahn verkehren die Purrey-Wagen mit hoher Fahrgeschwindigkeit, bis zu 80 km/Std. bei einer Grundgeschwindigkeit von 70 km/Std., so daß die Reisegeschwindigkeit trotz häufigem Anhalten 50 km/Std. beträgt. Die tägliche Leistung beträgt auf der Strecke Bourges—Nérondes $2 \times 59 = 118$ km, zuweilen auch 236 km. Der Beschaffungspreis eines neueren Purrey-Wagens ist 45 000 Frcs. Zur Bedienung des Kessels und der Maschine eines Purrey-Wagens wird ein Mann als ausreichend erachtet, die Wagen werden außerdem nur noch von dem Zugführer begleitet. Für die Rückfahrt werden die Wagen stets gedreht.

Die gesamten Betriebskosten eines Purrey-Wagens auf ein Kilometer werden angegeben zu:

1. für Personal und 6% Tilgung und Verzinsung der Beschaffungssumme . . . 21,26 cts.,
2. a) für Brennstoff (Koks) . . 29,60 cts.,
      b) » Schmierstoff . . . . 0,90 »
      c) » Wasser . . . . . 0,21 »
      d) » Holz zum Anzünden . 0,62 »
      e) » Unterhaltungskosten . 4,96 »
      f) » Schuppendienst . . 4,23 »

                                          40,52 cts.,

3. Generalkosten . . . . 1,75 »

                         zusammen 63,53 cts.

Bei der Paris-Lyon-Mittelmeerbahn wird das Wasser für die Purrey-Wagen durch Baryumzusatz im Kessel gereinigt. Die Leistungen der Wagen sind ähnlich wie bei der Orléans-Bahn, nur fahren die Wagen mit etwas geringerer Fahrgeschwindigkeit, bis zu 65 km/Std.

Die neuen Purrey-Wagen fahren mit mehreren, auf leichten Strecken bis zu sechs Anhängwagen. Durch sorgfältige, auch allgemeineres Interesse beanspruchende, hier aber nicht näher darzulegende Beobachtungen[1]) der neuen Purrey-Wagen bei der Orléans-Bahn ist festgestellt (Fig. 37 c), daß 1. die höchste Leistung der Maschine bei einer Fahrgeschwindigkeit von 60 km/Std. eintritt; 2. diese höchste Leistung 260 PS am Treibradumfang gemessen betrug; 3. die Zugkraft am Zughaken des Dampfwagens 400 kg bei einer Fahrgeschwindigkeit von 60 km/Std. beträgt und 900 kg beim Anfahren erreicht.

Die zweiachsigen Purrey-Wagen älterer Bauart der Italienischen Staatsbahn von 26 t Gewicht sind aus dem Betrieb auf der Strecke Rom—Viterbo zurückgezogen worden, weil sie dem Verkehr nicht genügten, und sind später auf der 40 km langen Strecke Neapel—Capua verwendet worden. Das größte zu befördernde Zuggewicht auf wagerechter Strecke beträgt mit vier Anhängwagen von je 15 t Gewicht 86 t, die größte Fahrgeschwindigkeit auf wagerechter Strecke mit einem Anhängwagen 50 km/Std. Der Brennstoffverbrauch beläuft sich für die Fahrt Neapel—Capua und zurück von zusammen 80 km Länge, mit einem angehängten Zuggewicht von 50 t, im ganzen auf 600 kg oder 7,5 kg auf 1 km. Die stärkste Steigung der Strecke beträgt 6,28 v. T.

c) Zweiachsige Dampfwagen der Württembergischen Staatsbahn von der Maschinenfabrik Eßlingen.

Die Bedienung der Maschine und des Kessels der zweiachsigen Dampfwagen der Württembergischen Staatsbahn erfolgt stets durch nur einen Mann. Außerdem begleitet, auch wenn ein oder zwei Anhängwagen mitgenommen werden, nur noch ein Schaffner den Triebwagenzug. Zu Triebwagenführern werden geprüfte Heizer genommen, die bei der Beförderung zu Lokomotivführern auf die Lokomotive versetzt werden.

Die Wagen werden nicht gedreht. Falls der Ausblick durch die seitlichen Fenster vom Führerstand aus mit Rücksicht auf die

---

[1]) Vgl. Rev. gén. d. ch. d. f. April 1906.

besonderen Streckenverhältnisse nicht als genügend erscheint, kann der den Triebwagenzug begleitende Schaffner von der dann in der Fahrrichtung nach vorn liegenden Plattform aus im Notfalle die Bremse, die Pfeife und ein Läutwerk in Tätigkeit setzen.

Bei mehrjähriger Benutzung von elf zweiachsigen Triebwagen hat sich deren Bauart als zweiachsige Wagen bewährt. Solche Wagen haben gleiche Länge wie Tenderlokomotiven für Lokalzüge und Nebenbahnen und passen besser zu den Heizhäusern, Drehscheiben, Wasserkranen und Werkstätten als vierachsige Wagen.

Auf dauernden Steigungen 1 : 100 mit zwei Anhängwagen von zusammen 30 t Bruttogewicht und einem gesamten Zuggewicht von 54 t bei einer Besetzung bis zu 150 Reisenden erreichen die Dampfwagen eine Fahrgeschwindigkeit von 30 km/Std., auf einer Steigung bis 3 v. T. eine solche von 45 km/Std. und darüber. Die schärfste zu befahrende Krümmung hat einen Halbmesser von 180 m. Der Wasservorrat von 1500 l und der Kohlenvorrat von 450 kg reicht bei einer dauernden Steigung 1 : 100 für eine Fahrstrecke von 40 bzw. 85 km.

Die Wagen fahren schnell an, die Wartung ist einfach und leicht, besondere Stationseinrichtungen oder besondere Betriebsstoffe werden nicht erfordert. Der Kessel läßt sich in $3/4$ Stunden anheizen, der ursprünglich an der Feuertür angebrachte Fülltrichter ist später weggelassen worden, weil die Wartung des Feuers ohnehin einfach ist. Meist genügt Nachschüren auf den Stationen. Starke Schwankungen des Wasserstandes sind bei der Bauart des Kessels unbedenklich, so daß auch in dieser Richtung geringe Aufmerksamkeit seitens des Führers erforderlich ist. Der Kessel liefert dauernd Dampf für 90 PS. Trotz meist sehr schlechtem Speisewasser genügt es, wenn die Kessel nach einer Leistung von 2000 bis 3000 km ausgewaschen werden.

Der Kessel ist im Juli 1908 seitens des Vereins Deutscher Eisenbahnverwaltungen durch einen Preis ausgezeichnet worden.

An Dampfwagen der angegebenen Bauart sind bei der Württembergischen Staatsbahn vorhanden: 7 neubeschaffte normalspurige Wagen, ferner bisher 3 aus Serpollet-Wagen umgebaute Wagen und 1 vierachsiger schmalspuriger Wagen. Ferner sind 2 Wagen gleicher Bauart, aber mit etwas abgeändertem Grundriß, für die oberitalienische Lokalbahn Iseo—Edolo und 1 Wagen für die Militärbahn beschafft worden. Außerdem ist eine Anzahl Serpollet-Kessel durch Kittelsche Kessel ersetzt.

Leistungen, Materialverbrauch und Betriebskosten der neuen

Bezeichnung des Fahrzeugs	Leergewicht in t	Dienstgewicht in t	Zahl der Sitzplätze	Zahl der Stehplätze	Verkehrsstrecken	Besetzung der Wagen	Zahl der Betriebstage	Leistungen in Nutz-km pro Betriebstag	Von 100 Nutz-km sind zurückgelegt worden mit			
									0	1	2	3
									Anhängwagen			
									km	km	km	km
Dampfwagen Nr. 6 . . .	16,60	22,30	40	8	Eßlingen - Kirchheim	mittel	101	139	84	16	0	0
Nr. 7 . . .	16,68	17,9	40	8	Eßlingen— Böbling.—Euting.	mittel	188	127	100	0	0	0
Nr. 8 . . .	17,5	24,3	40	8	Heidenheim— Hermazingen	gut	238	125	80	0	20	0
Nr. 9 . . .	17,5	24,3	40	4	Ulm – Riedlingen Heilbr.—Lauffen	gut	306	112	70	20	10	0
Nr. 10 . . .	17,5	24,3	40	4	Eßlingen—Kirchheim	gut	54	160	82	18	0	0
Nr. 11 . . .	17,5	24,3	40	4	Mühlacker—Bietigheim	gut	187	186	51	0	49	0
Nr. 12 . . .	17,5	24,3	40	4	Metzingen—Rottenburg	gut	199	112	83	16	1	0
Nr. 13 . . .	17,5	24,3	40	4	Ulm—Riedlingen	gut	218	184	74	8	18	0
Nr. 14 . . .	17,5	24,3	40	4	Metzing.—Rottbg. Stuttg.—Böbling.	gut	185	105	67	31,5	1,5	0
Durchschnitt							186	139	77	12	11	0

Der ungefähre Preis eines Wagens mit Westinghouse-Bremse, Dampfheizung und Preßluftsandstreuer beträgt 29000 M.

Die elf Dampfwagen der Württembergischen Staatsbahn leisten zusammen durchschnittlich täglich 1732 Nutzkilometer oder jeder 158 km, einzelne Wagen 255 bis 266 km. Die Wagen sind mit den noch vorhandenen Serpollet-Wagen zusammen im Dienst gewesen auf den Strecken:

Mühlacker—Bietigheim—Backnang,   Rottenburg—Metzingen,
Eßlingen—Plochingen—Kirchheim,   Tuttlingen—Sigmaringen,
Eutingen—Böblingen—Stuttgart W.,   Riedlingen—Schelklingen—Ulm,
Lauffen—Heilbronn,   Ulm—Langenau und Biberach,
Schwaigern—Willsbach,   Ravensburg—Friedrichshafen,
Heilbronn—Jagstfeld,   Bermatingen—Nonnenhorn,
Hermazingen—Königsbronn,   Schussenried—Buchau.

d) Dreiachsige Dampfwagen der Italienischen Staatsbahn (Maffei-Borsig).

Die Italienische Staatsbahn besaß im Oktober 1907 im ganzen 105 zum größten Teil im gleichen Jahre beschaffte Trieb-

Dampfwagen mit Kittelschem Röhrenkessel in 1906/07.

Verbrauch auf 1 km		Aufwand auf 1 km		Gesamt-aufwand auf 1 km für Material	Aufwand auf 1 km für		Gesamtaufw. auf 1 km für Material und gew. Unterh.	Aus-lagen auf 1 km für den Führer	Gesamt-auf-wand auf 1 km	Bemerkungen
Heiz-	Schmier-	Heiz-	Schmier-		gewöhnl.	außer-gew.				
Material		Material			Unterhaltung					
kg	kg	₰	₰	₰	₰	₰	₰	₰	₰	
3,26	0,00925	6,03	0,304	6,334	1,12	—	7,45	8,23	15,68	Saar-, Ruhr-u Fett-kohlen
2,81	0,0092	5,43	0,305	5,735	0,312	—	6,05	6,65	12,7	Saar-, Ruhr-u. Fett-kohlen
3,36	0,0117	7,43	0,47	7,90	6,54	—	14,44	6,00	20,44	
2,36	0,0076	5,22	0,31	5,53	1,63	—	7,16	5,74	12,90	
1,99	0,0085	4,10	0,26	4,36	0,225	—	4,58	6,97	11,55	Seit Ende Jan. 07 in Betrieb Ruhr-u. Fettkohlen
2,37	0,00585	4,79	0,208	4,998	0,257	—	5,255	6,16	11,415	Seit Aug. in Betrieb Ruhr-u. Fettkohlen
3,49	0,01	7,78	0,36	8,14	1,25	—	9,39	6,50	15,89	Nur Fettflamm- u. Nußkohlen
2,34	0,006	5,36	0,23	5,59	0,84	—	6,43	5,26	11,69	
3,31	0,0091	6,66	0,31	6,97	0,714	—	7,684	5,76	13,44	S. Mitte Aug. i. Betr. Saar-, Nuß- u. Fett-nußkohlen
2,8	0,0086	5,87	0,306	6,2	1,4	—	7,6	6,1	14,0	

wagen verschiedener Bauart oder erwartete deren Anlieferung in kurzem. Außer den drei Purrey-Wagen besteht der Triebwagenpark der Italienischen Staatsbahn noch aus 15 vierachsigen Triebwagen englischer Bauart und 87 Triebwagen der neuen Bauart. Mit diesen Triebwagen — sämtlich Dampfwagen — wird ein doppelter Zweck verfolgt. Einmal sollen die Schnellzüge mit Rücksicht auf ihre früher geringe Fahrgeschwindigkeit entlastet werden, indem die An-zahl der Haltestellen für die Schnellzüge vermindert wurde unter Einrichtung des Triebwagenverkehrs für die hierdurch dem unmittel-baren Schnellzugverkehr entzogenen Stationen. Zweitens soll mittels der Triebwagen der Lokalverkehr auf verkehrschwachen Strecken gefördert werden.

Die neuen dreiachsigen Triebwagen verkehren u. a. auf der 112 km langen Strecke Rom—Orte—Terni; ferner auf der 40 km langen Strecke Neapel—Capua, der 23 km langen Strecke Florenz—Vaglia u. a. Die Maschinenleistung beträgt bis zu 120 PS. Die Kessel werden dabei stark angestrengt. Infolgedessen und wegen des Fehlens sowohl der Verbundwirkung als der Überhitzung beträgt der Kohlenverbrauch reichlich das Anderthalbfache des Verbrauchs der Purrey-Wagen bei gleicher Belastung mit einer Anhänglast von 50 t auf der gleichen Strecke Neapel—Capua. Die Rücksicht auf möglichste Einfachheit der Einrichtung und Billigkeit der Unterhaltung war maßgebend für die Bauart der Kessel und Maschinen. Auch kommt in Betracht, daß in Italien geschicktes und gut geschultes Personal nicht so reichlich zur Verfügung steht wie in Industrieländern, und daß Ersatzteile aus dem Auslande bezogen werden müssen.

Der Radstand der dreiachsigen italienischen Dampfwagen beträgt insgesamt nur 4,6 m, um sie auf gewöhnlichen Wagendrehscheiben für die Rückfahrt wenden zu können. Trotzdem haben die Wagen bei der höchsten Fahrgeschwindigkeit von 50 km/Std. noch einen ruhigen Lauf. Bei Versuchsfahrten sind sogar Geschwindigkeiten von 70 km/Std. erreicht worden, ohne daß über unruhigen Lauf zu klagen war.

Auf der Strecke Rom—Orte mit Steigungen bis zu 10 v. T. (1 : 100) haben die Wagen bei Versuchsfahrten ein angehängtes Zuggewicht von 88 t befördern können, und zwar mit einer größten Geschwindigkeit von 50 km/Std. auf den flachen Teilen der Strecke. Auf der Strecke Florenz—Vaglia ist bei 18 km langer Steigung von 15 bis 22 v. T. und bei nur zweimaligem Halten auf der im ganzen 23 km langen Strecke ein angehängtes Gewicht von 30 t mit einer Geschwindigkeit von 23 km/Std. befördert worden. Nach den bisherigen Erfahrungen hofft man auf ebenen Strecken regelmäßig ein angehängtes Gewicht von 60 t befördern zu können, so daß das gesamte Zuggewicht alsdann einschließlich des beladenen Triebwagens 100 t beträgt.

Die Italienische Staatsbahn übertrifft bezüglich der Zahl der verwendeten Triebwagen noch etwas die englische Great Western-Bahn.

2. Dampfwagen mit zwei Drehgestellen, stehenden Röhrenkesseln und Lokomotivmaschinen.

Über die englischen Dampfwagen ist vom betriebstechnischen Standpunkt wenig zu berichten. Die betreffenden Wagen sind zum großen Teil in den sehr leistungsfähigen, auch mit dem Neubau der Betriebsmittel befaßten Werkstätten der Bahngesellschaften oder doch nach den Entwürfen und unter Aufsicht der Betriebsleiter angefertigt und entsprechen den Anforderungen des Betriebs in jeder Hinsicht. Die Kessel können mit gewöhnlicher Kohle (soft steam coal) geheizt werden und machen keine Schwierigkeiten wegen der Beschaffenheit des Wassers.

Die Bedienung der Maschinen und der Kessel durch zwei Mann ist in England durch die Aufsichtsbehörde, den Board of Trade, vorgeschrieben. Die Wagen werden nie gedreht. Bei der Rückwärtsfahrt trennen sich Führer und Heizer, der letztere bleibt bei der Maschine, der erstere stellt sich in der Fahrrichtung vorn auf und leitet von hier aus die Fahrt entweder durch Klingelsignale oder durch unmittelbare Bedienung einer unter dem Wagen durchgeführten Regulatorwelle.

Die englischen Triebwagen werden zum größten Teil im Vorortdienst verwendet, im Wettbewerb mit Straßenbahnen, aber auch auf Nebenbahnen. Die Ausstattung ist einfach aber gut, durchweg ist nur III. Klasse vorhanden. Besondere Raucherabteile sind meist nicht vorgesehen, namentlich wenn auf Nebenbahnstrecken zwei Wagenklassen geführt werden. Für die Sitze hat sich dichtes Rohrgeflecht bewährt.

Die Dampfwagen der Great Western-Bahn haben bis zu 66 Sitzplätze und können noch bis zu drei große Anhängwagen mit je 80 Sitzplätzen schleppen. Die Wagen haben lediglich die III. Klasse, aber es sind besondere Raucherabteile vorhanden.

Die Einrichtung der für den Triebwagenverkehr geschaffenen Haltestellen ist sehr einfach. Als Warteraum dient eine Wellblechbude, die Bahnsteige sind klein und aus Holz gebaut. Die Anlagekosten einer solchen Haltestelle betragen rund nur 80 £ (1600 M.). Die Wagen sind mit ausziehbaren Fußtritten versehen, um das Ein- und Aussteigen auch außerhalb der Bahnsteige zu ermöglichen. Bei der Great Central-Bahn sind diese Fußtritte, die im ausgezogenen Zustande aus dem Profil des lichten Raumes herausragen, so mit der Vakuumbremse verbunden, daß diese nicht gelöst werden kann, solange die Tritte nicht zurückgezogen sind. Stationspersonal ist an den Haltestellen nicht vorhanden, vielmehr wird die Ausgabe und Kontrolle der Fahrscheine durch den Zugführer und die Schaffner besorgt.

Die Anhängwagen bleiben beim Hin- und Herfahren unveränderlich mit dem Triebwagen verbunden. Bei der Rückfahrt findet ein Umsetzen nicht statt, vielmehr leitet der Führer dann von seinem in der Fahrrichtung nach vorn auf dem ersten Anhängwagen befindlichen Stand aus die Fahrt mittels einer unter den Anhängwagen durchgeführten Welle zur Bedienung des Regulators und mittels Klingelsignale.

Die größte Fahrgeschwindigkeit beträgt bei der Great Western-
Bahn für die Fahrt mit dem Triebwagen vorauf 64 km (40 Meilen)-
Std., für die Fahrt mit einem oder zwei Beiwagen vorauf 48 km
(30 Meilen)/Std. Die letztere Geschwindigkeit wird aber auch überhaupt als die passendste für die Triebwagen bezeichnet, um Über-
anstrengung der Kessel und der Maschinen zu vermeiden. Sind
mehr als zwei Beiwagen erforderlich, so wird der dritte auf die
andere Seite des Triebwagens gesetzt und der ganze Zug fährt in
dieser Zusammensetzung hin und her. Im allgemeinen wird auf
jeden Anhängwagen ein Schaffner gerechnet, während der Zugführer
die Fahrkartenkontrolle im Triebwagen besorgt. Bei nicht sehr lebhaftem Verkehr wird indessen auch wohl der besondere Schaffner
für den Anhängwagen gespart, so daß alsdann ein Zug, bestehend
aus einem Triebwagen und einem Anhängwagen, nur von dem
Maschinenführer, dem Heizer und dem Zugführer begleitet wird.

Auf Nebenbahnstrecken werden auch von früher vorhandene
kleine Lokomotiven mit einem oder mehreren Anhängwagen zusammen verwendet. Die Lokomotiven werden dann, ebenso wie die
Triebwagen, bei der Rückwärtsfahrt von dem alsdann in der Fahrrichtung nach vorn befindlichen Ende des ersten Wagens aus geleitet. Bei sehr starkem Verkehr wird eine solche kleine Lokomotive in die Mitte von vier Wagen, je zwei nach jeder Seite hin,
gesetzt. Je zwei Wagen sind dann kurz gekuppelt und bleiben
stets zusammen.

Der durchschnittliche Kohlenverbrauch wird angegeben zu:
3,4 kg auf 1 km (12 Pfd. auf 1 Meile) für den Triebwagen allein,
5,6 » » 1 » für den Triebwagen nebst 1 Anhängwagen,
6,7 » » 1 » » » » » 2 »
Die im ganzen rd. 35 km lange Kerkerbachbahn in Hessen-
Nassau mit 1 m Spurweite zerfällt in drei Teile: von Dehrn bis
Kerkerbach mit kleinster Krümmung von 180 m Halbmesser und
stärkster Steigung 1 : 100, von Kerkerbach nach Heckholzhausen
mit kleinster Krümmung von 80 m Halbmesser, einer stärksten
Steigung 1 : 50 und einer durchschnittlichen Steigung 1 : 60 und
von Heckholzhausen nach Mengerskirchen mit kleinster Krümmung von 150 m Halbmesser, einer stärksten Steigung 1 : 44
und einer durchschnittlichen Steigung 1 : 100. Auf sämtlichen
Strecken besorgt der vierachsige Komarek-Wagen den größten
Teil des Personenverkehrs getrennt vom Güterverkehr. Die Fahrgelegenheit ist indessen durch Einführung des Triebwagenverkehrs

nicht vermehrt worden. Im allgemeinen fährt der Triebwagen allein, bei besonders starkem Verkehr wird ein vierachsiger Anhängwagen im Gewicht von 8,2 t mitgenommen. Der Wagen wird nicht gewendet, die Begleitung besteht nur in einem Führer und einem Schaffner. Bei der Talfahrt ist die Maschine vorn, bei der Bergfahrt führt der Schaffner den Wagen von der dann in der Fahrrichtung nach vorn liegenden rückwärtigen Plattform des Wagens aus.

Der Komarek Wagen der Kerkerbachbahn hat vom 7. Mai bis 31. Oktober 1907 im ganzen 16507 km und vom 1. November 1907 bis zum 11. März 1908 9549 km zurückgelegt. Der Kohlenverbrauch betrug bei Probefahrten durchschnittlich 0,1 kg auf 1 t-km, im Betriebe 0,13 kg auf 1 t-km gegen 0,16 bis 0,17 kg auf 1 t-km bei den sonst verwendeten 2/2 gek. Tenderlokomotiven mit drei zweiachsigen Personen- und Gepäckwagen.

Die beiden Dampfwagen von A. Borsig haben bei Probefahrten über eine Strecke von insgesamt 680 km Länge mit einem vollbeladenen Anhängwagen eine Fahrgeschwindigkeit von 72 km/Std. auf ebener Strecke erreicht. Sie sind im Jahre 1907 in Betrieb gekommen auf der 56 km langen Strecke Faro—Olhão—Villa Real de Santo Antonio mit Steigungen bis zu 1 : 77 (13 v. T.) an der gebirgigen Südküste von Portugal und schleppen dabei noch einen Personenwagen III. Klasse, der besetzt 9,1 t wiegt. Die Fahrzeit für die ganze Strecke beträgt 2 Std. 34 Min. einschließlich 21 Aufenthalte unterwegs, die durchschnittliche Reisegeschwindigkeit 22 km/Std., die höchste Fahrgeschwindigkeit 30 bis 39 km/Std., im Mittel 34 km/Std.

Der durchschnittliche Kohlenverbrauch beläuft sich auf 6,6 kg für ein Fahrkilometer bei starker Anstrengung der Kessel, gegenüber 8,5 kg bei Lokomotivzügen im gleichen Dienst.

Der Personalbedarf der Dampfwagenzüge ist der gleiche wie bei den Lokomotivzügen, da, wie bei diesen, stets zwei Mann auf dem Führerstande sind.

γ) Vierachsige Dampfwagen mit Lokomotiv- oder Schiffskesseln und Lokomotivmaschinen.

Von den früher beschriebenen und abgebildeten Dampfwagen der London und South Western-Bahn sind seit dem 1. Januar 1907 versuchsweise zwei Stück für den Zwischenverkehr auf der 16 km (10 Meilen) langen Strecke von Guildford nach Aldershot und nach Farnham eingestellt worden. Die Wagen fahren entweder allein oder mit einem, im Bedarfsfalle auch mit zwei Anhängwagen, und zwar stets vor den Anhängwagen. Die Dampfwagen werden nicht gedreht. Bei der Rückwärtsfahrt regelt der in der Fahrrichtung vorn stehende Maschinenführer den Gang der Maschine mittels zwei unter dem Wagenkasten durchgehenden Wellen, und zwar kann er durch diese sowohl den Regulator öffnen und schließen als die Füllung verändern, indem eine Gallsche Kette von der Welle aus auf die Steuerungsschraube arbeitet. Zuvor gibt er stets ein Klingelzeichen zu dem Heizerstand, und zwar bedeutet: 1 mal halt, 2 mal vorwärts, 3 mal langsam und 4 mal rückwärts, so daß der Heizer stets in der Lage ist, sofort einzugreifen, falls einmal unvorhergesehenerweise etwas in der Bewegungsübertragung in Unordnung sein sollte.

Die Betriebskosten, d. h. nur die Ausgaben für das Maschinenpersonal und für Brenn- und Schmierstoff, ohne Unterhaltungskosten und ohne Tilgung und Verzinsung, werden bei gewöhnlichem Lokomotivbetrieb für die Beförderung der gleichen Anzahl Personen zu 9 d für die engl. Meile (47 Pf. auf 1 km) angegeben, für die Triebwagen zu 3 d auf die engl. Meile (16 Pf. auf 1 km). Die Beschaffungskosten für einen Triebwagen betragen rd. 2000 £ (40000 M.).

Die Gesellschaft macht auch Parallelversuche mit besonderen kleinen zweiachsigen Lokomotiven.

Die Italienische Staatsbahn verwendet Dampfwagen von Kerr, Stuart & Co. zur Personenbeförderung bei Cremona, entweder allein oder mit ein bis vier zweiachsigen Anhängwagen von je 15 t Gewicht. Die längste Fahrstrecke ist die 92 km lange Strecke Brescia—Parma. Es beträgt hierbei:

Zuggewicht t	Zusammensetzung des Zuges	Stärkste rechnerisch überwindbare Steigung v. T.	Mittlere dauernde überwindbare Steigung (v. T.) für eine Fahrgeschwindigkeit km/Std.		
			50	40	30
46	Triebwagen allein . .	37	17	22	29
61	1 Anhängwagen . . .	27	11	16	21
76	2 » . . .	20	8	12	16
91	3 » . . .	16	6	9	13
106	4 » . . .	13	4	7	10

Die stärkste auf der Strecke wirklich vorkommende Steigung beträgt 7 v. T. Das Gewicht der Triebwagen gilt für halbgefüllte Kohlen- und Wasserbehälter und, wie bei den Anhängwagen, für volle Besetzung mit Reisenden und Gepäck. Bei der Berechnung der zu überwindenden Steigung ist angenommen, daß nicht gleichzeitig scharfe Kurven vorhanden sind. Bei sehr langen Steigungen ohne Aufenthalt ist außerdem eine um etwa 5 km/Std. geringere Geschwindigkeit anzunehmen. Das wirkliche Zuggewicht beträgt im allgemeinen 76 t. Die Wagen haben, wie in England, Maschinenführer und Heizer, die Wagen werden nicht gedreht, bei der Rückwärtsfahrt fährt der Heizer in der Fahrrichtung vorne und verständigt den Maschinenführer durch Signale.

Die vierachsigen italienischen Wagen der zweiten Gattung sind in Dienst bei Bergamo. Die Wagen können bis zu 3 Stück zweiachsige Anhängwagen von je 15 t Gewicht schleppen. Die größte Streckenlänge beträgt 38 km, die stärkste Steigung 6 bis 8 v. T. und ausnahmsweise 11 v. T.

Die Wagen der Taff Vale-Bahn können bis 160 km (100 Meilen) den Tag fahren. Einzelne Triebwagen haben bis zu 79 785 Meilen (rd. 128 000 km) von einer zur anderen großen Ausbesserung zurückgelegt. Die Bahn besaß im Sommer 1907 im ganzen 16 Triebwagen und außerdem 2 vollständige Maschinendrehgestelle zum Auswechseln bei größeren Unterhaltungsarbeiten. Auf starken Steigungen bis zu 1 : 40 werden zwei und auch drei Triebwagen zusammengekuppelt. Die einzelnen Strecken der Taff Vale-Bahn sind kurz, das ganze Bahnnetz hat eine Ausdehnung von nur rd. 200 km, dabei aber lebhaften Verkehr, namentlich mit Kohlenzügen. Außer den 16 Triebwagen sind im ganzen 230 Lokomotiven vorhanden.

Der Dienst der Dampfwagen und der Personenverkehr bei der Taff Vale-Bahn ist folgender:

Bezeichnung der Strecke	Länge der Strecke km	Anzahl der täglichen Fahrten			Anzahl der täglichen Reisenden			Durchschnittliche Anzahl der Reisenden auf eine Fahrt
		hin	her	zu-sammen	hin	her	zu-sammen	
Cadoxton—Penarth—Cardiff .	15,2	19	19	38	1373	1145	2518	66
Cardiff—Maindy	3,9	29	27	56	569	733	1302	23
Aberthaw—Cowbridge—Pontypridd	32,6	6	7	13	286	252	538	41
Porth—Maerdy	10,4	10	10	20	669	703	1372	69
Pontypridd—Nelson	9,5	9	9	18	154	159	313	17
Pontypridd—Ynysybwl . . .	7,2	12	12	24	252	265	517	22
Pontypridd—Abercynon—Aberdare	13,1	16	18	34	367	408	775	23

Die Kohlenpreise haben sich in England stark verändert, was bei Angaben über Betriebskosten in verschiedenen Jahren zu berück-

sichtigen ist. Im Jahre 1903 betrug der Preis für Stückkohle in
Cardiff 8 sh 6 d die Tonne, im Jahre 1907 dagegen 18 sh 6 d, war
also um 118 v. H. gestiegen.

Der Fahrpreis I. und III. Klasse ist hier durchweg der gleiche
in Triebwagen wie in Lokomotivzügen, Inhaber von Zeitkarten
II. Klasse dürfen in Triebwagenzügen, in denen die II. Klasse
stets fehlt, die 1. Klasse benutzen, soweit solche vorhanden. Das
Rauchen ist überall in den Triebwagen verboten, wenn nicht im einzelnen Falle eine besondere Erlaubnis erteilt ist. Bei der Rückwärtsfahrt werden zwei Mann, der Maschinenführer und der Zugführer, vorn hingestellt, von wo aus dem auf dem Führerstand verbleibenden Heizer Signale gegeben werden können, aber auch der
Dampf abgesperrt und die Bremse betätigt werden kann. In
Gang setzen oder umsteuern kann man die Maschine bei der Rückwärtsfahrt des Triebwagenzuges von dem dann nach vorn liegenden
Wagenende aus nicht.

Der Wagen der Kanadischen Pacific-Bahn legte im Jahre
1906 täglich eine Fahrstrecke von 294 km bei viermaliger Hin- und
Herfahrt auf der rd. 37 km langen Linie Montreal—Vaudreuil zurück. Die fahrplanmäßige Zeit für diese Fahrt beträgt 50 Minuten,
bei Probefahrten ist die Strecke wiederholt in 38 Minuten zurückgelegt worden, was einer durchschnittlichen Geschwindigkeit von
74 km/Std. entspricht. Die höchste erreichbare Fahrgeschwindigkeit
wird zu 80 bis 88 km/Std., die Betriebskosten zu 40 bis 50 Pf. auf
1 km (7$\frac{1}{2}$ bis 10 d auf 1 Meile) angegeben. Der Wagen ist in der
Werkstätte der Kanadischen Pacific-Bahn gebaut.

Von dem Wagen der Missouri-Pacific-Bahn ist nur bekannt
geworden, daß er mit gutem Erfolge Probefahrten bestanden hat.

Die Bayerische Staatseisenbahnverwaltung verwendet
außer einem kleinen, auf der Nebenbahnstrecke München O.—Deisen-
hofen verkehrenden de Dion-Bouton-Dampfwagen, die großen vierachsigen, früher beschriebenen neuen Maffeischen Dampfwagen auf
den Hauptstrecken München H.-B.—Holzkirchen und München
H.-B.—Weilheim, sowie auf der Nebenbahnstrecke München-H.-B.—
Pasing—Herrsching. Gleichzeitig sind auch Versuche mit kleinen, von
Krauss & Co. besonders gebauten Lokomotiven und mit kleinen Lokomotiven Maffeischer Bauart auf den Nebenbahnstrecken Neu-
kirchen—Weiden, Neustadt a. W.-N.—Waidhaus, Wolnzach—Geisen-
feld, Fünfstetten—Monheim, Grafing—Glonn u. a. vorgenommen
worden.

Die dreiteiligen Triebwagen der Französischen Nordbahn verkehren in Omnibuszügen zwischen Douai und Valenciennes. Die durchschnittliche Leistung jedes der beiden Fahrzeuge beträgt täglich rd. 250 km, an Samstagen und Sonntagen noch etwa 50 km mehr. Für den Motor mit Purrey-Kessel, der eine vierzylindrige Verbundmaschine in der bei Purrey-Wagen üblichen Anordnung hat, wird ein Verbrauch von 8 kg Koks auf 1 km angegeben, für den Motor mit Lokomotivkessel nur ein Verbrauch von 4 kg Kohle. Anscheinend wird der Purrey-Kessel, der nur eine Heizfläche von 20 qm hat, gegen 53 qm bei dem Lokomotivkessel, überangestrengt. Eine der sonst vorhandenen gewöhnlichen kleineren Lokomotiven würde bei gleicher Leistung 8 bis 10 kg Kohlen auf 1 km verbrauchen. Der Preis des Koks beträgt rd. 20 Frcs., der der Kohle nur 11 Frcs. für die Tonne.

Die Nordbahn verwendet zur Bedienung der Maschine und des Kessels der Triebwagen nur einen Mann, für Lokomotiven jetzt stets zwei. Die größte Fahrgeschwindigkeit beträgt bei den Triebwagenzügen 55 bis 60 km/Std. Den Triebwagen wird zuweilen noch ein Beiwagen, gewöhnlich ein Viehwagen, angehängt.

b) Triebwagen mit Verbrennungsmaschinen.

1. Wagen mit Verbrennungsmaschinen und mechanischer Kraftübertragung.

Für die Daimlerschen Benzinwagen hat sich bei der Württembergischen Staatsbahn ergeben, daß die Maschinenleistung von 40 PS zu gering ist, daß indessen Wagen mit einer Maschinenleistung von 70 bis 80 PS wesentlich teurer in der Beschaffung zu stehen kommen als gleichstarke Dampfwagen, auch ist die Unterhaltung der Wagen teuer. Von der Beschaffung neuer Daimlerscher Wagen ist deshalb Abstand genommen worden, während die vorhandenen weiter benutzt werden. Für die Wagen sind heizbare aber feuerlose Schuppen erforderlich und insbesondere macht die feuersichere Lagerung des in Vorrat zu haltenden Benzins Schwierigkeiten, namentlich bei der Verteilung der Wagen an vereinzelte Stellen und bei öfterem Wechsel des Stationsortes. Das Geräusch der Zahnräder ist dagegen hier erträglich befunden worden, sofern die Getriebe gut im Stande gehalten sind. Der die Maschine umgebende Holzkasten ist mit Asbest ausgekleidet worden zur tunlichsten Milderung des Geräusches. Ein Mann auf dem Führerstande ist ausreichend zur Bedienung der Maschine.

Leistungen, Materialverbrauch und Betriebskosten der

Bezeichnung des Fahrzeuges	Leergewicht in t	Dienstgewicht in t	Zahl der Sitzplätze	Zahl der Stehplätze	Verkehrs- strecken	Zahl der Betriebstage	Leistungen in Nutz-km pro Be- triebstag	Von 100 Nutz-km sind zurückgelegt worden mit			
								0	1	2	3
								Anhängwagen			
								km	km	km	km
Benzinwagen Nr. 2	12,3	12,5	30	8	Kißlegg — Aich- stetten	189	200	100	—	—	—
Nr. 3	12,3	12,5	44	8	Saulgau — Sig- maringen	227	177	100	—	—	—
Nr. 4	12,3	12,5	44	8	Böblingen—Eu- tingen	159	128	100	—	—	—
Nr 5	12,3	12,5	44	8	Saulgau — Sig- maringen	205	173	100	—	—	—
Durchschnitt						195	170	100	—	—	—

Bei Probefahrten auf den Strecken Cannstatt—Geislingen und zurück und Cannstatt—Ulm mit einem 12,5 t schweren und außerdem mit 3100 bis 3500 kg belasteten Daimlerschen Wagen belief sich der Benzinverbrauch auf 285 und 294 g im Durchschnitt bei einer mittleren Fahrgeschwindigkeit von 29,1; 34,5 und 28,2 km/Std.

Der Daimler-Wagen der Sächsischen Staatseisenbahn mit 44 Sitz- und 20 Stehplätzen fährt ohne Anhängwagen, das Gewicht beträgt 16,4 t, die durchschnittliche Leistung an einem Betriebstage 60 km, die Anzahl jährlicher Betriebstage 249. Von den übrigen 116 Tagen verbringt der Wagen durchschnittlich 36 Tage in der Werkstatt. Die Betriebskosten für Löhne und Material betrugen 37,74 Pf. auf 1 km, die Unterhaltungskosten 6,12 Pf., die gesamten Kosten 43,86 Pf.

Der Daimler-Wagen der Schweizerischen Bundesbahnen verkehrt mit zufriedenstellendem Erfolg auf der Strecke Baar—Zug —Rothkreuz mit einer stärksten 1,57 km langen Steigung von 12 v. T. (1 : 83). Der Wagen fährt vollbelastet auf der Wagerechten mit einer Geschwindigkeit von 37 km/Std. und auf der Steigung von 12 v. T. mit einer Geschwindigkeit von 22 km/Std.

Leistungen, Materialverbrauch und Betriebskosten sind für die Zeit vom September 1902 bis November 1907 in der folgenden Zusammenstellung angegeben:

württembergischen Daimler-Wagen in 1906/07.

Verbrauch auf 1 km		Aufwand auf 1 km		Gesamtaufwand auf 1 km für Material	Aufwand auf 1 km für Unterhaltung		Gesamtaufw. auf 1 km für Material und gew. Unterh.	Auslagen auf 1 km für den Führer	Gesamtaufwand auf 1 km	Bemerkungen
Heiz-Material	Schmier-Material	Heiz-Material	Schmier-Material		gewöhnl	außergew.				
kg	kg	ℳ	ℳ	ℳ	ℳ	ℳ	ℳ	ℳ	ℳ	
0,34	0,0026	9,71	0,98	10,69	1,33	—	12,02	4,18	16,20	
0,31	0,031	9,01	1,17	10,18	0,79	—	10,97	4,33	15,30	
0,33	0,018	9,31	0,554	9,864	0,508	—	10,372	5,08	15,452	
0,32	0,031	9,23	1,28	10,51	1,74	—	12,25	4,77	17,02	
0,32	0,0265	9,31	0,996	10,30	1,09	—	11,39	4,59	15,98	

Jahr	Kilometer	Benzinverbrauch				Ölverbrauch				Unterh.-Kosten		Positionen 6. 10. 12.
		insges. kg	per km g	Preis Frs.	per km cts.	insges. kg	per km g	Preis Frs.	per km cts.	Frs.	per km cts	cts.
1.	2.	3.	4.	5.	6.	7.	8.	9.	10	11.	12.	13.
1902	8339	2842	322	926	10,5	383	43	275	3,1	1001	11,3	24,9
1903	19247	6516	338	1607	8,3	631	32	376	2,0	1957	10,2	20,5
1904	22953	7946	346	2555	11,1	710	39	369	1,6	1484	6,5	19,2
1905	22144	7944	359	2170	9,8	709	32	256	1,2	2074	9,4	20,4
1906	11589	3679	317	997	8,6	450	39	190	1,6	2315	19,9	31,1
1907	9447	4217	446	2193	23,2	584	61	226	2,4	3014	31,8	57,4
zus.	94219	33144	351	10448	11,1	3467	37	1692	1,8	11845	11,4	24,5

Die hohen Unterhaltungskosten im Jahre 1907 sind durch größere Wiederherstellungsarbeiten an der Maschine veranlaßt. Die Personalkosten sind als stark wechselnd nicht mit angegeben. Es wird indessen stets nur ein Wagenführer und ein Schaffner verwendet.

Aus der Zusammenstellung ergibt sich ein starkes Schwanken der Benzinpreise in den einzelnen Jahren und ein starkes Steigen in 1907. Auf Pfennige umgerechnet stellt sich der Preis für 1 kg Benzin:

für 1902   zu . . . 26 Pf.

» 1903   » . . . 20 »

» 1904   » . . . 26 »

» 1905/06 » . . . 22 »

» 1907   » . . . 42 »

Für den Daimlerschen Benzinmotorwagen der **Arader und Csanáder Bahnen** stellen sich die Leistungen und die Kosten folgendermaßen:

Betriebszeit	Leistung der Maschine	Gesamtleistung	Brennstoffverbrauch auf 1 Zug-km	Zugförderungskosten							
				Brennstoff	Schmierstoff	Versch. Stoffe	Person.-kosten	Zusammen	Unterhaltung	Gesamtkosten
	PS	Zug-km	g	Heller auf 1 Zug-km (℥)						
1903–1906 einschl.	40	124 980	432	9,33	1,03	0,06	3,72	14,14 (12,0)	4,92	19,06 (16,2)

Für die Wagen der **Union Pacific-Bahn** werden die Betriebskosten zu 10 bis 20 cents auf die engl. Meile = 25 bis 50 Pf. auf 1 km, je nach der Stärke des Verkehrs angegeben.

2. Triebwagen mit Verbrennungsmaschinen und elektrischer Kraftübertragung.

Die ausgedehnteste Verwendung haben Triebwagen mit Verbrennungsmaschinen und elektrischer Kraftübertragung bei den Arader und Csanáder Bahnen gefunden. Die Bauart der betreffenden von J. Weitzer in Arad gelieferten Wagen empfiehlt sich durch die Einfachheit und Zweckmäßigkeit der den örtlichen Verhältnissen gut angepaßten Einrichtung. Bei den amerikanischen Gasolinwagen mit elektrischer Kraftübertragung wird über die zu große Verwicklung der maschinellen Einrichtung geklagt, welche die Beschaffungs- und die Unterhaltungskosten erhöht und Anlaß zu Betriebsstörungen gibt. Die Einrichtung der beiden benzinelektrischen Triebwagen der englischen Nort Eastern-Bahn hat dagegen betriebstechnisch die Probe bestanden. Die Beschaffungskosten der sehr gut ausgestatteten Wagen betrugen rd. 70 000 M. für jeden Wagen bei 52 Sitzplätzen.

Bei den **Arader und Csanáder Bahnen** werden benzinelektrische Weitzersche Triebwagen mit de Dion-Bouton- und mit Westinghouse-Motoren, zusammen mit **Dampfwagen** der Bauart de Dion-Bouton von Ganz & Co. in Budapest und mit einem Daimlerschen **Benzinwagen** verwendet. Um Wiederholungen zu vermeiden, werden deshalb in diesem Abschnitt nur einige für die **benzinelektrischen** Triebwagen insbesondere geltende rein betriebstechnische Angaben gemacht, während die Ergebnisse mit Triebwagen bei der genannten Bahn, soweit sie mehr unter den verkehrstechnischen Gesichtspunkt fallen, im folgenden Abschnitt im Zusammenhang erörtert werden sollen.

Besonders lehrreich und zum Verständnis der verschiedenartigen Beurteilung, welcher die Triebwagen auch heute noch begegnen, dienlich ist die Kenntnis der großen rein technischen Schwierigkeiten, die sich bei den Arader und Csanáder Bahnen der Einführung der Triebwagen entgegengestellt haben und für deren rückhaltlose Darlegung[1]) dem unermüdlichen Pfleger und Verbesserer der Triebwagen Dank geschuldet wird. Die Schwierigkeiten bestanden vornehmlich: 1. in technischen Mängeln, die sich an den von den Straßenautomobilen übernommenen Motoren bei der stärkeren Anstrengung im Eisenbahnbetriebe zeigten, 2. in der erforderlichen steten Anpassung der Leistung der Motoren an die wachsenden Ansprüche des Betriebs und Verkehrs, 3. in der Gewinnung und Ausbildung geeigneten Personals für den Betrieb und die Werkstätten, sowie in der geeigneten Ausrüstung der letzteren.

Bei den ersten von de Dion-Bouton nach Arad gelieferten Benzinmotoren bekamen über hundert Kolben aus Stahlguß Risse und die Kolbenringe zerbrachen, weil die verwendeten Zellenkühler mit nur 0,3 qm Kühlfläche auf 1 PS ungenügend wirkten. Der Übelstand verschwand nach Anwendung von Rohrkühlern mit 1,3 qm Kühlfläche auf 1 PS, welche auf dem Dache der Wagen untergebracht wurden und durch welche erreicht wurde, daß die Wärme des von den Maschinen abfließenden Kühlwassers nicht über 75° stieg. Statt Stahlguß wurde Gußeisen oder gepreßter Stahl zu den Kolben verwendet. Ferner sind nach und nach mehr als 1000 Ventilverschlüsse gerissen, indem der dazu verwendete gepreßte Nickelstahl verbrannte. Dies wurde behoben durch Verwendung von Chromnickelstahl, der im Lande selbst erzeugt wurde.

Die Leistungsfähigkeit der Maschinen war von Haus aus dem Betriebsbedürfnis genau angepaßt, weil bei der Einführung der benzinelektrischen Triebwagen nur de Dion-Bouton-Maschinen von 30 PS Leistung zur Verfügung standen, die dem damaligen Verkehr auch genügten. Mittlerweile ist der Verkehr so stark gewachsen, daß die Maschinen bei einem Teil der Triebwagen gegen Westinghouse-Maschinen von 40 PS Leistung ausgewechselt werden mußten. Diese Auswechselung an sich kostet 6500 K für jede Maschine. Da indessen die Teile der ausgewechselten Maschinen als Ersatzteile für die im Betriebe verbleibenden Maschinen von 30 PS dienen, so verringern sich die Kosten auf 3500 K für jede Auswechselung. Eine Benzinmaschine würde sich sonst etwa zehn Jahre lang im Betrieb

---

[1]) vgl. A. Sármezey: Motorwagen im Eisenbahnbetriebe (Budapest 1904) und: Die Bedeutung der Motorwagen im Eisenbahnbetrieb (herausgegeben von Ganz & Co., Budapest 1907).

halten lassen. Der Benzinverbrauch der neuen 40 PS-Maschinen
beträgt nur einige Gramm mehr als der der früheren 30 PS-Maschinen.

Die Kosten solcher Auswechselungen machen sich bezahlt.
Würden beispielsweise an Stelle der Motoren von 40 PS Leistung
solche von 70 PS beschafft, so würden diese trotz unvollständiger
Belastung bei einer Fahrgeschwindigkeit von 35 km/Std. annähernd
700 g Benzin im Werte von 12,6 h auf 1 km verbrauchen. Der Motor
von 40 PS verbraucht dagegen nur 420 g Benzin im Werte von
7,56 h auf 1 km. Mithin würde bei Verwendung der Motoren von
70 PS für die 26 entsprechenden Triebwagen der Arader und Csanáder Bahnen, in der Voraussicht, daß in einigen Jahren der Einbau so starker Maschinen erforderlich werden könnte, eine jähr-
liche Mehrausgabe von $(12,6-7,6) \cdot 26 \cdot 39654 = 51550$ K für Benzin
entstehen, bei einer durchschnittlichen Jahresleistung der Wagen von
39 654 km.

Im Bau der Verbrennungsmaschinen für Triebwagen sind in
den letzten Jahren große Fortschritte gemacht worden, indem die
ursprünglich kaum 36 KW leistenden Benzindynamomaschinen jetzt
bei gleicher Zylinderbohrung, gleichem Hub und gleicher Umdrehungszahl 60 KW ergeben. Es sind hierzu weiter keine Änderungen vorgenommen worden als der Ersatz der ursprünglich steifen Kuppe-
lung durch Lederketten, die Regelung der Ein- und Ausströmventile,
die Änderung der Rückkühleinrichtung, wie früher angegeben, und
die Anordnung von drei statt vier Kolbenringen. Um bei dem starken
Abgang von Personal an andere Bahnen die nötige Anzahl ausge-
bildeter Mannschaften zur Bedienung der Maschinen der 41 benzinelektrischen Triebwagen zur Verfügung zu haben, müßten im ganzen
103 Mann einen vollständigen Ausbildungskursus durchmachen, ob-
wohl der Führerstand der langsam fahrenden Triebwagen durchweg nur mit einem Mann besetzt wurde.

Die vorgefallenen Betriebsunregelmäßigkeiten sind nicht sehr
erheblich, namentlich mit Rücksicht darauf, daß es sich vornehmlich
um Lokalverkehr handelt. Im Jahre 1906, bei der ersten Einführung
des Motorbetriebes im vollen Umfang, wurden von 1 798 200 Zug-km
an Personen- und gemischten Zügen im ganzen 71 399 km oder
4 v. H. in Hilfs- oder Motorersatzzügen gefahren. Die Maschinen
waren damals noch nicht ausgeprobt und die Führer hatten nicht
die nötige Erfahrung. Die Umsicht der Bedienungsmannschaft spielt
eine große Rolle bei der Vermeidung von Unregelmäßigkeiten. Ein

Führer hat schon einmal mit einem benzinelektrischen Wagen 8051 km zurückgelegt ohne Stockung, während ein anderer mit demselben Wagen gleich bei der ersten Fahrt stecken blieb.

Die wichtigsten Abmessungen der Arader benzinelektrischen Wagen seien hier nochmals mit denen der übrigen Triebwagen der Arader und Csanáder Bahnen und mit denen der Ungarischen Staatseisenbahn in Vergleich gestellt.

	Wagen im Betrieb der Kgl. Ungar. Staatsbahnen							Wagen im Betrieb der Arad-Csanáder Bahnen			
	Dampfmotoren von Ganz & Co.		Komarek Dampfm. Ganz & Co.	Stoltz Dampfm. Raaber Wagenf.	Benzin-Elektro Weitzer	Ganz & Co. Dampf-maschine	Kleine Lokomotive	Benzin-Elektromotor			Dampf-masch. Ganz & Co.
	kleine	kräftige						Weitzer	Weitzer	Weitzer Westinghouse	
Gewicht des Wagens im Betrieb . . . . t	18	22	21,2	24,4	18	31,5	18,4	13,0	16,3	13,0	13,5
Stärke des Motors PS	50	80	150	80	70	80	150	30	70	40	35
Anzahl der Achsen .	2	2	2	3	2	4	2	2	2	2	2
Geschwindigkeit km/Std.	45	60	40	50	50	50	40	30—35	55—60	35—40	30—35
Anzahl der Sitzplätze I. Kl.	—	—	—	—	—	20	—	17	15	17	9
III. »	40	38	35	40	40	76	—	25	24	25	25
Gewicht der Beiwagen . . . . t	11,6	11,6	11,6	11,6	11,6	11,6	11,6	6,3	6,3	6,3	6,3
Sitzplätze im Beiwagen I.Kl.	20	20	20	20	20	—	20	16	16	16	16
III. »	40	40	40	40	40	—	40	32	32	32	32
Gewicht des Wagens im ordnungsmäßigen Verkehr mit 90 bis 100 Sitzpl. t	29,6	33,6	32,8	36,0	29,6	31,5	46,0	19,3	22,6	19,3	19,5
Auf einen Sitz entfallen . . . . . . t	0,296	0,336	0,328	0,360	0,296	0,315	0,460	0,214	0,257	0,214	0,270

Die benzinelektrischen Triebwagen von 70 PS werden zu Schnell-zügen mit 50 bis 60 km/Std. Fahrgeschwindigkeit sowie auch zu den langsam fahrenden Zügen verwendet, sofern an Markt-, Sonn- und Feiertagen bei letzteren entsprechend starker Verkehr ist, und zwar steigt der Verkehr an solchen Tagen bei einzelnen Zügen auf mehr als 200 Personen. Bei noch stärkerem Anwachsen des Verkehrs, auf mehr als 250 Reisende, werden Lokomotivzüge eingelegt.

Auf sämtlichen im Betrieb der Arader und Csanáder Bahnen befindlichen Linien betrug die Leistung der Triebwagen

von ihrer ersten Einführung an für benzinelektrische und Dampfwagen zusammengerechnet:

Jahr	Anzahl der Triebwagen	Zugkilometer
1902	1	8 845
1903	8	160 127
1904	12	505 939
1905	17	650 309
1906	47	1 447 824
Zusammen		2 773 044

Es betrugen nach dem Durchschnitt eines dreijährigen ordnungsmäßigen Betriebs auf den Arader und Csanáder Bahnen (ohne die
andern oben einbegriffenen, unter gleicher Betriebsleitung stehenden
Bahnen):

	Auf 1 Zugkilometer (einschl. Schnellfahrten)
Zugförderungskosten (Material und Personal)	14,84 h
Unterhaltungskosten	4,39 »
Zusammen	19,23 h (16,3 ₰)

Im einzelnen beliefen sich die Kosten für die benzinelektrischen
Triebwagen im Vergleich zu den Dampfwagen und dem Daimlerschen Benzinwagen auf:

Triebwagen Bauart	Kraft des Motors PS	Gesamt- leistung in Zug-km bis Ende 1906	Brenn- mate- rial pro Zug-km kg	Brenn- mate- rial	Schmier- material	Versch. Mate- rialien	Kosten an Per- sonal	Zu- sammen	Instandhalt.- Kosten, Mate- rial u. Lohn	Gesamte Zugförder.- u. Instand- halt.-Kosten
					Zugförderungskosten					
				pro Zug-km Leistung in Heller						
Benzinmotor mit un- mittelbar. Antrieb, Daimler 1903/1906	40	124 980	Benzin 0,432	9,33	1,03	0,06	3,72	14,14	4,92	19,06
Dampfmotor Ganz & Co. 1903/1906 . .	35	662 773	Holzkohle 2,440	7,84	1,15	0,18	5,04	14,21	4,10	18,31
Benzin-Elektromot. Weitzer 1903/1906	30	710 673	Benzin 0,398	7,34	2,31	0,15	4,13	13,93	4,37	18,30
Benzin-Elektromot. Weitzer 1906 . . .	70	284 538	Benzin 0,588	10,82	2,64	0,21	4,93	18,60*	4,88	24,48*
Zusammen	—	1 782 964						14,84	4,39	19,23

* Kosten beim Schnellmotor.

Die Triebwagen der Arader und Csanáder Bahnen leisten im Jahresdurchschnitt 39 654 km oder 109 km im Tagesdurchschnitt gegen 34 914 bzw. 96 km der Lokomotiven in gleichem Dienst. Hieraus folgt eine gute Ausnutzung der Triebwagen trotz ihres verhältnismäßig hohen Reparaturstandes.

In den einzelnen Jahren betrugen die Leistungen bei den Arader und Csanáder Bahnen in Personen- und gemischten Zügen:

Jahr	Anzahl der Wagen	Gesamtleistung	Jährl. Leistung auf 1 Wagen	Durchschnittliche Leistung der Lokomotive	Reparaturstand	
					bei den Motorwagen %	bei den Lokomotiven %
		in Zugkilometer				
1903	3	93 361	31 120	33 247	22,22	11,62
1904	5	260 835	52 167	35 326	30,41	14,20
1905	8	312 821	39 102	35 647	39,78	14,99
1906*	30,8	1 116 843	36 226	35 439	33,03	16,27
Im Durchschnitt:			39 654	34 914	31,36	14,25

* Die Leistung der Triebwagen für Schnellzüge betrug 40 023 km, die der langsam fahrenden 35 064 km im Durchschnitt.

c) Triebwagen mit Antrieb durch elektrische Speicherbatterien.

Die Pfälzischen Eisenbahnen verwenden Wagen mit Antrieb durch elektrische Speicherbatterien schon seit dem Jahre 1896 auf Hauptbahnlinien. Die ersten Versuche auf einer schmalspurigen Strecke gehen auf das Jahr 1893 zurück. Einige Triebwagenzüge fahren als vierte Klasse, bei anderen wird ein Abteil dritter Klasse als zweite eingerichtet unter Verringerung der Anzahl Reisenden für dieses Abteil auf zwei Drittel der ursprünglich vorgesehenen Zahl.

Die Strecken, auf denen die Wagen verkehren, sind aus Fig. 90 zu ersehen, es sind die Verbindungsstrecken einer Anzahl größerer nahe zusammenliegender Städte mit lebhaftem Verkehr. Die Länge der einzelnen zwischen zwei Ladestationen zu durchfahrenden Strecken wechselt von 12,2 bis 43,4 km und beträgt im Mittel 27 km. Bei zunehmendem Alter der Batterien und entsprechender Abnahme der Kapazität kommen die Wagen allmählich auf kürzere Strecken. Der Stromverbrauch eines besetzten vierachsigen Wagens von 50 t Gewicht beträgt rd. 1 KW-Std. für 1 km, der Ladestrom muß dagegen 1,5 KW-Std. auf 1 Fahr-km liefern, der Wirkungsgrad der Batterie ist also = 0,67. Bei dem Laden kann dem Wagen innerhalb 1 Stunde eine

Energiemenge von 35 KW·Std. zugeführt werden. Auf 1 Stunde Fahrzeit sind rd. 1½ Stunden Ladezeit zu rechnen.

In der Regel fahren die Triebwagen allein, Sonntags bei Bedarf auf einzelnen Strecken mit einem Anhängwagen. Reicht auch dieses in einzelnen Fällen nicht aus, so wird ein Lokomotivzug eingelegt.

Die Betriebsunkosten betragen 35—40 Pf. für 1 Nutz-km, zur Deckung derselben genügte eine durchschnittliche Besetzung der Triebwagen mit 12 Personen, die wirkliche Besetzung betrug dagegen im Durchschnitt 24 Personen für den Monat Januar 1907 und 22 Personen für den Monat Juli.

Die positiven Plattensätze haben durchschnittlich 108 000, die negativen 58 700 Triebwagennutz-km geleistet. Alsdann war die Kapazität so weit gesunken, daß eine Erneuerung stattfinden mußte. Nach 20 000 bis 30 000 km ist jedesmal eine gründliche Reinigung der Batterien erforderlich. Früher mußte mit dieser Reinigung gleichzeitig eine Ergänzung der wirksamen Bleimasse verbunden werden. Bei den neuen Platten der Akkumulatorenfabrik A.-G. Berlin ist dies nicht mehr erforderlich. Die Reparaturzeit der vierachsigen Triebwagen betrug 9—15, im Durchschnitt 12 v. H. der gesamten Betriebsdauer, während der durchschnittliche Reparaturstand der Lokomotiven sämtlicher deutscher Eisenbahnen im Jahre 1905 sich auf 18 v. H. belief.

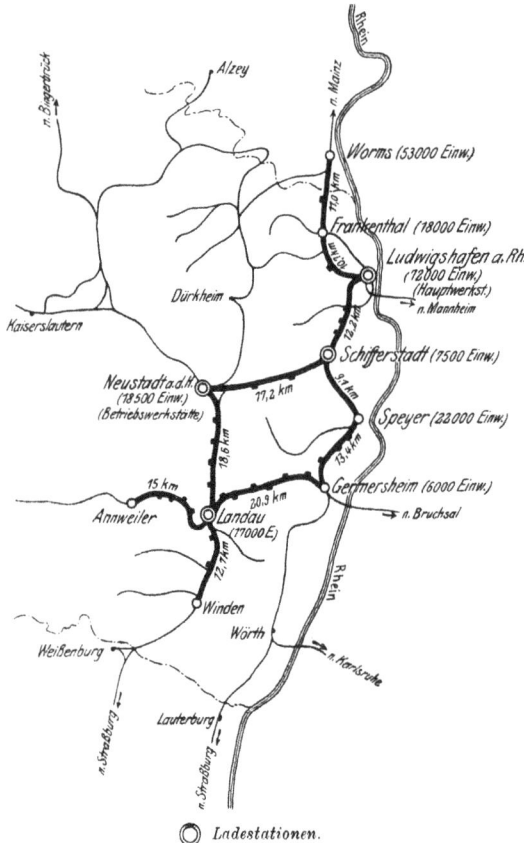

Fig. 90. Lauf der Triebwagen der Pfälzischen Eisenbahnen mit elektrischen Speicherbatterien.

Die Kosten der Unterhaltung der Wagen, Motoren und Batterien auf 1 Triebwagennutz-km betrugen im Jahre:

1900	1901	1902	1903	1904	1905	1906
3,2	5,1	13,0	17,0	12,5	9,8	10,2 Pf.,

im Durchschnitt der 7 Jahre 10,1 Pf.

Der Strompreis war im Mittel = 10,5 Pf. auf 1 KW-Std., die Stromkosten demnach bei einem mittleren Stromverbrauch von 1,5 KW-Std. für 1 Nutz-km an den Ladestellen 15,8 Pf. Dazu kommen 1,9 Pf. für Schmieren, Putzen, Beleuchten und Erwärmen, so daß die gesamten Zugförderungskosten 17,7 Pf. für 1 Nutz-km betrugen.

Die Triebwagen wurden nur von einem Führer und einem Schaffner begleitet. Das betreffende Personal versah auch den Dienst auf Lokomotivzügen, so daß die genauen Beträge für die Löhne nicht angegeben werden können, schätzungsweise sind hierfür bei Annahme einer Tagesleistung von 100 km 9 Pf. für 1 Zug-km zu rechnen. Die gesamten Betriebskosten belaufen sich dann auf 35 Pf. für 1 Nutz-km ohne Zinsen und Tilgung, wofür rd. 15 Pf. hinzuzurechnen wären.

Der Beschaffungspreis eines Wagens beträgt 55000 M.

Betriebsstörungen kommen nur selten vor. Gegebenenfalls kann mit einer Hälfte der Batterie und dementsprechend mit halber Geschwindigkeit weitergefahren werden. Beim Durchschlagen der Wicklung eines Motors übernimmt ohne weiteres der zweite die Führung des Wagens, beim Unbrauchbarwerden eines Fahrschalters wird der Fahrschalter des rückwärtigen Führerstandes benutzt.

Der Wagen der Belgischen Staatsbahn hatte bis zur Mitte des Jahres 1907 im ganzen 44000 km zurückgelegt, einzelne Platten waren seit dem Jahre 1904 in Betrieb, was insbesondere der Geschicklichkeit eines mit der Unterhaltung der Batterie und der Ausbesserung der Platten beauftragten Arbeiters zugeschrieben wird. Die Betriebskosten betragen einschließlich Unterhaltung und Tilgung 17 Frcs. täglich bei einer täglichen Leistung von 36 km. Der Wagen wird begleitet von dem Wagenführer und dem Zugführer, die nebeneinander in getrennten Ständen vorn auf dem Wagen stehen, der nicht gedreht wird. Der Wagen hat rd. 80000 M. gekostet.

Der Wagen der Sächsischen Staatseisenbahn mit elektrischen Speicherbatterien hat 80 Sitz- und 18 Stehplätze und fährt ohne Anhängwagen, sein Eigengewicht ohne Reisende beträgt

44 375 t, die durchschnittliche Leistung an einem Betriebstage beläuft sich auf 58 km, die Anzahl der jährlichen Betriebstage ist 221, von den übrigen 144 Tagen hält sich der Wagen 88 Tage in der Werkstatt auf. Zum Aufladen der Batterie ist täglich eine dreistündige Fahrtunterbrechung erforderlich. Die Unterhaltungskosten belaufen sich auf 14,9 Pf. für 1 km, die Betriebskosten für Löhne und Material auf 55,11 Pf., die gesamten Ausgaben also auf 70 Pf. für 1 km. Der zum Laden der Batterien verwendete Strom wird dem Dresdener städtischen Straßenbahnnetz entnommen und kostet 25 Pf. für 1 KW-Std.

Die im Eisenbahndirektionsbezirk Mainz in Betrieb befindlichen fünf dreiachsigen Abteilwagen[1]) mit elektrischen Speicherbatterien verkehren in größeren Zugpausen auf folgenden Hauptbahnstrecken:

Bezeichnung der Strecke	Einfache Länge der Strecke km	Anzahl der täglichen Doppelfahrten	Fahrzeit für die einfache Strecke Min.
Mainz — Oppenheim .	20,41	4	38
Mainz — Gaualgesheim	21,2	4	40
Mainz — Rüsselsheim .	12,24	6	25

Die Anfahrzeit für die Motorwagen ist kürzer als die von Dampflokomotiven.

Die Kapazität der Batterien beträgt bei der im Betriebe erforderlichen schnellen Aufladung, der wechselnden Beanspruchung und der großen Stärke des Entladestroms etwa 200 Amp.-Std. und 7,6 W-Std. auf 1 kg Zellengewicht gegen die sonst für einen regelmäßigen Entladestrom von 100 Amp. gewährleisteten 230 Amp.-Std. und 8,75 W-Std. auf 1 kg Zellengewicht.

Die Batterien werden nach je einer Fahrt von Mainz nach Oppenheim und zurück oder von Mainz nach Gaualgesheim und zurück wieder geladen, sowie nach einer zweimaligen Fahrt von Mainz nach Rüsselsheim und zurück. Bei der letzteren Fahrt werden 98,5 Amp.-Std. verbraucht, es verbleiben demnach über 100% des Verbrauchs in der Batterie.

---

[1]) E. T. Z. 1908, Heft 5 u. 6.

Die durchschnittliche Ladezeit beträgt bei einem mittleren Ladestrom von 110 bis 120 Ampere für die Fahrten Mainz—Oppenheim
und Mainz—Gaualgesheim je 40 Minuten, für die Fahrten Mainz—
Rüsselsheim 25 Minuten. Der Energieverbrauch beträgt für die drei
Strecken 19,5, 17,9 und 18,6 W-Std. auf 1 t-km und 0,66, 0,61 bzw.
0,63 KW-Std. auf 1 Wagen-km, und zwar ist dies der Energieverbrauch
lediglich für die Fahrt auf der Strecke ohne Rangierbewegungen
und Fahrten zur Ladestelle.

Die durchlaufenen Strecken sind durchweg flach, mit geringen
Steigungen, nur dicht bei Mainz ist eine kurze Steigung 1 : 118.

Bei einer Versuchsfahrt von Osthofen über Gau—Odernheim
nach Bodenheim mit längeren Steigungen 1 : 60 wurden 40,5 KW-Std.
bei einer Streckenlänge von 40,85 km oder 29,2 W-Std. auf 1 t-km
und rd. 1 KW-Std. auf 1 Fahr-km verbraucht. Auf der Steigung
1 : 60 betrug die Stromstärke 215 Amp. bei einer Spannung von
340 V. Der Stromverbrauch auf wagerechter Strecke betrug 100 Amp.
bei Parallelschaltung und 35 Amp. bei Reihenschaltung. Auf der
Steigung 1 : 60 wurde eine Fahrgeschwindigkeit von 32 km/Std.
bei ziemlich starker aber noch zulässiger Erwärmung der Motoren
erreicht. Die Kapazität der Batterie ist im Betriebe erheblich höher
als die gewährleistete geblieben, es läßt sich daraus schließen, daß
auch die Platten länger als gewährleistet gebrauchsfähig bleiben werden,
daß also die positiven mehr als eine Leistung von 120000 km und
die negativen mehr als eine Leistung von 60000 km aushalten
werden. Einschließlich Einrechnung der Energie für die alle 8 Tage
vorzunehmende Überladung der Batterie ist der Wirkungsgrad derselben 76 v. H.

Die Kosten der Stromerzeugungsanlage in Mainz haben
betragen:

für einen Dieselmotor	34 750 M.
» die Ladedynamo	7 250 »
» » Umformeranlage zur Benutzung des städtischen Stroms als Reserve	8 850 »
» » Schaltanlage	3 450 »
» » baulichen Anlagen	5 000 »
zusammen	59 300 M.

Die Betriebskosten betragen, soweit sich dies nach der kurzen
Betriebszeit übersehen läßt, für 1 Fahr-km etwa:

7,02 Pf. für Strom,

1,40 » » Schmieren, Putzen, Heizen,

6,00 » » den Wagenführer,

4,60 » » » Schaffner,

8,00 » » die Unterhaltung der Batterien,

0,44 » » » » » Motoren mit Zubehör,

1,87 » » » » » Wagenkasten und Untergestelle.

zus. 29,33 Pf.

Der Dieselmotor der Stromerzeugungsanlage wird mit Gasöl (Treiböl) gespeist, dessen Preis 7,80 M. für 100 kg beträgt, während der Verbrauch für 1 PS-Std. sich auf 200 g beläuft. Die 8 Pf. für die Unterhaltung der Batterien werden an die Akkumulatorenfabrik A.-G. Berlin bezahlt. Bei den leichten Betriebsverhältnissen und der Einfachheit der Bedienung der Wagen ist der Wegfall des Schaffners in Betracht gezogen, ebenfalls soll später der besondere Wärter in der Ladeanlage erspart werden und die Bedienung derselben durch die Wagenführer erfolgen. Die Stromerzeugungskosten würden dann bei dem jetzigen Betrieb von 7,02 auf 6,3 Pf. für 1 km herunter- gehen. Eine weitere Verbilligung würde bei wachsendem Verkehr infolge besserer Ausnutzung der Anlage eintreten. Bei Benutzung des umgeformten städtischen Stroms zur Reserve steigen die Stromkosten auf rd. das Dreifache, indem der Preis 15 Pf. auf die KW-Std. beträgt und mit einem Verlust von 16 v. H. durchs Umformen zu rechnen ist.

Für Abschreibung und Tilgung sind im ganzen 16240 M. zu rechnen Bei einer Jahresleistung von 34000 km für jeden Trieb- wagen im Durchschnitt ergibt dies auf 1 Fahr-km den Betrag von 9,6 Pf. Insgesamt betragen also die Kosten auf 1 Wagen·km ein- schließlich Verzinsung und Tilgung, bei Einsetzung des früher angegebenen Betrags für die reinen Betriebskosten, 9,6 + 29,33 = **38,93** Pf. Von Mitte Februar bis Ende September 1907 haben die fünf Mainzer Triebwagen zusammen 97786 Wagen-km und 1496394 Personen-km geleistet. Die durchschnittliche Besetzung der Wagen betrug also 1496394 : 97786 = 15,2 Personen und die Kosten auf 1 Personen-km einschließlich Verzinsung und Tilgung: $\frac{38,93}{15,2} = 2,6$ Pf. Die Wagen mit Speicherbatterien haben ihren bei den Pfälzischen Eisenbahnen erworbenen Ruf großer Betriebssicher- heit bis jetzt bewährt. Betriebsstörungen sind kaum vorgekommen.

Bei den neuen großen Doppelwagen der Preußischen Staatseisenbahnverwaltung mit elektrischen Speicherbatterien und mit
Plätzen bis zu 126 Personen werden die Kosten für 1 Wagen-km
einschließlich Verzinsung und Tilgung auf rd. 50 Pf. geschätzt.[1]) Bei
einem Fahrpreis von 2 Pf. auf 1 km würden also die Ausgaben
schon bei einer Platzausnutzung von 20 v. H. gedeckt. Für die
positiven Platten der Batterien wird eine Leistung von 120000 km,
für die negativen eine solche von 80000 km angenommen. Die
Unterhaltung und Erneuerung der Batterien erfolgt auch hier durch
die Akkumulatorenfabrik A.-G. in Berlin gegen eine feste Vergütung
für jedes Wagen-km. Probefahrten sind gut verlaufen.

Der vierachsige Triebwagen der Eisenbahn-Direktion Saarbrücken mit elektrischen Speicherbatterien ist am 6. November 1907
auf der Strecke Conz—Trier West—Ehrang mit einer stärksten Steigung von 1 : 120 in Dienst gestellt worden. Der Wagen sollte später
auf einer Strecke mit wesentlich stärkerer Steigung verkehren, da
sich ergeben hat, daß die Stärke des Antriebs hierzu ausreicht. Die
Betriebszeit ist noch zu kurz, als daß sich genauere Angaben über
die Ergebnisse machen ließen.

Die Italienische Staatsbahn hat mittlerweile den Betrieb
mit elektrischen Speicherbatterien auf den Südbahnstrecken Bologna—Modena (36,9 km) mit stärksten Steigungen von 5,5 v. H. und
Bologna—San Felice (42,5 km) mit einer Steigung von 5 v. H. eingestellt, weil die anfangs als günstig befundenen Ergebnisse auf die
Dauer nicht befriedigten. Die vier Wagen sind von 1902 ab mehrere
Jahre in Betrieb gewesen. Die Wagen enthielten je 90 Plätze, wovon 64 Sitzplätze in zwei Klassen waren, und einen Gepäckraum
im mittleren Teile.[2]) Jedes der beiden zweiachsigen Drehgestelle
war mit einem Motor von 90 PS Leistung versehen. Die Übersetzung
des Antriebs betrug 1 : 6. Die Batterie war in besonderen, von außen
zugänglichen Kästen unter dem Wagenfußboden untergebracht, und
zwar war sie in drei Gruppen geteilt, die entweder in Spannung oder
parallel geschaltet werden konnten. Die Batterie bestand aus 266 Elementen, ihr Gewicht betrug rd. 12 t, das Gewicht eines Wagens ohne
Batterie und elektrische Ausrüstung betrug 34 t, das Gewicht der
letzteren 4 t, so daß ein vollständiger Wagen mit Batterie, aber
ohne Fahrgäste, rd. 50 t wog. Eine Ladung der Batterie reichte

---

[1]) nach Zehme in E. T. Z. 1907, Heft 32.
[2]) S. Abb. in E. T. Z. 1907, Heft 32.

für eine Fahrt von 85—100 km Länge, das Güteverhältnis der Batterie betrug für die Linie Bologna—Modena 57 v. H., die normale Geschwindigkeit 45 km/Std., die größte Geschwindigkeit 52 km/Std.

Die positiven Platten der Batterien hielten durchschnittlich eine Fahrleistung von 11000 km, die negativen die doppelte Leistung aus, die Ausgabe für Erneuerung der Platten betrug 24 cts. auf 1 km, die Ausgabe für Untersuchung der Batterie, für die Füllung und für Unterhaltungsarbeiten, abgesehen von der Erneuerung der Platten, betrug im ersten Jahre 12 cts. auf 1 km, so daß die gesamte Unterhaltung der Batterie 24 + 12 = 36 cts. auf 1 km betrug. Die Kosten der elektrischen Energie beliefen sich auf 10 cts. für die KW·Std. und die gesamten Kosten der Zugförderung auf 72 cts. für 1 Zug-km gegen 97 cts. für einen Dampfzug auf der Strecke Bologna—San Felice. Die Beschaffungskosten eines Wagens haben rd. 80000 M. betragen.[1])

Die beiden Triebwagen mit elektrischen Speicherbatterien auf der 5,8 Meilen (9,3 km) langen Strecke von Swansea bei Cardiff nach dem Seebad Mumbles[2]) mit 42 Plätzen im Inneren der Wagen und 57 Plätzen auf dem Verdeck, sind ebenfalls wieder außer Dienst gestellt worden, weil sie für den Verkehr nicht ausreichten. Auf der Strecke sind nur mehr Lokomotivzüge in Betrieb mit häufig neun Stück großen zweistöckigen Wagen. Die von der Brush Electrical Engineering Co. gelieferten Wagen hatten Batterien von je 190 Zellen, der Ladestrom hatte eine durchschnittliche Spannung von 450 Volt bei 20 bis 25 Amp. Stromstärke. Das Gewicht der Batterie betrug 3,35 t, die Kapazität 140 Amp.-Std. Der Entladestrom hatte eine normale Stromstärke von 65 Amp. und eine größte Stromstärke von 90 Amp., die vorübergehend auf 100 Amp. stieg. Zum Laden der Batterien stand zwischen den einzelnen Fahrten nur ein Zeitraum von 20 Minuten zur Verfügung, der aber zum ordnungsmäßigen Laden nicht ausreichte. Der Beschaffungspreis der Batterie war ungefähr 7600 M., das Gewicht eines ganzen Wagens mit Batterie 19,35 t ohne Reisende und voll besetzt rd. 26 t.

---

[1]) Génie civil 1903, Bd. 43; Mitteil. d. Ver. f. d. Förd. d. Lokal- u. Straßenbahnw. 1904, Heft 6.

[2]) Die betreffende Bahn erhebt den Anspruch, die älteste, allerdings bis 1877 mit Pferden betriebene, Eisenbahn der Welt zu sein. Die Konzessionsurkunde stammt vom 29. Juni 1804.

Die Wagen machten je fünf Fahrten täglich, die Fahrzeit für die 9,3 km lange Strecke betrug 26 bis 33 Minuten, die durchschnittliche Fahrgeschwindigkeit also 17 bis 21 km/Std. Der Stromverbrauch bei Versuchsfahrten schwankte von 0,4 bis 1,15 KW-Std. auf die Meile (0,25 bis 0,7 KW-Std. auf 1 km), je nachdem die Motoren in Reihe oder parallel geschaltet wurden. Die Wagen haben rd. je 100000 M. das Stück gekostet.

5. Wirtschaftlichkeit der Triebwagen und Verkehr.

a) Einleitung.

Nachdem in den vorhergehenden Abschnitten die geschichtliche Entwicklung der Eisenbahntriebwagen von deren erstem Auftreten an, weiterhin eingehender die Bauart der neueren Eisenbahntriebwagen und die mit denselben gemachten Erfahrungen bezüglich der technischen Verwendbarkeit und der Betriebskosten dargelegt worden sind, erübrigt noch, die wichtigsten rein wirtschaftlichen Erfahrungen, d. h. die Einwirkung der Triebwagen auf das Verhältnis zwischen Einnahmen und Ausgaben im Zusammenhang mit verkehrstechnischen Fragen kurz zu erörtern und übersichtlich zusammenzufassen. Hierbei wird die Bauart der betreffenden Triebwagen nicht in erster Reihe in Frage kommen. Ganz naturgemäß sucht sich jede Eisenbahnverwaltung diejenigen Triebwagen aus, die nach den jeweiligen Beschaffungspreisen derselben einschließlich Patent- und Zollgebühren für Ersatzteile, den Preisen für die zu verwendenden Betriebsstoffe und der Gelegenheit geeignetes Personal für die Beaufsichtigung, Wartung und Instandhaltung der Wagen zu erhalten, die wirtschaftlichsten sind. Es wird also richtiger sein, die in diesem Abschnitt noch niederzulegenden Angaben nach Ländern und Eisenbahnverwaltungen zu ordnen.

b) Deutschland und Österreich-Ungarn.

Bei der Hildesheim-Peiner Kreisbahn ist mit Erfolg der Versuch gemacht worden, unter Benutzung eines Triebwagens, und zwar eines de Dion-Bouton-Dampfwagens, den Personenverkehr zum großen Teil vom Güterverkehr zu trennen unter gleichzeitiger Steigerung der Fahrgeschwindigkeit für den Personenverkehr und Vermehrung der Fahrgelegenheit. Es sind in 3 Monaten des Jahres 1905 gefahren worden: 17705 Zug-km von Personenzügen mit Triebwagen

bei einer Geschwindigkeit von 40 km/Std., 3135 Zug-km von Personenzügen mit Lokomotiven bei einer Geschwindigkeit von 30 km/Std.
und 16483 Zug-km von gemischten Zügen mit Lokomotiven bei
einer Geschwindigkeit von 20 bis 25 km/Std.

Die Wirkung dieser Maßnahmen war eine Steigerung des Personenverkehrs um 21 v. H. und eine Verminderung der verhältnis-
mäßigen Betriebskosten. Der gesamte Kohlenverbrauch auf 1 t-km
Nettolast verringerte sich um 10 v. H., der Kohlenverbrauch für
1 Personen-km sogar um 22 v. H. Aus der Steigerung des Personenverkehrs und der Verminderung der Betriebskosten bei gleich-
bleibenden persönlichen Ausgaben ergab sich für ein Vierteljahr
ein Mehrüberschuß von 5250 M. Als Anhängwagen für die Triebwagen wurden dabei gewöhnliche 11,75 t schwere Personenwagen
verwendet. Von weitergehender Trennung des Personen- und Güterverkehrs unter Beschaffung eines zweiten Triebwagens und der Beschaffung leichter Anhängwagen wurde eine erhebliche weitere
Steigerung der Überschüsse erwartet. Der Anregung der damaligen
Betriebsleitung ist jedoch später keine Folge gegeben worden.

Nach den Erfahrungen auf der Bleckeder Kreisbahn,
den Greifenberger Kleinbahnen und der Kleinbahn Straus-
berg—Herzfelde mit leichten Dampfwagen verschiedener Bauart
empfiehlt sich die Einführung der Triebwagen, wenn mindestens zwei
Zugpaare auf den betreffenden Strecken verkehren. Das eine Zugpaar soll dann mit erhöhter Fahrgeschwindigkeit lediglich dem Personenverkehr dienen und durch den Triebwagen gefahren werden,
während das andere Zugpaar als gemischter Zug durch eine Lokomotive gefahren wird.

Bei der Kerkerbachbahn (Hessen-Nassau) hat die Verwendung des vierachsigen Komarekwagens ein wirtschaftlich zufrieden-
stellendes Ergebnis gehabt, infolge des geringeren Gewichts des Triebwagenzuges, des geringeren Kohlenverbrauchs auf 1 t-km und der
einmännigen Bedienung der Maschine nebst Kessel.

Bei der Preußischen Staatseisenbahnverwaltung hat
sich der Betrieb mit de Dion-Bouton-Dampfwagen bisher als unwirt-
schaftlich erwiesen, infolge des schwachen Verkehrs auf den betreffenden Strecken und der damit im Mißverhältnis stehenden Betriebskosten. Mit anderen Dampfwagen sind hier noch keine Erfahrungen
gemacht worden, ein Motorwagen mit Verbrennungsmaschine ist seit
kurzem im Betrieb. Die Wagen mit elektrischen Speicherbatte-

rien haben, soweit sich dies bei der noch kurzen Betriebszeit schon absehen läßt, bei guter Ausnutzung der Plätze ein wirtschaftlich gutes Ergebnis, wie sie auch technisch den Anforderungen entsprochen haben.

Der ausschlaggebende wirtschaftliche Vorteil der Pfälzer Wagen mit elektrischen Sammlerbatterien besteht in der Ersparnis an Zugbegleitungsmannschaft, indem die Wagen nur von einem Führer und einem Schaffner bedient werden. Der Betrieb arbeitet infolgedessen durchaus mit wirtschaftlichem Nutzen.

Bei der Sächsischen Staatsbahn hat sich der Motorwagenbetrieb im allgemeinen teurer gestellt als der Betrieb mit Lokomotivzügen, auch mußten stets gewöhnliche Betriebsmittel in Bereitschaft gehalten werden, um einem unerwartet auftretenden Andrang von Reisenden zu genügen, da die Motorwagen — 1 Daimler-Wagen, 1 Serpollet-Wagen und 1 Wagen mit elektrischen Speicherbatterien — nicht mit Anhängwagen fahren können.

Die bemerkenswertesten wirtschaftlichen Erfolge sind bei den Arader und Csanáder Bahnen zu verzeichnen. Durch ausgiebige Verwendung von leichten Triebwagen, und zwar von Dampfwagen wie von benzinelektrischen Wagen, ist es hier gelungen, aus dem Personenverkehr an Stelle der früheren Mindereinnahme von 180000 K einen erheblichen Einnahmeüberschuß zu erzielen. Dies günstige Ergebnis ist dadurch zustande gekommen, daß es bei der Verwendung von Triebwagen möglich wurde, die Beförderungssätze stark herabzusetzen und dadurch eine so erhebliche Steigerung des Personenverkehrs herbeizuführen, daß trotz den billigeren Beförderungssätzen das Verhältnis der Einnahmen zu den Betriebskosten ein weit günstigeres wurde.

Im Winter 1907/08 verwendeten die Arader und Csanáder Bahnen im ganzen 1. auf normalspurigen Strecken:

> 1 Daimler-Benzinwagen von 40 PS,
> 4 de Dion Bouton-Wagen (Ganz & Co.) von 35 PS,
> 22 benzinelektrische Weitzersche Wagen von 30 bis 40 PS,
> 14   »   »   »   » 70 PS,
> _____
> zus. 41 Triebwagen.

2. auf der Schmalspurbahn [Alföldbahn[1)] von 0,76 m Spurweite:

[1)] S. d. Bahnnetz i. Z. V. D. E.-V. 1907, Nr. 55.

8 de Dion-Bouton-Wagen   (Ganz & Co.) von 35 PS,
2 » »   »   » -Tracteurs » » »   » 70 » (2×35)
1 benzinelektrischen Tracteur (Weitzer)   » 70 »
1   »   Wagen   »   » 30 »

zus. 12 Triebwagen und Tracteurs (kleine Lokomotiven mit gleicher
Maschinenausrüstung wie Triebwagen).

Die benzinelektrischen Wagen von 40 PS der normalspurigen
Strecken fahren mit zwei Anhängwagen zu je 48 Sitzplätzen. Die
Maschinen sind infolge des gesteigerten Verkehrs gegen die früheren
Maschinen von 30 PS ausgewechselt worden. Diese Auswechselung
soll allmählich vollständig durchgeführt werden.

Im Jahre 1907 sind aus dem Triebwagenverkehr der Arader
und Csanáder Bahnen im ganzen 953 880 K vereinnahmt worden,
während die Ausgaben 741 899 K betrugen. Die Reineinnahme betrug
mithin 211 981 K.

Wenn von andrer Seite benzinelektrische Triebwagen und Triebwagen überhaupt ungünstig beurteilt werden und sogar angegeben
wird, daß dadurch starke wirtschaftliche Schädigungen einer ihren Betrieb auf solche stützenden Lokalbahn herbeigeführt werden können,
so beweist dies nur, daß die gleiche Angelegenheit unter verschiedenartigen Verhältnissen verschiedenartig beurteilt werden kann. Triebwagen beanspruchen immer Aufmerksamkeit und Pflege, namentlich
in der Unterhaltung.

Die Folge der Vermehrung der Fahrgelegenheit, unter gleichzeitiger starker Herabsetzung der Beförderungssätze im Personenverkehr, bei der Einführung des Motorwagenbetriebs seitens der
Arader und Csanáder Bahnen, war eine starke Hebung des Personenverkehrs und eine erhebliche Steigerung der Einnahmen. Im
Vergleich zu einigen andern ungarischen Lokalbahnen, welche am
Lokomotivbetrieb festgehalten haben, betrug die Steigerung des Personenverkehrs und der Einnahmen daraus im Durchschnitt der
Jahre 1902—1906 bei der:

	Békés-Csanáder Bahn	Biharer Bahn	Mátra-Köröser Bahn	Toron-táler Lo-kalbahn	Szamos-taler Bahn	Arader u. Csanáder Bahnen
Länge der Strecke . . km	82,5	177,7	309,8	346,9	253,7	390,5
Durchschnittliche Verkehrs-steigerung v. H.	3	4	6,5	11	8	25
Durchschnittliche Steigerung der Einnahmen v. H. . .	3,6	3,9	im Mittel 6,5			
			2,6	8,4	4,9	11,9
			im Mittel 4,7			

Der Motorwagenbetrieb ist bei den Arader und Csanáder Bahnen vom Jahre 1903 an eingeführt worden. Von 1897 bis 1901 hatte der Personenverkehr hier gar keine Fortschritte gemacht. Im März 1906 ist der vollständige Triebwagenverkehr auf der einen Hauptlinie, am 1. Juni 1906 auf der andern Hauptlinie eingeführt worden.

Die Entwicklung des Personenverkehrs auf den Arader und Csanáder Bahnen unter Einwirkung der Motorwagen ist aus der zeichnerischen Darstellung Fig. 91 zu ersehen. Das Netz der ungarischen Lokalbahnen hat insgesamt eine Ausdehnung von rd. 8000 km, hier ist also, unter durchweg ähnlichen Verkehrsverhältnissen wie

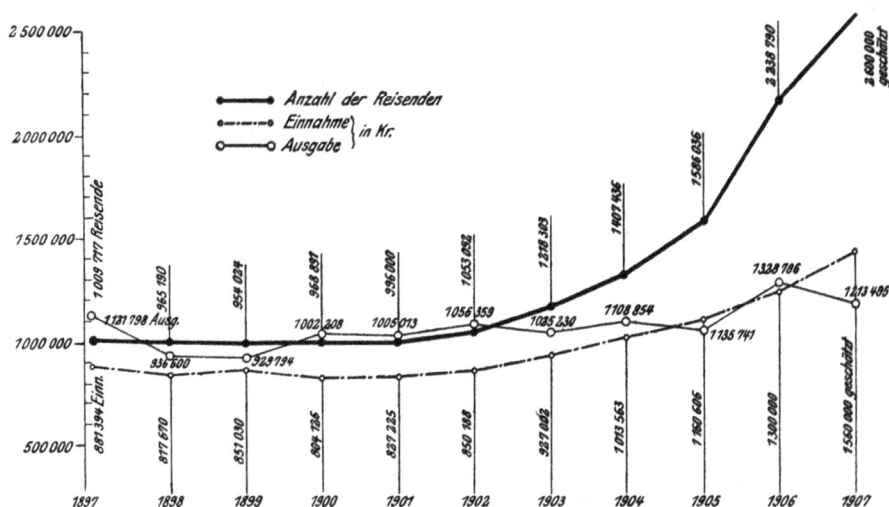

Fig. 91. Personenverkehr der Arader und Csanáder Bahnen von 1897—1907.

bei den Arader und Csanáder Bahnen, noch reichlich Gelegenheit zu gleich nützlicher Verwendung leicht gebauter Triebwagen.

Die Betriebskosten auf 1 Brutto-Tonnen-km betrugen bei den Arader und Csanáder Bahnen von 1900—1907:

für Lastzüge . . . . . 0,740 bis 0,894 h, durchschnittl. 0,788 h
» Personenzüge mit
    Lokomotiven . . 1,094 » 1,129 »   »   1,111 »
» Triebwagenzüge 1,400 » 1,533 »   »   1,480 »

Das tote Gewicht auf einen Reisenden betrug bei den Lokomotivzügen der Hauptstrecken der Arader und Csanáder Bahnen durchschnittlich 1,09 t, auf den Lokalbahnstrecken ist das Verhältnis noch ungünstiger. Für die Triebwagenzüge beträgt dagegen das tote Gewicht nur 0,348 t auf einen Reisenden.

Der größeren Ausgabe auf 1 Brutto-Tonnen-km steht deshalb bei den Triebwagenzügen eine im Verhältnis höhere Einnahme gegenüber. Es betrugen die Einnahmen auf 1 Brutto-Tonnen-km:

bei den Lastzügen . . . . 1,620 h
 » » Personenzügen mit Lokomotiven . 0,936 »
 » » Triebwagenzügen . . . . . **3,007** »

Demnach haben nur Lokomotivgüterzüge und Triebwagenzüge Einnahmeüberschüsse zu verzeichnen, die von Lokomotiven beförderten Personenzügen dagegen nicht, indem bei diesen einer Ausgabe von 1,111 h auf 1 Brutto-Tonnen-km eine Einnahme von 0,936 h gegenübersteht, während bei den Triebwagenzügen die Ausgaben nur 49 v. H. der Einnahmen betragen.

Ein Lokomotiv-Personenzug der Arader und Csanáder Bahnen wiegt durchschnittlich 130 t einschließlich Lokomotive. Die Gesamtkosten eines Personenzug-km betragen demnach 130 × 1,111 = 144,4 h.

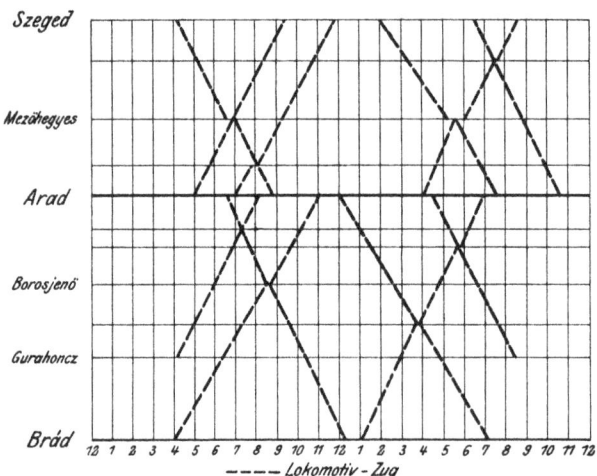

Fig. 92. Fahrplan der Strecke Szegedin-Brád im Jahre 1902.

Die durchschnittliche Einnahme beträgt dagegen hier 130 × 0,936 = 121,7 h, d. h. die Arader und Csanáder Bahnen zahlen auf jedes Personenzug-km 144,4 — 121,7 = 22,7 h zu.

Das Gesamtgewicht eines Triebwagenzuges beträgt dagegen durchschnittlich 22,5 t, die Gesamtkosten eines Kilometers für einen Triebwagenzug betragen dagegen 22,5 × 1,48 = 33,3 h, die Einnahme auf 1 km 22,5 × 3,007 = 67,6 h, der Einnahmeüberschuß also 67,6 — 33,3 = 34,3 h.

Die Vermehrung der Fahrgelegenheit auf den Arader und Csanáder Bahnen bei der Einführung des Motorwagenbetriebs erhellt aus der Gegenüberstellung der Fahrpläne von 1902 und 1906/07 für die Strecke Arad—Szegedin und Arad—Brád (Fig. 92 u. 93).

Auf beiden Strecken gab es im Jahre 1902 nur drei Zugpaare mit Lokomotiven, auf der zweitgenannten Strecke war eines dieser Zugpaare gekürzt. Ein Zugversäumnis konnte hier den Verlust eines vollen Tages zur Folge haben.

In den Jahren 1906/1907 dagegen verkehrten auf der erstgenannten Strecke außer 2 Lokomotivzugpaaren noch 5 durchgehende und 2 gekürzte Triebwagenzugpaare, auf der zweitgenannten außer 2 Lokomotivzugpaaren noch 5 Paar durchgehende und 9 Paar gekürzte Züge. Für Reisende I. Klasse, denen die Triebwagenzüge nicht die gewohnte Bequemlichkeit bieten, verbleibt noch die gleiche Fahrgelegenheit wie früher in den Lokomotivzügen. Die Reisenden I. Klasse betragen indessen bei den Arader und Csanáder Bahnen ebenso wie bei der Ungarischen Staatsbahn noch nicht 1 v. H. der Gesamtzahl der Reisenden.

Auf dem 390,5 km langen Netze der Arader u. Csanáder Bahnen verkehrten im Jahre 1902 nur 14 Züge täglich, im Jahre 1907 dagegen 70 Züge.

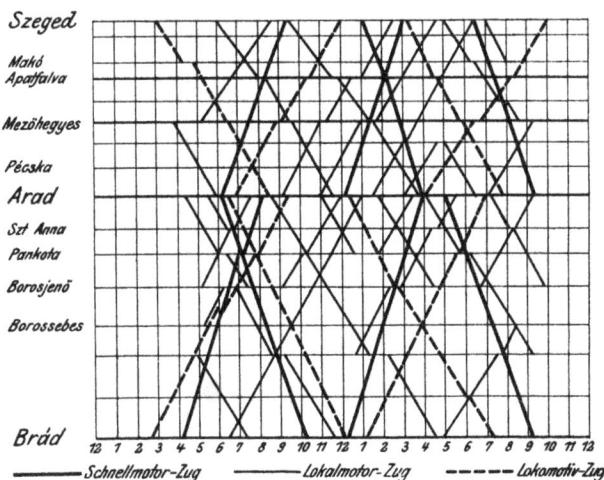

Fig. 93. Fahrplan der Strecke Szegedin-Brád in den Jahren 1906/07.

Das Verhältnis der Einnahmen zu den Ausgaben bei den Arader u. Csanáder Bahnen ist in nachfolgender Zusammenstellung angegeben:

Jahr	Bei dem von einer Lokomotive beförderten Personenzug		Ausfall	Beim Motorzug		Überschuß
	Einnahmen	Ausgaben		Einnahmen	Ausgaben	
			Kronen			
1900	821 720	1 002 208	180 488	—	—	—
1901	843 397	1 005 013	161 616	—	—	—
1902	867 177	1 056 349	189 172	—	—	—
1903	945 097	1 125 230	180 133	—	—	—
1904	854 746	1 025 398	170 652	183 936	83 456	100 480
1905	917 338	1 042 176	124 838	243 268	93 565	149 703
1906*	799 800	970 105	170 305	500 200	358 681	141 519

*) Vom 15. März 1906 an wurde auch bei den von Lokomotiven beförderten Personenzügen der billige Personentarif eingeführt.

13*

Im Jahre 1900 betrugen die Einnahmen auf einen Reisenden 83 h, die Einnahmen auf 1 Personenzug-km 115 h, die Gesamtkosten auf 1 Personenzug-km 144 h, so daß ein Fehlbetrag von 144 — 115 = 29 h für jedes Personenzug-km vorhanden war. Im Jahre 1906 betrugen dagegen die Einnahmen auf einen Reisenden nur 58 h, die Einnahmen auf 1 Triebwagenzug-km nur 71 h, die Kosten für 1 Triebwagenzug-km aber auch nur 33,3 h, der Einnahmeüberschuß auf 1 Triebwagenzug-km also 71 — 33,3 = 37,7 h.

Die Beförderungssätze für Personen sind jetzt, namentlich für größere Entfernungen, bei den Arader und Csanáder Bahnen erheblich niedriger als bei der Ungarischen Staatsbahn (vgl. die nachfolgende Zusammenstellung).

Entfernung	Ungarische Staatsbahn		Entfernung	Arader und Csanáder Bahnen	
	Schnellzüge II. Kl.	Pers.-Züge III. Kl.		Schnellzüge II. Kl.	Pers.-Züge III. Kl.
km	Heller		km	Heller	
			1— 3	—	12
1— 10	—	20	4— 10	—	22
11— 15	—	30	11— 16	—	32
16— 20	—	40	17— 25	120	42
21— 27	120	60	26— 35	160	60
28— 40	200	100	36— 45	200	70
41— 55	300	150	46— 55	240	80
56— 70	400	200	56— 65	280	90
71— 85	500	250	66— 75	320	100
			76— 85	360	110
86—100	600	300	86—100	400	130
101—115	700	350	101—120	480	150
116—130	800	400	121—140	560	170
131—145	900	450			
146—160	1000	500	141—170	640	200
161—175	1100	550			
176—200	1200	600	171—200	720	220
201—225	1400	700			
226—300	1600	800	201—250	800	270
301—400	1800	900			
401— ∞	2000	1000	250— ∞	1000	320

Anmerkung: Bei den Arader und Csanáder Bahnen gibt es in den Schnellzügen nur I. und II. Klasse; bei den Personenzügen nur I. und III. Klasse.

Noch stärker als bei den Hauptstrecken der Arader und Csanáder Bahnen zeigte sich die Steigerung des Personenverkehrs und

der Einnahmen bei der sehr verkehrschwachen, unter gleicher Be-
triebsleitung stehenden Niederungarischen landwirtschaftlichen Bahn
(Alföldbahn) und insbesondere bei der noch verkehrschwächeren
Lokalbahn Borossebes—Menyháza.

Bei der ersteren sind im Jahre 1899 im ganzen nur 7 Zugpaare
wöchentlich gefahren, im Jahre 1903 dagegen 16 Zugpaare, während
die Zahl der täglichen Reisenden in derselben Zeit von durchschnittlich 35 auf 272 und die tägliche Einnahme von 23,46 K auf 97,10 K
gestiegen ist. Die Einnahme auf 1 Zug·km wuchs von 25 auf 46 h,
die Zugförderungskosten nahmen infolge der Einführung der Triebwagen von 30,2 auf 12 h ab. Es betrug fernerhin bei der Niederungarischen landwirtschaftlichen Bahn:

im Jahre	die Anzahl der Reisenden	die Einnahme in Kronen
1904	395 234	109 974
1906	548 595	169 238

Der Triebwagenverkehr mit den neuen niedrigen Beförderungssätzen ist hier im Jahre 1903 eingeführt worden.

Bei der Borossebes-Menyházaer Lokalbahn betrug

im Jahre	die Anzahl der Reisenden	die Steigerung des Verkehrs gegen 1903		die Einnahme in Kronen	die Steigerung der Einnahmen gegen 1903	
1903	9 426	—	—	4 686	—	—
1904	26 971	17 545	186 v. H.	7 825	3139	67 v. H.
1905	33 392	23 966	254 »	8 361	3675	78 »
1906	39 607	30 181	320 »	10 327	5641	120 »

Die Einnahmen sind ohne Transportsteuer und Stempel genommen. Der Triebwagenverkehr mit den neuen Beförderungssätzen ist am 1. Mai 1904 eingeführt worden.

Bei den A r a d e r und C s a n á d e r Bahnen sind bis zum 1. Mai
1907 an Bau- und Beschaffungskosten für den Triebwagenverkehr
aufgewendet worden:

    für Hochbauten . . . .   164 000 K
    » Stationsgleise und Ausweichen . .   101 000 »
    » 41 Triebwagen und 30 Beiwagen .   1 761 000 »
                        zusammen   2 026 000 K.

Dadurch ist aber auch erreicht worden, daß an die Stelle des
früheren Fehlbetrags von 180 000 K aus dem Personenverkehr, im

Jahre 1905 schon ein Überschuß von 24000 K und im Jahre 1907
ein solcher von rd. 300000 K getreten ist.

Der Staat, der an Stempel- und Transportgebühren 21 v. H. der
Bruttoeinnahme aus dem Personenverkehr erhält, bezog aus diesem
Verkehr seitens der Arader und Csanáder Bahnen im Jahre 1902
160000 K, im Jahre 1906 nach der Einführung des Triebwagenverkehrs 260000 K, also 100000 K mehr.

c) Frankreich.

In Frankreich besteht der wesentliche wirtschaftliche Nutzen
der Triebwagen, die hier ausschließlich Dampfwagen sind, in deren
Besetzung mit nur einem Mann auf dem Führerstand. Die stellen-
weise hohen bisherigen Unterhaltungskosten der Purrey-Wagen werden
wohl voraussichtlich später geringer werden, weil in den betreffenden
Angaben der ersten Jahre die Kosten der erforderlichen Abänderungen, namentlich in der Überhitzeranlage der Kessel, mit einbegriffen sind. Der Preis des Koks ist aber verhältnismäßig hoch
gegenüber Kohlen: 25 gegen 16, bis 30 gegen 20 Frcs. für die Tonne,
je nach der Örtlichkeit. Wo deshalb, wie bei der Französischen
Staatsbahn und früher auch bei anderen französischen Bahnen
schon seit dem Jahre 1880 üblich, zur Bedienung leichter Lokomotiven ein Mann als ausreichend erachtet wird, ergibt sich kein
wirtschaftlicher Vorteil mehr für den Purrey-Wagen. Es beträgt
hier auf 1 km Fahrt:

	für Purrey-Wagen	für leichte Lokomotiven
1. der Koks- und Kohlenverbrauch (Preis für 1 t)	5 kg (25 Frcs.)	6,7 kg (15,8 Frcs.)
2. die Ausgabe für Brennstoff . .	12,5 cts.	10,6 cts.
3. der Ölverbrauch	20,7 g	9,1 g
4. die Unterhaltungskosten . . .	9 cts.	4 cts.

Die Kosten für Brenn- und Schmierstoff auf 1 km betragen für Purrey-
Wagen 3 cts. mehr als für Lokomotiven. Dabei sind die in Vergleich
gezogenen ²/₃ bzw. ³/₄ gekuppelten Lokomotiven mit 30,55 bzw. 37,8 qm
Heizfläche und 26,6 bzw. 33,5 t Gesamtgewicht ziemlich schwer.

d) Italien.

Die Erfahrungen mit den auch technisch noch nicht völlig
durchgeprüften neuen Wagen sind noch zu kurz, um ein Urteil über
ihren wirtschaftlichen Nutzen zu gestatten. Die Purrey-Wagen haben

den Vorteil, daß bei ihnen infolge der größtenteils selbsttätigen Versorgung des Kessels mit Wasser und Kohlen auch hier die Bedienung durch nur einen Mann auf dem Führerstand für ausreichend erachtet wird, bei den vierachsigen und bei den neuen dreiachsigen Dampfwagen, ebenso wie bei kleinen Lokomotiven, ist dieses dagegen nicht der Fall. Die vierachsigen Dampfwagen mit Kuppelachse haben sich, bei einem gesamten Zuggewicht von 80 t mit Anhängwagen, noch nicht immer als ausreichend für den Verkehr erwiesen.

Die weiteren Erfahrungen in diesem ganzen großzügigen Triebwagenverkehr müssen also abgewartet werden.

e) England.

In England kommen in erster Linie die ergiebigen und schon fünf Jahre alten Erfahrungen der Great Western-Bahn und der Taff Vale-Bahn in Betracht, die für die Beurteilung des wirtschaftlichen Wertes der Triebwagen in England ausschlaggebend sein dürften.

Der Great Western-Bahn ist es gelungen, durch Einrichtung des Triebwagendienstes mit 85 Triebwagen und 38 Anhängwagen (Stand vom Sommer 1907), dessen Beaufsichtigung einem besonderen Beamten obliegt, den durch den Wettbewerb von Straßenbahnen auf Vorortstrecken der Hauptbahnen verloren gegangenen Verkehr zurückzugewinnen. Im Bezirk von Plymouth hat sich in drei Jahren, infolge der Einführung des Triebwagendienstes mit acht neuen Haltestellen, der Personenverkehr auf das Vierfache gesteigert. An anderen Orten sind ähnliche Erfolge zu verzeichnen. Auf Nebenbahnstrecken verwendet die Great-Western-Bahn die Triebwagen mit Vorteil da, wo der Personenverkehr für größere Züge nicht ausreicht.

Die Betriebskosten für einen Triebwagen werden zu 15 d auf die englische Meile und damit als halb so groß wie die Kosten eines gewöhnlichen Lokomotivzuges angegeben.

Auf der Taff Vale-Bahn werden von 15 Million Reisenden im Jahr rd. 2 Million mit Triebwagenzügen befördert. Auch hier sind einfache Haltestellen mit Erfolg eingerichtet worden. Die Wagen werden mit großem Nutzen auf verkehrschwachen Strecken verwendet, auf denen die Bildung von Lokomotivzügen nicht lohnt. Lange Triebwagenzüge mit mehreren Anhängwagen werden indessen nicht als vorteilhaft erachtet.

Namen- und Sachverzeichnis.

Neuere Wärmekraftmaschinen.

Versuche und Erfahrungen mit Gasmaschinen, Dampfmaschinen, Dampfturbinen etc.

Von

E. Josse

Professor und Vorsteher des Maschinen-Laboratoriums der Kgl. Technischen
Hochschule zu Berlin.

116 Seiten gr. 4⁰. Mit 87 Textabbildungen und 1 lithogr. Tafel.

(Zugleich Heft 4 der Mitteilungen aus dem Maschinen-Laboratorium
der Kgl. Techn. Hochschule zu Berlin.)

Preis M. 7.—.

Das vorliegende 116 Seiten starke Heft in Großquartformat gehört zu den
interessantesten und wertvollsten Publikationen, welche die technische
Literatur des Maschinenbauwesens im vergangenen Jahre aufweisen kann.
Es enthält eine Reihe von Berichten über Versuche, die der Verfasser zur
Lösung der wichtigsten aktuellen Fragen des Kraftmaschinenbaues vorgenommen und in vollkommener Weise durchgeführt hat. Die Ergebnisse
dieser Versuche sind für die Praxis von unmittelbarer Bedeutung und An-
wendungsfähigkeit.... — Wer sich dafür nur einigermaßen interessiert und
vom Fache ist, sollte es nicht versäumen, das Werk zur Hand zu nehmen,
er wird die aufmerksame Lektüre nicht zu bereuen haben.

(Zeitschrift des österr. Ingenieur- und Architekten-Vereins.)

Mitteilungen aus dem Maschinen-Laboratorium der Kgl. Technischen Hochschule zu Berlin.

Herausgegeben von

E. Josse

Professor und Vorsteher des Maschinen-Laboratoriums.

I. Heft: Die Maschinen, die Versuchseinrichtungen und Hilfs-
mittel des Maschinen-Laboratoriums. 82 Seiten gr. 4⁰. Mit
73 Textfiguren und zwei Tafeln. Preis M. 4.50.

II. Heft: Versuche zur Erhöhung des thermischen Wirkungs-
grades der Dampfmaschinen. Versuche mit rasch laufenden
Pumpen. Versuche mit rasch laufenden Kompressoren.
Versuche mit Mammutpumpen. 53 Seiten gr. 4⁰. Mit
39 Textfiguren. Preis M. 3.—.

III. Heft: Neuere Erfahrungen und Versuche mit Abwärme-
Kraftmaschinen. 42 S. gr. 4⁰. Mit 20 Textfig. Preis M. 2.50.

IV. Heft: Neuere Wärmekraftmaschinen, Versuche und Erfahrungen mit Gasmaschinen, Dampfmaschinen, Dampf-
turbinen etc. 116 Seiten gr. 4⁰. Mit 87 Textabbildungen
und 1 lithogr. Tafel. Preis M. 7.—.

Illustrierte Technische Wörterbücher in sechs Sprachen.

Nach der Methode Deinhardt-Schlomann bearbeitet von A. Schlomann.

Ferner:

Band II

Die Elektrotechnik

Bearbeitet unter redaktioneller Mitwirkung von
Ingenieur **C. Kinzbrunner.**

**Der Band enthält etwa 15000 Worte in jeder Sprache,
etwa 4000 Abbildungen und zahlreiche Formeln.**

In Leinwand gebunden Preis M. 25.—.

---

*Dieser Band gibt so recht ein Bild von Anlage, Größe
und Bedeutung der „I. T. W." Man verlange ausführlichen
Prospekt sowie Probebogen aus diesem Bande.*

Band III

Dampfkessel, Dampfmaschinen Dampfturbinen

Bearbeitet unter redaktioneller Mitwirkung von
Ingenieur **Wilhelm Wagner.**

**Etwa 7300 Worte in jeder Sprache, nahezu 3500 Abbildungen
und zahlreiche Formeln enthaltend.**

In Leinwand gebunden Preis M. 14.—.

Band IV

Verbrennungsmaschinen

Bearbeitet unter redaktioneller Mitarbeit von
Dipl.-Ingenieur **K. Schikore.**

**Etwa 3500 Worte in jeder Sprache, über
1000 Abbildungen und zahlreiche Formeln.**

In Leinwand gebunden Preis M. 8.—

Urteile der Presse auf der nächsten Seite.

www.ingramcontent.com/pod-product-compliance
Lightning Source LLC
Chambersburg PA
CBHW081540190326
41458CB00015B/5606